JN197202

湿地の科学と暮らし
北のウェットランド大全

矢部和夫・山田浩之・牛山克巳 監修

ウェットランドセミナー
100回記念出版編集委員会 編

北海道大学出版会

＊マークは，用語解説で説明した項目（各章の初出箇所）

序　文

　湿地と人とのかかわりはホモ・サピエンスとして地球上，エチオピア南部のオモ川流域に姿を現した約 20 万年前にさかのぼるといわれている。当時，全盛を誇っていたネアンデルタール人に比べて華奢で体毛の少ないホモ・サピエンスは生き抜くために，ネアンデルタール人が入り込めない湿地を生活の場として選んだと考えられている。もちろん湿地では寝起きができないので乾燥した河岸に居を構え，魚介類が豊富な湿地や河川，湖沼，海から食料を確保しつつ，次第にその勢力を拡大していった可能性が高い。しかし，アフリカを脱出する過程で，あるいは脱出してから，ネアンデルタール人との接触の機会も多くなり，現在の非アフリカ人には数％のネアンデルタール人のミトコンドリア DNA が混入しているとされている。我々ホモ・サピエンスは世界に拡散する初期の段階には湿地や水圏で安全と食料を確保しながら，地球上のあらゆる地域に向かったのであろう。ホモ・サピエンスは地上に生活拠点をおく哺乳類でもっとも泳ぎが上手く，体も泳ぎに適した構造になっているし，手のひらには水かきがついているのもそれを暗示している。その後ネアンデルタール人が何らかの理由で絶滅し，ホモ・サピエンスと競合する強敵がいなくなってからは比較的乾燥した地域にも足を向けたに違いない。

　そのホモ・サピエンスが最終氷期に陸続きであった沿海州，サハリン，北海道を通って九州まで到達したのは，日本列島の豊かな海の幸，川の幸，山の幸を求めてのことであったろう。その後，食料の安定的な確保の手段として熱帯湿地に起源をもつ稲作が導入され，『古事記』，『日本書紀』にうたわれる日本の美称「豊芦原の瑞穂の国」となったわけである。いうまでもなく芦原は湿地の草原であり，瑞穂は水稲を意味し，湿地での農業である。さらに日本人は長い年月と知恵と技術の限りをつくして温帯，冷温帯に広がる芦原を熱帯起源の瑞穂に変えて食料を確保し，繁栄してきた。その最終到達点が石狩湿原であった。しかし，その瑞穂が石狩湿原に展開し，良質の米が生産されるようになった 1970 年代初め頃から日本全体で米が余り始め減反政

策が行われるようになった。

　一方，わが国で湿地の生態学的特性を見直し保全しようとする動きは，1961 年に始まった北海道開発局による 10 年間にわたる「サロベツ総合調査」により，一気に加速されたといえよう。そのサロベツ総合調査委員長を務めた当時の杉野目晴貞北海道大学(以下，北大)学長は，調査終了後の 1972 年 3 月に出版されたサロベツ総合調査報告書『泥炭地の生態』の序のなかで「この原野はひろく国民全体の福祉に役立てることのできる大切な資産である。この貴重な原野の活用をはかるに当たって，われわれの調査結果が生かされるよう心から希望するものである」と述べている。

　実際，サロベツ湿原は 1965 年には利尻礼文サロベツ国定公園に，1974 年には国立公園に指定されている。このサロベツ総合調査には，その後，日本の湿地保全活動の指導者となった故・辻井達一先生と泥炭地研究の第一人者として泥炭・湿地の利活用に指導的役割を担っている梅田安治先生(現・北大名誉教授)が若き研究者として参加していたことも幸いであった。その後，1983 年から始まった釧路湿原国立公園設立のための基礎調査など北海道各地の湿原の保全や利活用に寄与されたお二人の功績は極めて大きい。

　私が湿原とまともに向き合ったのは 1963 年の夏であった。当時，北大農学部の学生であった私は夏季実習の一環としてサロベツ総合調査の特殊気象班の観測要員として参加する幸運に恵まれた。そこには接地微気象や熱収支観測に関する最先端の技術が投入されており，当時，その分野で日本をリードする研究者が真摯にフィールドと向き合っている姿を忘れることはできない。その後，辻井・梅田両先生が進める釧路湿原など北海道各地の湿原保全に向けた基礎調査に気象部門を担当するメンバーとして参加することができたのも，1963 年夏のサロベツ湿原での貴重な経験がベースとなっている。

　釧路湿原国立公園が設立された 1987 年あたりから，湿原保全についての理解が一般市民へも浸透し始めたが，国際的な連携をさぐる動きも活発となってきた。その中心はやはり辻井先生であったが，私のもとにも英国ノッティンガム大学のライアリー博士から 3 月に私の研究室を訪問したいとの手紙が舞い込んだのがその年の 1 月であった。私にとっては渡りに舟の訪問であった。早速，私が所属していた北大大学院環境科学研究科(地球環境科学研

究科の前身）で談話会を開き，辻井先生に協力をお願いしてともに釧路湿原などを案内しながら，交流を深めた。私はその後，1989 年 10 月〜1990 年 6 月の 9 か月間，ノッティンガム大学のライアリー博士の研究室で在外研究員として英国での彼の湿原研究に参加することができた。

　湿地にかかわる国際的な連携としては 1992 年 8 月に釧路で開催された「湿原保全国際フォーラム」が大きなイベントであった。このフォーラムは翌 1993 年 6 月に同じ釧路で開催される「ラムサール条約締結国会議」に向けたトレーニング的な意味も含まれていた。英国，ドイツ，オランダ，デンマーク，カナダの湿地や水鳥の研究者を招待してのフォーラムで，シンポジウムや釧路湿原，霧多布湿原でのエクスカーションを通じて非常に活発な意見交換が行われ，国際的な連携の実を上げることができた。

　湿地研究の国際連携でさらに重要なのは，インドネシアの熱帯泥炭地研究への展開であった。1992 年からインドネシアの中部カリマンタン州で熱帯泥炭湿地林の研究を開始したライアリー博士から，水文・気象の側面からの協力を依頼され，まさに絶好の機会と考え，水位計や日射計などのセンサーとデータロガーをスーツケースに詰めるだけ詰め込んで州都パランカラヤに飛んだのは，1993 年 8 月であった。その直前まで中国大興安嶺の大規模火災跡地の環境変化に関する研究で中国黒竜江省の最北部にいたが，調査を終えて成田にもどり，前もって送っておいた機材を詰め直して，翌日ジャカルタ行のフライトに乗るというやや綱渡り的なスケジュールであった。その後のインドネシアの熱帯泥炭地における日本人研究者の活躍をみると，価値ある綱渡りであったと思う。

　以上のような湿地をめぐる社会情勢を背景に，湿地研究に興味をもつ若い研究者や学生が増えてきたことを受けて，当時，北海道の湿原でともに研究をしていた北大の先生方と相談し，年 3〜4 回の頻度で若手研究者の研究成果を聞かせてもらう湿原セミナーを開催しようということになった。当時のメールのやり取りを記録した電子媒体が残っていないので，確実なことはいえないが，手元の日記には 1993 年 11 月 4 日に湿原セミナー手紙発送との記録がある。たぶん，これが湿原セミナーの第 1 回目ではないかと思う。その後，確実にセミナーの開催を続け，電子媒体として私の手元に残っているセ

ミナー案内でもっとも古いのは 2001 年 5 月 29 日開催の第 35 回湿原セミナーで，私が退官する直前の 2004 年 2 月のセミナーは第 48 回を数えていた。

　私自身は知らなかったが，その後，セミナーの名称をウェットランドセミナーと変更し，湿原だけでなく湖沼，河川，海岸など対象をより広くとらえた勉強会としてセミナーは順調に回を重ねていたようで，2013 年 9 月にその当時の世話人の矢部和夫先生と山田浩之先生からセミナー開催 100 回記念に話をするように頼まれたときは，びっくり仰天，世話人の方々のご努力に敬意を表すとともに喜んで話をさせていただいた。ウェットランドセミナー 100 回記念出版として本書を出版するにあたり，序文の執筆を依頼されたのもその頃のことであったが，当時はまだ漠然とした構想の段階だったので，セミナーの創設者として，気軽に引き受けてしまった。寄稿された原稿を読ませていただくと，時代の最先端を走る科学者・技術者のみなさんが書かれた幅広い内容に圧倒されてしまった。このレベルの高い内容の本にふさわしい序文となるかまったく自信がないが，本セミナーの前身である湿原セミナーを開始するに至った背景を紹介させていただくことで，その任を務めさせていただくことにした。この湿地に関する幅広い内容の本を通じて，湿地や泥炭地の保全や利活用に関する知識や理解が若い人たちに広がっていくことを心から願っている。

　　　2017 年 1 月　雪の手稲山を望みつつ，手稲区前田の寓居にて　高橋英紀

私の湿原研究の第一歩となったサロベツ総合調査特殊気象観測班の観測風景（1963 年 8 月）。その後，この観測地点にサロベツ放水路が建設された。

目　次

第Ⅲ部　湿地の環境

湿地の生態

01
泥炭形成と植物

矢部和夫

湿地と湿原

　湿地(wetland)とは周期的あるいは継続的に水没するか，または過湿な条件下にある場所である。このような立地は恒常的な嫌気環境にあるため，そこに棲む生物(特に植物)は水没ストレスに耐える適応をする。

　ラムサール条約(25章参照)は水鳥を食物連鎖の頂点とする湿地の生態系を守る目的で，1971年に採択された湿地の保存に関する国際条約である。この条約のなかで湿地とは幅広く，自然のものか人工的か，永続的なものか一時的なものか，水が停滞しているか流動しているか，あるいは淡水，汽水や塩水であるかを問わず，湿原あるいは開水域を含むとされている。この定義によれば，湿地は非泥炭地湿原(marsh)・泥炭地湿原(peatland mire)・河川・湖沼・水田・ダム湖・干潟・塩湿地*・マングローブ林・汽水湖などのほかにサンゴ礁，磯や浅い海までも含む。このように湿地は人の利用が盛んで開発されやすいので，ワイズユース(wise use：賢明な利用)*による湿地の持続的な利用が目標になっている。

　北海道の陸地で見られる湿地は，湿原ばかりでなく水面の見える河や湖沼もあり，海岸付近にはアッケシソウやシバナなどで有名な塩湿地もある。そして水田や排水がうまくできなかった牧草地・放牧地も含まれる。また稲作りをやめてしまった水田跡，使われなくなった牧草地・放牧地あるいは開発で湿原が一度壊された土地で，自然草原とは異なる外来植物などの雑草群落ができているような湿地もたくさんある。

　湿原は一般的には湿った平坦地を指し，湿生の草原，周辺部に成立するハンノキなどの湿地林(欧州では carr，北米では swamp forest)，マコモなどの抽水植物群落(8章参照)，あるいは河川や池沼など，多様な湿地の植生を包括するエリア全体を指している。一方で，このような広義の湿原のなかで，草本

類やコケ類からなる植生について限定して湿原という場合もあり，ここでは
そのような狭義の湿原について説明する。湿原(mire)は水位が地表面付近に
あり，時に冠水するかあるいは冠水はしないが常時過湿な立地に成立する淡
水生の湿生自然草原であり，湿地のうちのひとつである。自然草原というの
は日本では立地条件に制約された高山草原，砂丘・砂浜群落，塩湿地や湿原
という草原で人に撹乱＊されていない草原である。湿原は，空き地や道端な
どで見られる人の撹乱を受けてできた雑草地のような草原と比べて，大変貴
重な自然となっている。環境省の定めた10段階の植生自然度＊のなかで最
上位の植生となっている。

泥炭地と非泥炭地

　泥炭(peat)とはいろいろな木，草やコケ類の遺体が嫌気性微生物によって
不完全分解または一部が分解して腐植＊化したものである。泥炭地とは無機
質土壌(mineral soils)や岩石の上に遺体がそのままの形を保ったまま積った土
地であり，非泥炭地というのはそのような遺体のない砂や粘土などの無機質
土壌からできた湿地である。なぜ植物遺体が分解しにくいのかというと，水
が多いために空気が不足し，微生物がその餌である植物遺体を効率の良い好
気呼吸作用で分解しにくくなるためである。北方では低温も分解抑制に寄与
している。この条件に加えて泥炭地の発達によって栄養塩類＊の不足や酸性
化が進み，さらに微生物が働きにくくなる。淡水生の湿生自然草原(mire)は，
泥炭地湿原と非泥炭地湿原に分けられる(図1)。泥炭地湿原は泥炭湿原とも
呼ばれる。なお，研究者のなかには，mire は泥炭地湿原だけを指すという
見解もあることを付記しておく。

　一年中高温で遺体の分解の早い熱帯では，湿地はほとんどが非泥炭湿地で
あり，湛水条件下で温帯のような草原ではなく湿地林が占有している。しか
しながら，東南アジアと南米で年降水量が3,000 mm に達するような地域で
は，常に湛水している土地に，木質泥炭が堆積して地表面がドームのように
隆起した熱帯泥炭地が存在している。そこには泥炭湿地林(peat swamp for-
ests)と呼ばれる森林が発達している(4章参照)。

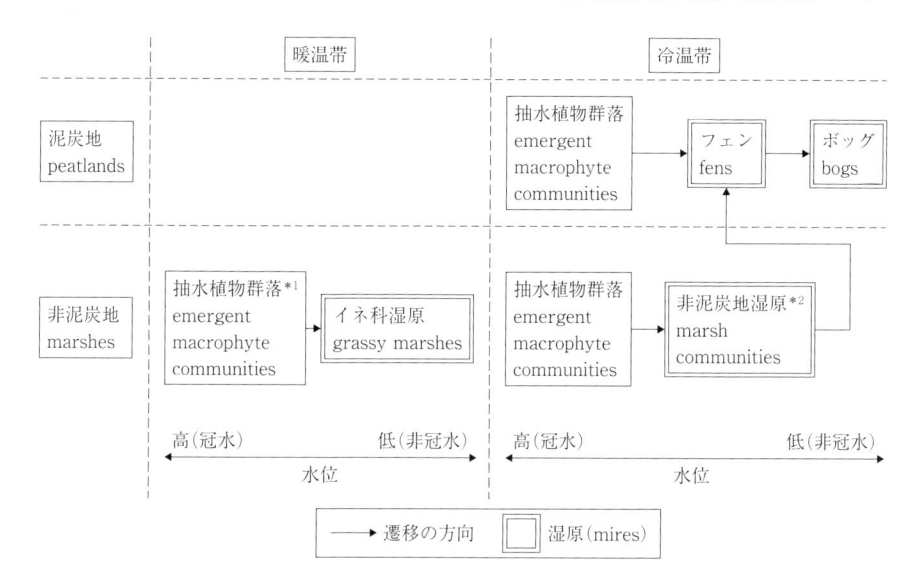

図1　日本の湿生自然草原の区分。*¹ 一部泥炭地を含む。*² オオアゼスゲ，イヌイ，コウ
ガイゼキショウ類，ホシクサ類などからなる草原。日本の湿原の分類による高層湿原は
ボッグが相当し，低層湿原は図中のボッグ以外のすべての群落タイプを含む。

　日本の低地に広がる沖積平野* だけを見た場合，本州～九州までの暖温帯
の低地湿原はほとんどが非泥炭地湿原である(図1)。日本の暖温帯では常時
水没している抽水植物群落下の一部を除いて土壌に泥炭が堆積せず，砂質土
壌や黒泥中にヨシなどの抽水植物群落やチゴザサやカモノハシなどのイネ科
が優占し，カヤツリグサ科，イグサ科，ホシクサ科の小型～中型草本が混生
するイネ科(優占)草原が成立する。このような暖温帯のイネ科草原を仮に
「イネ科湿原」と呼ぶ。そこでは湿原は池の周りに小さくできていて，水面
より上の土壌では泥炭が堆積しにくいので，湿原表面は隆起しないし，外側
に広がっていかない。泥炭が堆積しにくいのは，降水量が極端に多くはない
ため降った雨の多くが蒸発してしまい，水面より上で空気に触れやすいとこ
ろでは，泥炭が堆積できるような十分な水分が保てないためであろう。遷移
モデルでは，湿性遷移，それは湖沼の形成から始まる。日本の暖温帯では土
砂の流入や植物の侵入と遺体の堆積による浅化(相対的な水位低下)にともない，
植物プランクトンから始まり，沈水植物群落(8章参照)，浮葉植物群落(8章参

照），抽水植物群落などの水生植物*群落を経て，地表面が水面より高くなると中生植物が出現する。陸地化後は乾性遷移の途中相である草原や陽樹林と合流してさらに遷移が進行するとされている。

　寒冷地では，非泥炭地湿原は，ヨシなどの抽水植物群落の分布する浅い池沼，土砂の堆積が卓越する河岸などの場所や火山灰降灰後に成立した新生湿地に多く見られる。北海道の湿原は低地から高山まで，そのほとんどが泥炭地湿原である。このタイプの湿原はユーラシア大陸や北米大陸の北方で見られる湿原とおおよそ同じものである。

　現在残っている日本の湿原面積の大半は北海道にある。北海道以外で少ないのは，前述のように湿原が発達しにくいことや，沖積平野に広がる湿原の多くが古くから水田やほかの土地利用に使われてきており，その後顕著な都市化が進行し，残された湿原のほとんどが消失したためである。

フェンとボッグ

　泥炭地湿原は寒冷な地方に発達し，フェン（fen）とボッグ（bog）というふたつのタイプの自然草原が含まれる。フェンは中〜大型のスゲ類が優占する群落であり，ボッグはミズゴケ類が優占し，矮小な低木や小型の草が混生する群落である（図2）。すなわちフェンとボッグは植物群落の名称である。両者の成立する水質は大きく異なり，フェンの水質は中性〜弱酸性であり，栄養塩類が多いが，典型的なボッグの水質は強酸性であり，栄養塩類が非常に乏しい。

　泥炭地湿原では，その年に育った草やミズゴケ類が泥炭になっていくので，泥炭が毎年厚くなっていく（図3）。この速さは1年に1mm程度だといわれており，この堆積速度だと1m堆積するのにおおよそ1,000年の時間が必要になる。北海道の低地に広がる沖積平野に見られる泥炭地の多くは7,000年前の縄文海進最盛期後数千年たってから生成を始めている。このため，釧路湿原のような発達した泥炭地でも泥炭の厚さは2〜3m程度である。

　泥炭地湿原では，フェンからボッグへと遷移していき，湿性遷移の後半で水面より上で隆起する泥炭ドーム（レイズドボッグ raised bog）が形成される（図

図2　フェン（上　苫小牧市安平川湿原）とボッグ（下　猿払村浅茅野湿原）の群落景観。フェンはイワノガリヤスの草原。ボッグはカーペット状のミズゴケ類の上にホロムイイチゴ（大きな五角形の葉）やイソツツジ（細長の葉）などが生育

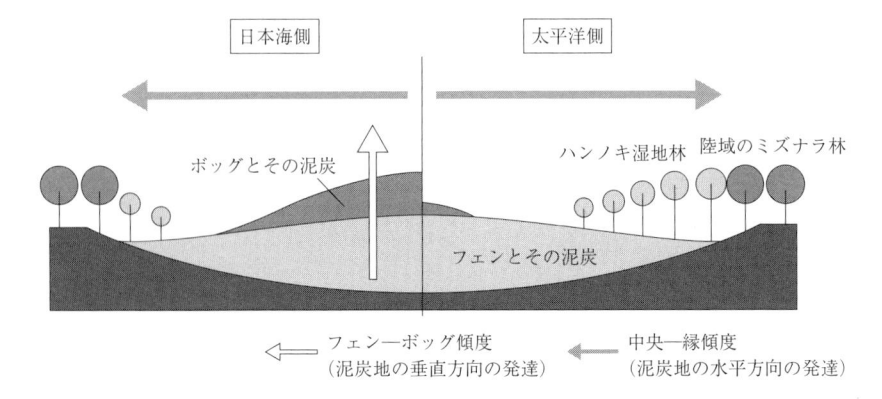

図3　低地泥炭湿原の地理的変異（矢部，2014を改変）。日本海側では，ボッグに向かう遷移が進み，フェンからボッグへの変化が明瞭に見られる。太平洋側では，ボッグに向かう遷移が進んでおらず，辺縁部にハンノキ湿地林が発達している。

3）。ドームの中心部にはミズゴケ類の優占するボッグが形成され，陸域との境界付近にハンノキなどの湿生木が優占する湿地林やフェンが形成される。生態遷移の最終段階の安定群落を極相群落というが，このようなボッグや湿地林は長期間安定して存続しているので，気候的極相林である針広混交林や夏緑樹林とは異なる土壌的極相群落と見なすことができる。

　フェンからボッグへの遷移は，水質の酸性化と栄養塩類の減少をともなう。湿原では微生物の好気呼吸による無機化が抑制されるために森林のような枯葉や枯れ枝が分解され，生成した栄養塩類が植物に吸収されるというサイクルが起こりにくい。すなわち，乾地の森林であれば枯葉や枯れ枝が分解するが，湿原ではそれらが泥炭として蓄積する。栄養塩類の再供給が起こらないため，泥炭地湿原では栄養塩類の不足する環境ができやすい。フェンの段階は泥炭が薄いため周囲との比高が低く，フェンの水は周囲の陸地，河川や湖沼から流入する水，降水や地下水由来の水である。流入水や地下水は周辺の土壌水と接触しているため，栄養塩類を多く含んだ中性の水質となっている。ミネラルのうちカルシウムとマグネシウムは特に水のアルカリ度（酸消費量）*を高めるので酸を中和する能力が高く，土壌や植物根から有機酸が出ても酸性化しない。このようなフェンの成立する湿原は水文化学的に鉱物質涵養性

湿原(minerotrophic mire)とも呼ばれる。鉱物質とはミネラルのことでその主成分はカルシウムである。一方，十分に発達した泥炭地はドーム状に隆起しボッグがその表面を覆う。ドームの頂点の比高は泥炭地周辺の水面よりも数 m 高くなるため，河川や湖沼から流入する水や地下水由来の水は届かず，上からの雨や雪だけが水の供給源となる。ドーム表面での水は，雨や雪からだけ供給されるので栄養塩類が少ない水質となり，アルカリ度が低いために有機酸の蓄積によって強い酸性を示す。このような段階の湿原を降水涵養性湿原(ombrotrophic mire)と呼ぶ。ただし最近の研究ではボッグがフェンよりも必ずしも栄養塩類の少ない環境ではないという見解も示されている(2章・5章参照)。また日本の湿原の水質は海塩の影響や火山灰降灰の影響を受けていることも特徴のひとつである(2章・6章参照)。

北欧のリッチフェンとプアフェン

リッチフェン(rich fen)とプアフェン(poor fen)はスカンジナビアを中心とした北欧の湿原研究で提唱された湿原植物* 群落の名称である。リッチフェンは泥炭間隙水に多量のカルシウムを含む立地に成立し，brown mosses と呼ばれるコケ類などの好石灰植物が標徴種* として生育するフェンである。rich は好石灰植物が多いことを意味し，植物の生産性を調節する栄養塩類の量を意味するものではない。石灰岩質土壌が広範囲に分布する欧米大陸では普通に見られるが，火山性土壌が卓越する日本では典型的なリッチフェンは見られない。リッチフェンは水の供給や水質からみると，栄養塩類の多い周囲からの流入水や地下水由来の水が地表水として供給される鉱物質涵養性湿原である。

プアフェンとは好石灰植物がほとんど生育せず，中～小型スゲ類が優占する中生産性～低生産性の湿原である。poor は好石灰植物が乏しいことを示している。この群落は水の供給や水質からみると，栄養塩類の少ない雨水(雪水)とそれらの多い周囲からの流入水や地下水由来の水が混合した弱鉱物質涵養性湿原(weakly minerotorphic mire)とされる。泥炭地湿原では，一般的に泥炭の堆積にともない，リッチフェンからプアフェンを経てボッグに遷移す

るため，プアフェンは湿生遷移の途中相に位置づけられる。カルシウムを多く含んだリッチフェンの泥炭間隙水の pH はおおよそ 5.5 以上になるのに対して，雨水の供給比率の高いプアフェンの水質はより酸性が強い。北欧ではカルシウムの濃度との対応でフェンが類型化されており，カルシウム濃度と pH の低下に沿って calcareous fens→extremely rich fens→rich fens→moderately rich fens→poor fens というリッチフェン―プアフェン傾度が提示されている。しかしながら，このように細分化された分類体系については，北米の米国やカナダの研究者から細かすぎると指摘されている。

日本のフェンとボッグ

　日本のフェンは中〜大型のスゲ類が優占する泥炭地湿原の群落である。鉱物質涵養性の湿原で，地表水は中性〜弱酸性(概ね pH 6 以上)であり，通常高生産性〜中生産性の群落である。火山性土壌が卓越する日本に分布するフェンは，主に欧州で提唱されるリッチフェンの一部と群落景観や種組成が類似し，泥炭水も中性〜弱酸性であるが，地表水中のカルシウム量はプアフェンと同程度に乏しく，欧州で提唱される基準をそのまま適用することは困難である。北海道中央部太平洋岸のウトナイ湿原で測定した例ではフェンの酸性度は，欧米と同じくカルシウム濃度―アルカリ度に支配されていた。

　カルシウム量の少ない日本のフェンが強酸性化しないのは，モンスーン気候下で，夏季に台風などの影響で大雨があり，このときアルカリ度の高い河川氾濫水が，雨水主体でアルカリ度が低く酸性化に向かう湿原内の水と置換することが一因と考えられている。したがって，河川氾濫水の到達しない湿原ではボッグに向かう遷移が進行する。

　日本のプアフェンはボッグの周りに成立するヌマガヤ優占群落のほかにミズゴケ類の優占度が低く，ツルコケモモなどのボッグの構成種とスゲ類などのフェンの構成種が混在する群落などが含まれる。北海道大学の冨士田裕子教授らは，北海道内の泥炭地湿原をこれまでの低層湿原，中間湿原，高層湿原に代わる用語として，植生景観からリッチフェン，プアフェンとボッグに分類している。現在普及している国際的な用語で湿原を記載しようとするな

らば，このような用語の変更は必ずしなければならないことである。このような状況で，群落種組成に基づく群落分類上の明確な位置づけは未解明のままである。研究者によって意見が分かれるが，日本の泥炭地湿原は，現段階の研究レベルではミズゴケ類がほとんど出現しないものをフェンとし，ミズゴケ類が比較的多く出現する場合をプアフェンを含めて広義のボッグとするのが妥当である(図1)。この場合，ボッグ(広義)は降水涵養性または弱鉱物質涵養性湿原(ombrotrophic and weakly minerotrophic mires)で，pHは概ね5以下であり，フェンのpHは概ね6以上である。

　これまで述べた通り，湿原(湿生自然草原)は泥炭地湿原(フェンとボッグ)と非泥炭地湿原を含んでいる。これらのうち泥炭地湿原のフェンは一般的には抽水植物群落を含まない。一方，非泥炭地湿原は北米の定義では抽水植物群落を含めたものとなっているが，欧州では抽水植物群落を含んでいない。そこで私見ではあるが，この混乱を避けるために，日本の湿原はフェン，ボッグ，およびイネ科湿原などの非泥炭地湿原と定義する(図1)。

高層湿原，低層湿原と中間湿原

　高層湿原(high mire)，中間湿原(transitional mire)と低層湿原(low mire)はドイツとそのほかの国で提唱された泥炭地の水文地形的な分類体系に基づく湿原形態の名称である。高層，低層とは泥炭表面と水面の位置関係を示している。低層とは泥炭表面が低く，周辺の地表水(地表面の上にある水)や地下水の水面と同程度の高さであり，高層は泥炭表面が周辺の水面より高いことを示す。このため低層湿原の水は，湿原の周囲から流入する水，地下水由来の水と降水からなるので鉱物質涵養性であるが，高層湿原の隆起した泥炭表面にたまった水は周囲からの流入水や地下水由来の水が届かないほど隆起しており，雨や雪由来の水だけなので降水涵養性である。また両者の中間的な特徴をもつ中間湿原は弱鉱物質涵養性(weakly minerotorphic)となる。このような水文環境の変化は泥炭の堆積にともなって起こるので，湿性遷移は低層湿原→中間湿原→高層湿原と進む。

　低層湿原や高層湿原は湿性遷移の進行概念から生じた生態系を指している

ものであろう。それぞれの生態系の植生部分を指す場合は低層湿原植生(ヨシクラス)，中間湿原植生(ヌマガヤオーダー)，および高層湿原植生(ツルコケモモ―ミズゴケクラス)となる。一方，フェンとボッグは植物群落につけられた名前であり，その定義は湿性遷移に縛られていない。したがってボッグは泥炭地湿原の湿性遷移の後期にだけ出現するものだけでなく，倒木の上や火山礫の上にできた泥炭の堆積をともなうミズゴケ類の群落も含まれてくる。

　欧米では低層湿原とフェン，および高層湿原とボッグはおおよそ同じものを指している。ところが，日本では，高層湿原とボッグは同等であるが，低層湿原はフェンが成立する泥炭地湿原ばかりではなく，暖温帯で見られる抽水植物群落やイネ科湿原の広がる非泥炭地湿原も含む大きな湿地群落のくくりとしてとらえられてきた。すなわち図1で示された湿地タイプのうちボッグを除くすべての湿地タイプは低層湿原に含まれてしまう。この理由は欧米の冷温帯以北の泥炭地湿原が主体の地域でつくられた湿原の定義を，日本の暖温帯にまで拡張したためであろう。したがって低層湿原という用語は欧米の研究レベルで湿原生態系をとらえようとする場合は誤解を生む可能性が高いので，ここでは湿原(湿生自然草原)の用語としてフェン，ボッグ，イネ科湿原などの用語を使用している。

泥炭地湿原群落の地理的変異

　北海道全体の湿原を見渡したとき，その群落がつくる湿原景観はおおよそ3つに分けられる(図4)。北海道の山地ではボッグが発達していて，湿原周辺はアカエゾマツ湿地林が見られる。このようなタイプの湿原は山地に限られておらず平地にも分布しており，北海道内でも暖かさの指数(月平均気温が5℃より高い月の5℃を引いた温度値の合計)が50以下の寒い地域に限られた北方の湿原である。このタイプの湿原はアカエゾマツの分布北限であるサハリン南部にも分布している。

　より暖かい低地の平野部に広がっている湿原は，太平洋岸～オホーツク海沿岸の湿原群と日本海沿岸の湿原群に分けられる(図3，4)。太平洋岸～オホーツク岸ではフェンとハンノキ湿地林が広がるが，日本海沿岸では広大な

図4　北海道の湿原景観の地理的変異。北方の湿原のボッグとアカエゾマツ湿地林（上　猿払村浅茅野湿原），日本海沿岸の湿原の広大なボッグ（中　豊富町サロベツ湿原），太平洋岸のフェン（ムジナスゲの草原），およびハンノキ湿地林（下　苫小牧市安平川湿原）

ボッグが広がる湿原景観となる。釧路湿原の景観が太平洋岸の湿原を代表する景観なら，日本海側の代表景観はサロベツ湿原である。

　北米大陸のような大陸内の湿原の地理的変異は，沿岸部の海洋性気候帯（多雨）から内陸の大陸性気候帯（少雨）にかけて，主に降水量の低下に沿って見られるが，日本の低地泥炭湿原では，全域が海洋性気候でありながら顕著な群落景観の地理的な違いが太平洋側と日本海側の狭い距離の間で見られるというユニークな特徴をもっている。湿性遷移の観点から見ると，日本海側ではフェンからボッグに向かう遷移が進行しており，発達した泥炭地ドームの中央部でボッグが発達し，フェンや湿地林はドームの縁に小規模にしか出現しない（図3）。一方，太平洋側では，フェンからボッグに向かう遷移が進行していないため，ドーム上のボッグは十分に発達しておらず，フェンの占有率が高く，陸域との境界付近ではハンノキが発達した湿地林を形成し，辺縁部を占有している。

　ボッグの表面では，1 m² 程度のパッチ状に群落をつくるミズゴケ類が，自分の遺体を残しながら毎年上方に成長していくために，数十 cm 盛り上がったハンモック（小丘）が多数形成されている。このようなミズゴケハンモックのまわりは，ホロウ（浅く冠水する窪地）やローン（ハンモックの周りにあるミズゴケ類に覆われた平坦地）となっている。このため，ボッグの表面はハンモックとホロウによって凹凸のある地形となっている。ハンモックとホロウでは水分量が違うので植物群落が大きく異なっている。水分の多いホロウにはアオモリミズゴケやユガミミズゴケなどのミズゴケ類とともにヤチスゲ，ホロムイソウやミツガシワが生育するが，乾燥するハンモック上では，チャミズゴケやスギバミズゴケなどの乾燥に強いミズゴケの種類が密生した群落をつくり，そのなかでホロムイツツジ，ヒメシャクナゲ，ガンコウラン，ツルコケモモなどの矮性低木やスギゴケ，モウセンゴケ，ワタスゲ，エゾイチゲなどが生育している。ハンモックの高さは，地域間で大きく異なっている。道北と日本海沿岸のハンモックは扁平で低く，太平洋岸西部のハンモックは中程度に隆起した小山形である。一方，太平洋岸東部では最大で 60 cm 以上隆起し，円柱形となる（16 章参照）。

　湿原群落のこのような地域差は気候の違いで説明することができる。日本

海側でボッグが発達しやすいのは，日本海側が太平洋岸より冬に雪が多く，夏に霧が少なく日照時間が長いためにミズゴケの生産量が高いことがあげられる。雪や霧とミズゴケハンモックの形態の関係について16章で説明している。一方で，日本海側の湿原形成は5,000〜4,000年前から始まっており，太平洋側(3,000年前から)よりも時間が長いのでボッグが発達するのに十分な時間があったということも要因として考えられる。このような湿原景観の地理的な変異機構はまだ十分に解明されていない。

日本のリッチフェンとプアフェン

　石灰分の少ない日本の湿原で，群落種組成から見てプアフェンとリッチフェンはどのように分けられるのか。この問題にここ数年集中的に取り組んでいる。北海道苫小牧市のウトナイ湿原のフェンの泥炭水のpH，アルカリ度とカルシウムイオン濃度の関係を見たところ，pH値はカルシウム―アルカリ度によって調節されていた。この事実から湿原のカルシウム―アルカリ度に沿ったリッチフェン―プアフェンシステムは日本の泥炭地湿原に当てはまる可能性が示された。このような観点で北海道の泥炭地湿原の分類を試行してみた。

　21の低地湿原を構成する自然草原群落の種組成データについて，TWINSPANという群落専用の分類ソフトにより類型化を行った結果，3グループ11群落が抽出された(表1)。Aグループはボッグ，BグループはプアフェンおよびCグループはリッチフェンにそれぞれ相当すると思われる群落である。Cグループはフェン種であるイワノガリヤス，ヨシ，ツルスゲ，ムジナスゲなどが高頻度で出現する。AグループとBグループはボッグ種(ツルコケモモ，ワタスゲ，ヌマガヤなど)が共通して出現し，特にツルコケモモは高頻度で出現する。両者の違いとして，Aグループにだけトマリスゲが高頻度で出現し，Bグループはボッグ種のほかにCグループと共通するフェン種のヨシとムジナスゲが高頻度で出現する。

　Aグループのボッグ群落はハンモックの群落(A-2)，ローンの群落(A-3，A-4)，およびホロウの群落(A-1)に分けられる。プアフェンとして想定され

表1　群落タイプごとの地域間出現率(%)

地域湿原群	群落タイプ										
	A-1	A-2	A-3	A-4	B-1	B-2	B-3	B-4	C-1	C-2	C-3
	ミカヅキグサ―ホロムイソウ	ガンコウラン―チャミズゴケ	イボミズゴケ―ヌマガヤ	ヌマガヤ―トマリスゲ	イソツツジ―チャミズゴケ	ムジナスゲ―ヤチヤナギ	ヌマガヤ―ヤチヤナギ	ヤチスゲ―ムジナスゲ	イワノガリヤス―ヨシ	イワノガリヤス―ツルスゲ	ヤラメスゲ
太平洋側西部(胆振)						16.1	39.7	56.2	26.6	53.5	21.5
太平洋側中部(十勝)						8.5	33.2	16.0	21.1	44.1	73.7
太平洋側東部(道東)		58.2	16.9	2.2	100	72.3	15.0	3.9	47.1		2.2
日本海側・道北	100	41.8	83.1	97.8		3.2	12.0	23.8	5.2	2.5	2.6
	日本海側・道北のボッグのホロー	ボッグのハンモック	ボッグのローン	日本海側・道北に多いボッグのローン	道東のハンモック	全域のプアフェン	全域のプアフェン	全域のプアフェン	全域のリッチフェン	全域のリッチフェン	全域のリッチフェン

るBグループのなかでB-1は，ハンモック上の群落として，A-2と同様にチャミズゴケが高頻度で出現する群落である。B-1は道東にだけ出現し，フェン種であるヨシやムジナスゲが高頻度で出現する点でA-2と異なっている。B-1でフェン種が混生する原因は，道東のハンモックが周りの水面より数十cmも高くなるためである。ハンモックが十分に高い場合は，ハンモックの基部や周辺のホロウやローンがリッチフェンの成立する鉱物質涵養性の水質であっても頂部では降水涵養性の水質が維持できる。このようなボッグ種とフェン種が混生する湿原は混生湿原(mixed mire)と呼ばれる。

　以上のように北海道の湿原群落に対してリッチフェン，プアフェンという分類の仕方が可能であることが示された(図5)。また特にボッグは道東と日

図5　プアフェンの群落景観。ワラミズゴケのつくるハンモックからヨシの枯れ茎が
突き抜けている（苫小牧市ウトナイ湿原）。

本海側北部にだけ分布しているが，両者の間でその種組成に地域差があるこ
とが示された。今後群落の水文化学環境を含めてさらに検討することが必要
であろう。

［参考文献］
石井　統ほか（編）. 2010. 生物学辞典. 1615pp. 東京化学同人.
東　正剛・阿部　永・辻井達一（編）. 1993. 生態学からみた北海道. 373pp. 北海道大学図書
　　刊行会.
Fujita, H., Igarashi, Y., Hotes, S., Takada, M., Inoue, T., and Kaneko, M. 2009. An inventory of
　　the mire of Hokkaido, Japan-theirdevelopment, classification, decline, and conservation.
　　Plant Ecology, 200: 9-36.
北海道開発庁. 1963. 北海道未開発泥炭地調査報告. 315pp.
Warner, B. G. and Rubec, C. D. A. (eds). The National Wetlands Working Group. 1997. The
　　Canadian Wetland Classification System (2nd ed.). 68 pp. Wetlands Research Centre,
　　University of Waterloo. Waterloo.
Wheller, B. D. and Proctor, M. C. F. 2000. Ecological gradients, subdivisions and terminology
　　of north-west European mires. Journal of Ecology, 88: 187-203.
矢部和夫. 2014. 湿地とは何か. 湿地への招待（北海道ラムサールネットワーク編）, pp.10-23.
　　北海道新聞社.
Yabe, K. and Uemura, S. 2001. Variation in size and shape of *Sphagnum* hummocks in
　　relation to climatic conditions in Hokkaido Island, northern Japan. Canadian Journal of
　　Botany, 79: 1318-1326.

コラム①
実は近くにいるエゾホトケドジョウ(*Lefua nikkonis*)

桑原禎知

　湿地内の細流や池沼に生息する8本ヒゲが特徴の小魚。基本的に夜行性のため，産卵期以外は日中にその泳ぐ姿を目にすることはほとんどない。北海道の淡水魚のなかでも低酸素な環境に強いことから，ほかの魚種が生息できないほど酸素の少ない沼や水たまりでも見つかる。そのような場所は両生類の産卵場所でもあるため，エゾホトケドジョウが両生類の卵や幼生を捕食することもある。釧路湿原では絶滅危惧種の本種が天然記念物のキタサンショウウオの卵を捕食しているという報告もある。各地で本種が生息する小さな湿地が埋められる一方，開発予定地で発見され，生息に配慮した改修や代替生息地の造成といった保全策も試みられている。その効果は検証段階で，決定的な処方はまだ確立されていない。また，魚の生息地として造成したわけではない公園内の人工湿地や道路整備で生じた小さな水辺に気がついたら棲みついていたなど，本種が好む環境条件にはいまだ謎が多い。

図1　エゾアカガエルの卵を食べていたエゾホトケドジョウのメス

02
泥炭地の物質循環

原口　昭

泥炭地の植生と物質循環

　泥炭地は，冷温帯から亜寒帯を中心とした寒冷域と熱帯に主に分布している。熱帯泥炭地には湿地林が形成されており，泥炭地の立地条件や泥炭層の厚さに応じて植生の違いは認められるものの，どの泥炭地も森林で構成されている点では共通している。一方，寒冷域の泥炭地は植生や立地環境が多様で，泥炭地それぞれに特徴的な生態系がつくられている。泥炭地にどのような植生が見られるかは，泥炭地の外部から供給される，または内部で生成される栄養塩類*の多少や水位の状態を用いて分類される。それは，その環境によって植生や景観，枯死した植物の分解の速さ（有機物*分解速度）が変わるためである。さらに，気温は植物の成長の速さ（一次生産速度）や有機物分解速度に影響する。泥炭地が形成されるための条件は，泥炭地に生育する湿生植物*の一次生産速度（光合成による有機物生産速度）が土壌における有機物分解速度を上回っていることであるので，気温，水位，栄養塩類のいずれかの要因がこの条件を満たすことが泥炭地形成の必要条件である。寒冷域の泥炭地では，生産と分解のうち，特に有機物分解速度が低くなるような環境条件，すなわち，低温であり，地下水位が高く，貧栄養であることが泥炭地形成の基本的な環境条件となっている。これらは，他方では一次生産速度を低下させる条件ともなっており，有機物生産と分解のバランスの上に泥炭地が成立している。

　栄養塩類は，降水や河川の氾濫などにより，また泥炭層の下にある鉱物質層からの拡散により泥炭地植生に供給されるほか，植物が枯死し，土壌に供給された有機物が分解者により分解されて無機化する過程で植物の利用できる無機塩類*として戻り，これがふたたび植生に吸収されて一次生産に使われる（図1）。植生の一次生産速度は，光条件のほか，植物が利用できる栄養

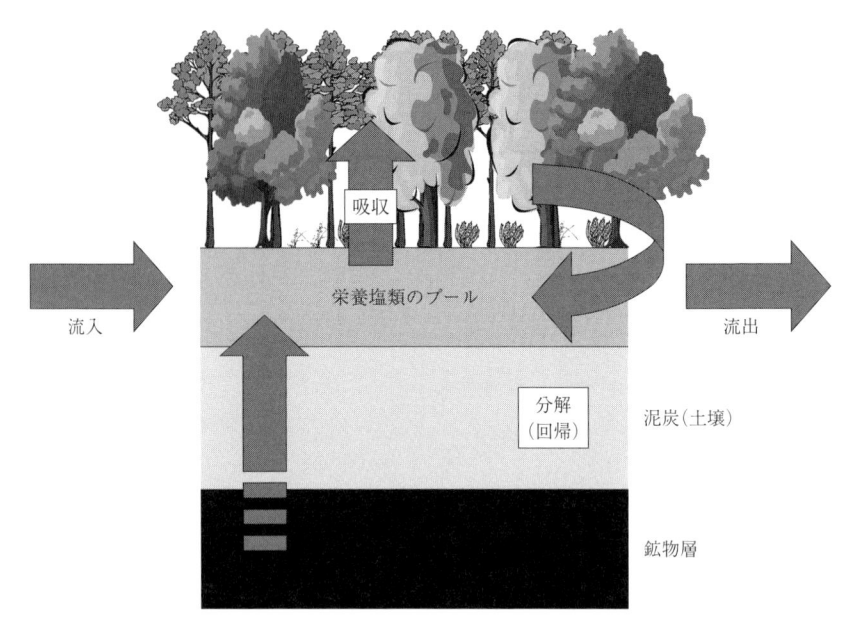

図1　泥炭地における物質循環。植生が利用できる栄養塩類の量は，外部からの流入量，基底の岩石からの拡散量のほか，有機物分解で回帰する栄養塩類の量によって決まる。

塩類の量によって決まる。その栄養塩類の量は，泥炭地外部からの栄養塩類の負荷量(供給される量)と，泥炭地の土壌中の有機物分解過程で生じる栄養塩類の量の双方により決定される。つまり，例えば，外部からの泥炭地への栄養塩類の供給量が少なくても，気温が高い環境下では有機物分解で生じる栄養塩類の量が多くなり，そこに生育する植物が利用できる栄養塩類の量が多くなる。そのため，植物の一次生産速度が大きくなり結果的に富栄養な環境に適した植生となる。植物に利用されなかった栄養塩類は，泥炭地の土壌に蓄積するか，土壌表面を流れる水(土壌流去水)や地下水によって運ばれて泥炭地の外へと流れ出る。

　栄養塩類のなかで，泥炭地の植生と一次生産速度を決める要因，すなわち制限要因として重要な元素は窒素とリンである。植物が利用できる窒素およびリンがどの程度泥炭地の土壌に存在しているか，またどの程度土壌に供給され，流出しているのかが泥炭地植物の成長速度を決めている。このうち窒

素の泥炭地への供給過程は，空中放電や人為的な燃焼によって生成した窒素化合物が，大気中で雨滴などの湿性降下物に取り込まれて泥炭地に運ばれる過程(沈着)が主要な過程である。近年，人為的な作用による大気中への窒素酸化物の放出が増大し，これが泥炭地に輸送されて泥炭地の富栄養化* を引き起こし，その植生に変化を及ぼしていることが，主にヨーロッパの泥炭地において明らかにされている。また，ミズゴケ群落では共生細菌類による窒素固定が窒素の主な供給源となっていることが明らかとなり，ボッグへの栄養塩類供給経路が降水だけではないことがわかってきた。泥炭地の集水域からの流入水中に溶け込んでいる窒素化合物も，流入水の影響を強く受ける泥炭地では重要な流入プロセスである。このようにして泥炭地に供給された窒素のなかで，無機態の硝酸イオンやアンモニウムイオンは栄養塩類として植物に吸収され，植物の一次生産に利用される。植物の枯死体から形成される腐植* や，有機物として集水域から泥炭地に供給された有機態の窒素化合物は，土壌中の微生物の有機物分解によって無機態の窒素に変化し，これが植物に吸収されて一次生産に利用される。泥炭地では，腐植の一部は泥炭として堆積するが，泥炭中には腐植酸などが蓄積して酸性化しているため，泥炭中での有機物の分解速度は低い。したがって，植物から土壌に供給される有機物の分解が速いか遅いかによって，泥炭が堆積するかどうかが決まる。一般に気温が低い環境下では有機物分解速度が遅く，泥炭の堆積速度は速いので，泥炭地は寒冷環境下に多く見られる。土壌中の窒素は，一部は土壌流去水や地下水によって運ばれて泥炭地の外へと流れ出る。また，脱窒素作用(脱窒。19章参照)によって硝酸イオンやアンモニウムイオンは窒素ガスや一酸化二窒素(亜酸化窒素)として大気中に放出される。脱窒素作用は，富栄養化した窒素濃度が高い湿地で顕著であるが，排水されて乾燥化し，酸化分解が進んでいる泥炭地でも顕著である。

　リンに関しては，岩石のような鉱物質に由来するものがほとんどで，これが風化して河川水などの流水によって運搬されて拡散したものや，微細粉塵として大気中に放出され，これが乾性降下物として土壌や植生に沈着したものが泥炭地に供給される。河川の氾濫原に発達した泥炭地では，河川からのリンの供給を直接受ける。またリンは，肥料として農地に散布されるため，

農地からの排水が流入する泥炭地では，人為的な起源をもつリンの供給が多い。無機態のリンは，カルシウムなどの金属と化合して難溶性の塩を形成しやすい。このようなリン酸塩は大気に触れる酸化的な環境下では水に溶解しにくいので，溶存酸素が十分にある河川水のなかでは難溶性の塩のまま運ばれる。この難溶性のリン酸塩は，酸性の状態で，また酸素の供給が制限された還元的＊な状態で溶解するため，例えば河川によって運搬されたリン酸塩は，河口域の還元的な泥質中で可溶化し，河口循環流に運ばれて河口域や沿岸域の生物群集にリンを供給している。泥炭地は一般に酸性でかつ還元的な土壌環境になっているため，リンの可溶化が起こりやすく，泥炭地にリン酸塩が供給されると富栄養化が進行する。また，リン酸塩は，植物と共生する菌根菌の働きによって溶解し，これが植物の一次生産に利用される。泥炭地は，比較的リン酸塩が溶解しやすく，植物に供給されやすい環境になっているため，リンに対して窒素が植物の生育を制限する要因となっていることが多い。植物に吸収されなかったリンは，土壌中に蓄積するか，土壌流去水や地下水によって運ばれて泥炭地の外へと流れ出る。

　泥炭地の一次生産速度は供給される栄養塩類の量によって決まると述べたが，比較的温暖な冷温帯の低標高域（日本では本州中部以北の低地帯），あるいは暖温帯の高標高域（本州中部以南～九州の山地帯）に分布する泥炭地では，気温が比較的高いため，土壌微生物が土壌中の有機物を分解して無機化する速度が速く，物質循環速度が速い。このような泥炭地にはフェンが形成される。フェンのなかでも，比較的気温の高い地域に分布する泥炭地では，有機物分解速度が高く，泥炭の堆積が進まないため，フェンから先への遷移が進まないが，低温な地域に分布する泥炭地では，泥炭の堆積が進んで層が厚くなるにつれて鉱物質層から植生への栄養塩類の拡散速度が低下すると，やがて富栄養な植生に代わってミズゴケ類が定着し，遷移系列としてミズゴケ類が優占するボッグに至る。このような泥炭地は高位泥炭地（泥炭が厚く堆積して泥炭層が発達した泥炭地。1章参照）と呼ばれる。ボッグでは，鉱物質からの栄養塩類供給がわずかとなり，降水中に含まれるわずかな栄養塩類を利用して植物が生育するような降水涵養性の泥炭地となる。このように，泥炭地が立地する場所の気温の条件が最終的に形成される泥炭地の型を決める第一の要因と

なるが，河川の氾濫や泥炭地を取り巻く集水域からの栄養塩類負荷を継続して受けるような条件に立地している泥炭地では，フェンが維持される。

　日本は北半球で寒冷域泥炭地が分布するほぼ南限に位置するため，寒冷域の泥炭地のすべてのタイプを見ることはできないが，フィンランドではフェン（リッチフェン，プアフェンに分類する），ボッグを含め，すべてのタイプの泥炭地を見ることができる。フィンランドの南部はボッグの分布する地域であり，このなかに，フェンが分布しているが，ボッグの分布する地域より高緯度地域には，アーパ（Aapa）＊と呼ばれる泥炭地が分布する。アーパは集水域をもち，ここから鉱物質を含む地表水が泥炭地に流入し，さらにボッグより低温の環境に立地するため一次生産速度が小さく，植物による栄養塩類の吸収速度が小さいため，植生の一次生産に対しての栄養塩類供給が過剰になり，泥炭中の栄養塩類濃度が比較的高くなる。さらに高緯度帯のツンドラが分布する地域には，パルサ（Palsa）＊が分布する。これは，永久凍土の上に泥炭層が発達して形成された泥炭地で，永久凍土の盛り上がりを反映して中央部が盛り上がった形状をしている。パルサでは，アーパよりさらに寒冷で，一次生産速度が低いため，栄養塩類が過剰となっている。さらに，近年平均気温

図2　崩壊しつつあるパルサ（フィンランド・キルピスヤルビ，2014年8月29日）。永久凍土上に発達した泥炭層が，永久凍土の融解にともなって崩壊し，融解した塩類濃度の高い水は窪地にたまって池沼を形成している。

の上昇によって永久凍土が融解し，泥炭層が崩れて分解しやすくなると同時に，融解した水が窪地にたまり，栄養塩類濃度が高い池沼が形成され，これが拡大しつつある(図2)。このような池沼の水は栄養塩類濃度と pH が高く，ミズゴケ類の生育にも影響を及ぼし，ミズゴケ群落の崩壊が進んでいる。

海洋性泥炭地の物質環境

　日本は細長い弧状列島であるため，日本の湿原は多かれ少なかれ海洋の影響を受けている。海塩の主要な成分は塩化ナトリウムであり，これが高濃度で植生に供給されると塩害が発生するが，海塩中にはマグネシウムなどの栄養塩類も含まれ，海塩は栄養塩類の供給源として重要である。湿原に供給された海塩の一部は植物に吸収されるが，塩化ナトリウムなどの成分はほとんどが土壌間隙水(土壌の間隙にある水)に移動し，表面流や地下水流といった水の流れを通じて海洋に戻る。したがって，海洋と湿原との間で海塩の循環系が見られる。ここでは，北海道東部の低地の湿原での海塩の循環について紹介する。

　湿原への海塩の流入過程は，地表を通っての直接的な浸入，泥炭層の下の古海水*が存在する鉱質土層からの浸入，および大気を経由しての流入がある。霧多布湿原や風蓮川湿原は海に流入する河川の氾濫原に発達した湿原で，海面との標高差がほとんどないため，湿原のなかを流れる河川はほとんどすべてが感潮域に属し，潮位変動の影響を受けて水位が変動するとともに海水が直接河川に流入する。河川に流入した海塩は河岸から湿原内部に向かって浸入し，海塩濃度の勾配ができる。海塩濃度が高い河岸付近には耐塩性の高いヨシ群落が発達し，ここからもっとも海塩の影響が小さいミズゴケ群落まで，植生の帯状構造が見られる。この景観は，ちょうどフェンからボッグへの傾度と類似している。海塩中には栄養塩類が含まれ，これが一次生産を高める要因になるとともに，塩類濃度が高い水は pH が高く，土壌中の微生物活性を高めるため，土壌有機物の分解速度が高くなり，有機物からの栄養塩類回帰速度も高くなる。一般に河口域で植生が発達して土壌への有機物供給速度が高くなっている場所では，土壌中での微生物による有機物分解の活性

が高くなり，そのときに微生物によって酸素が多く消費される。一方で土壌表面の冠水によって土壌への酸素供給が抑制されるため，土壌が還元的になる。

　このような環境下では，土に付着したり固体として存在する難溶性のリン化合物が水に溶け出しやすくなるため，リンが植物に吸収されやすくなり，これが植物の成長を促す要因になることが知られている。このような要因により，海水が直接浸入する河川の河岸には一次生産速度が高いヨシ群落が発達する。河岸にヨシ群落が発達することで，川から湿原へと浸入する海塩をこの群落内に留めるという緩衝帯の役割をもつこととなり，結果的に湿原内部に対する海塩の影響が小さくなる。

　大気を経由しての海塩の湿原への流入過程は，海水の飛沫の直接的な沈着（大気から供給されること），塩類を含むエアロゾル*の乾性沈着，海塩が雨滴，雪，霧など湿性降下物に取り込まれて湿性沈着する過程がある。また，沈着する際も，地表面に直接沈着する場合と，樹木の葉や幹に沈着した後に降水により洗脱される場合がある。これらの過程により，湿原に流入する海塩の量は異なるが，北海道東部の湿原が多く見られる地域では，霧による海塩の沈着が重要な過程となっている。北海道東部地域の太平洋側は，特に夏の時期に海洋で発生した霧が陸域に移流し（移流霧），寒冷で多湿な環境をつくる。これがこの地域に湿原が発達する要因のひとつであるが，海洋で発生した霧は海塩を取り込んでいるため，移流霧は海塩を湿原へと輸送する機能をもっている。霧の粒子は雨滴に比べて小さいため，水滴の体積に対する表面積の比が高く，エアロゾルとして大気中に存在する海塩を取り込みやすい。また，霧粒子は長時間大気中に浮遊して海塩と接触するため，霧粒子の塩類濃度は雨滴に比べて高くなる。このような霧粒子は，風とともに陸域に輸送され，草本層や森林の葉群で捕捉され，それらが雨によって洗い流されるか，あるいは落葉によって土壌中に輸送される。北海道東部の落石地域にはアカエゾマツ林をともなう湿原がいくつか分布しているが，アカエゾマツの葉群は密な針葉からなり，霧を捕捉しやすい構造になっているため，林内での海塩沈着量が林外より多くなる（図3）。アカエゾマツ林内の土壌中の海塩濃度は林外の湿地より高くなるが，土壌（泥炭）に供給された海塩中のナトリウムイオ

図3 アカエゾマツ林とミズゴケ群集からなる泥炭地(北海道根室市落石, 2013 年 11 月 21 日)。アカエゾマツの葉群により霧粒子とそれに取り込まれた海塩が捕捉され, 泥炭中に海塩が供給されることによって, アカエゾマツ林内の泥炭はミズゴケ群集の泥炭と比較して酸性化している。

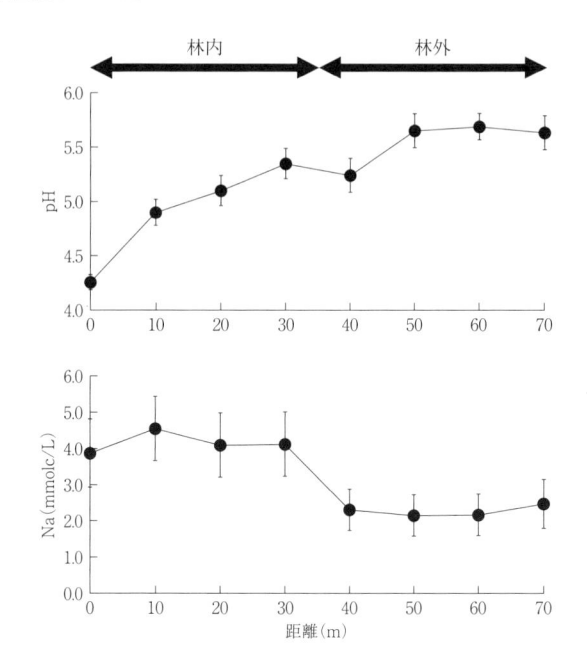

図4 北海道東部の落石岬湿原における泥炭水の pH およびナトリウムイオン濃度の林内外の比較

ンは，土壌中の腐植などの有機物や粘土鉱物がもっているプロトン(H^+)と交換し，土壌中にプロトンが放出されるため，土壌の酸性化を引き起こす(図4)。アカエゾマツ林内外での大気から直接供給されるプロトンの量を比較すると，林外の方が林内より多いが，土壌の pH はこれに反して林内の方が低くより酸性化している。これは，土壌の酸性度が，土壌へのプロトンの直接的な供給量より海塩の供給量によって決められていることを示している。

　土壌中に流入した海塩は，一部は土壌に吸着した状態で保持されるが，残りは土壌から浸出し，渓流水や地下水を経由して湿原外へと流出する。落石地域の湿原で最大の落石岬湿原は海岸段丘上にあるため，流入河川はないが，ここからの流出水によりつくられた渓流がいくつか存在する。土壌からの流出の過程は土壌中や地下水を経由するため，輸送過程を正しく把握することは難しいが，降水，土壌水，渓流水の水質の関連を見ることでその概要を知ることができる。落石岬湿原では冬季に土壌凍結が起こり，これが不透水層となるため，土壌表面と土壌深層との間の物質輸送が遮断される。通常，土壌凍結が起こると深層への水の輸送が停止するため，地下水位が下がる。非凍結期には泥炭層に降水が直接流入し，これが地下に浸透して地下水を経由して泥炭地の外に流れ出るが，凍結期には凍結層が泥炭層内部への降水の浸透を阻止し，泥炭は不飽和状態になる。このように，凍結期と非凍結期では，降水から供給された海塩の輸送の過程が異なることが予想される。凍結期には，降水はほとんど雪として降るので，これは積雪となってすぐには融解し流出することはないが，気温の変動にともない，積雪は凍結・融解を繰り返し，一部は土壌から流出して渓流水となる。落石岬では渓流水は部分的には凍結するが常時水流があり，厳冬期でも融雪水が流れ込んでいることがわかる。この渓流水の水質を，泥炭中に含まれる泥炭水や露地雨，林内雨の水質と比較してみた。筆者らの研究で塩化物イオンとナトリウムイオンの比(Cl^-/Na^+ 比)を渓流水，泥炭水，降水で比べた結果，非凍結期では渓流水と泥炭水の Cl^-/Na^+ 比はほぼ一致することに対し，凍結期では一致しないことがわかった。つまり，渓流水の水質は，凍結期には比較的露地雨と類似しているが，非凍結期には降水そのものではなく，泥炭水と類似することがわかった。

　以上の結果から，非凍結期には降水は泥炭中に取り込まれ，これが泥炭層を通過して渓流に流れ込むのが主要な水の流れであることがわかる。また，凍結期には，泥炭水も渓流水を構成する主要な成分となるが，渓流水には降水の直接的な影響が強く現れる。これは，土壌凍結層が不透水層となり，降水や融雪水を直接渓流に導く働きをもっていることを示している。このように，泥炭地に流入した物質の輸送過程は，凍結期と非凍結期とで違いがあるが，非凍結期には明らかに泥炭層中を通過してここから流出することがわかる。この過程で栄養塩類は植物に吸収され，土壌と植物との間の物質循環系に取り込まれるが，水の輸送は大気から土壌を経て流出し，最終的には海洋に輸送される。この水の輸送にともなって，海塩成分は海洋―大気―土壌―海洋と循環する。海塩の主成分である塩化ナトリウムは通常は制限栄養塩類にはならないが，このほかに含まれているマグネシウム塩などは制限栄養塩類となり，またナトリウムイオンは土壌の酸性化にかかわるため，土壌への海塩の供給量の違いは土壌環境の違いをもたらし，これが泥炭地の植生を決める要因となる。その一方で，植生の違いは土壌への海塩の供給量の違いを決める要因となり，植生と物質環境は相互に関連をもちつつ動的に変化していることがわかる。

［参考文献］
Rydin, H. and Jeglum, J. 2006. The biology of peatlands. 343 pp. Oxford University Press, New York.
Vasander, H. (ed.) 1996. Peatlands in Finland. 168 pp. Finnish Peatland Society.
原口　昭. 2013. 日本の湿原. 207 pp. 生物研究社.

03
湿地の炭素固定機能

平野高司

泥炭地の炭素蓄積

　湿地にはさまざまなタイプが存在するが，大量の炭素を蓄積しているのは泥炭地である。泥炭地では，地下水位が高く酸素濃度が低いため(嫌気的*条件)，ミズゴケ類を中心とした植物の枯死体があまり分解せずに堆積し，有機炭素を豊富に含む土壌(泥炭)が形成されてきた。このような泥炭の形成は，最終氷期終了後から現在に至る完新世の間に，数千年にわたって徐々に進行したものである。泥炭地とほかの土地を精度良く区別することは容易ではないが，ドイツに本部がある国際湿地保全グループ(IMCG)は世界の泥炭地(泥炭の深さが30 cm以上)の総面積を381万 km^2 と報告している。この面積は，日本の国土面積の約10倍，世界の陸地面積の2.6%に相当する。冷涼な気候が植物遺体の分解を抑制するため，全体の81%がロシアとカナダを中心とした北半球の中高緯度に分布しているが，インドネシアやマレーシアなどの熱帯域にも17%が存在すると推定されている。現在，東南アジアの泥炭地では大規模な農業・林業開発が進んでおり，膨大な泥炭炭素の脆弱性が高まっている。地球温暖化*などの環境問題にとって熱帯泥炭地の炭素動態は非常に重要であるが，熱帯泥炭については4章で述べられるため，ここでは北方圏の泥炭地について解説することにする。

　泥炭に蓄積されている炭素量は，一般には泥炭の深さ，体積密度，炭素含有率*に面積を掛け合わせて求めることが多い。リディン(Rydin)とジェグラム(Jeglum)によると，北半球中高緯度(北方圏)の泥炭地の炭素蓄積量は，深さ(2 m)×密度(100 kg m^{-3})×炭素含有率(50%)×面積(381×0.81=310万 km^2)=3,100億 t となる。この炭素蓄積量は，世界の土壌の総炭素蓄積量の7〜9%に相当する。面積割合が世界全体の2.1%であることを考えると，北方圏の泥炭地は高密度の炭素貯蔵庫であることがわかる(100 kg m^{-2})。また，3,100

億 t の炭素は石油や石炭などの化石燃料の消費にともなう世界全体の年間二酸化炭素（CO_2）排出量（2005〜2014 年の平均では炭素換算で年 90 億 t）の 34 年分以上に相当する膨大な量である。

　北海道の泥炭地は，北半球の分布域のほぼ南限に位置している。北海道大学の冨士田裕子教授らによると，20 世紀の間（特に 1950〜70 年代）に北海道の泥炭地の 70％以上が排水されて農地に転換され，1996 年における総面積が約 600 km^2（北方領土を除く北海道の面積の 0.8％）まで減少したと報告されている。一方，炭素蓄積量に関しては北海道全体を総合的に研究した例はないが，法政大学の高田雅之教授は，種富湿原（利尻島）とサロベツ湿原の泥炭の平均深さはそれぞれ 1.1，5.2 m であり，面積当たりの炭素蓄積量はそれぞれ 51，216 kg m^{-2} と報告している。

泥炭地の炭素収支

　泥炭地における炭素蓄積は，ミズゴケ類などの植物の枯死体が堆積した結果であるが，蓄積量はさまざまな形態の炭素の流入と流出の収支（バランス）によって決まる。雨水で涵養されるボッグを例に，湿地における炭素収支について説明したい。生態系の炭素や CO_2 の収支を考える場合には，単位土地面積（例えば 1 m^2）当たり，単位時間（例えば 1 秒：s）当たりの炭素流入・流出速度としてフラックスという用語を使うことが多い。

　湿生植物* は大気中の CO_2 を吸収して光合成を行うとともに，吸収した CO_2 の一部を呼吸によって大気中に放出する。光合成と呼吸の差として正味吸収された CO_2（炭素）が植物の成長，あるいは生物量（バイオマス）の増加に使われる。また，植物の枯死体や土壌中の有機物*（主に泥炭）は酸素濃度が比較的高い好気的* 条件で微生物によって分解され，最終的に CO_2 として大気に放出される（微生物呼吸）。このような好気分解を免れた植物枯死体が，泥炭層への炭素の正味の流入となる。一方，嫌気的条件では，土壌有機物の分解過程で生じる基質（酢酸など）を利用して微生物（メタン生成菌）がメタン（CH_4）を生成する。土壌中の CH_4 は，濃度勾配による拡散，気泡の上昇，あるいは湿生植物（ヨシやスゲ類など）の通気組織を通じて大気へ放出されるが，輸送

過程でメタン酸化菌によって CO_2 に酸化されるものも多い。CO_2 と CH_4 は主要な温室効果気体であり，それらの大気中濃度が上昇すると地球温暖化が進むことになる。両者を比較すると，泥炭土壌からの発生量は CO_2 の方がはるかに多く，炭素収支を考える場合には CH_4 よりも CO_2 の方が重要である。しかし，温室効果(100 年間当たりの地球温暖化に対する影響)は CO_2 よりも CH_4 の方が 25 倍(質量基準)あるいは 9 倍(モル基準)も強いことが知られている。なお，北方圏の泥炭地からは，地球全体の CH_4 排出量の 6~9% が放出されていると推測されており，温暖化の観点からは CH_4 の放出量を正確に把握することが重要である。

　土壌水には，発生した気体(CO_2, CH_4)や泥炭から溶出した腐食物質(有機態炭素)が溶け込んでおり，前者を溶存無機炭素(DIC)，後者を溶存有機炭素(DOC)と呼んでいる。DOC が豊富な泥炭地の水は褐色を示す。ボッグでは，これらの溶存態炭素が水の流動にともなって流出することになる。一方，周囲よりも標高が低いフェンでは，DIC や DOC が流入することもある。さらに，降水に含まれる溶存態炭素の流入を考慮する必要がある。このような炭素フラックスの収支を正味生態系生産量(NEP)と呼び，総流入量が総流出量を上回れば(NEP ＞ 0)，対象とした生態系が正味の炭素吸収源(シンク)であることを示す。泥炭地であれば，泥炭が堆積し，炭素蓄積量が増加することになる。

炭素収支の測定

　「泥炭地の炭素蓄積」で述べた炭素蓄積量は，炭素収支あるいは炭素蓄積速度の数千年に及ぶ時間積分の結果である。泥炭層への炭素蓄積速度を求める方法はふたつに大別できる。ひとつは，不撹乱* の泥炭土壌を円柱状，あるいは半円形に採取し，年代，体積密度，炭素含有率を分析して過去数千年の平均的な蓄積速度を計算する方法(コアサンプリング法)で，ほかの方法は，個々の炭素フラックスを測定して，現在の炭素収支(NEP)を計算する方法(フラックス法)である。

　コアサンプリング法(図1)では，泥炭層基底部の年代を特定するために放

図1　採掘された泥炭のコアサンプル（高田雅之氏提供）。利尻島種富湿原

射性炭素（^{14}C）＊の分析が必要であり，この部分に経費を要するが，そのほか
の作業が比較的容易であるため，世界各地の多くの泥炭地に適用されている。
リディンとジェグラムは，1 年当たりの平均炭素蓄積速度（gC m^{-2} 年$^{-1}$，C は
炭素を表す）として，フィンランドのボッグで 30〜35，北方圏の湿原の世界平
均で 29，ロシアのフェンで 72〜80，フィンランドの湿原で 23，カナダ中北
部の湿原で 14〜35，という研究例を紹介している。泥炭の体積密度や炭素
含有率は場所によって異なるが，上記の平均的な値（100 kg m^{-3} と 50％）を用い
ると，30 gC m^{-2} 年$^{-1}$ の炭素蓄積速度が厚さ 0.6 mm の泥炭層の堆積に相当
することがわかる。なお，泥炭が発達して深くなるにしたがい下層部（地下水
面より下で酸素濃度が低い）の泥炭量が増加し，嫌気的分解にともなう炭素放出
量が徐々に増加していく。ところが供給される植物枯死体の量はそれほど変
化しないため，炭素収支が悪化し，炭素蓄積速度が徐々に減少していくこと
になる。したがって，長期的な平均蓄積速度は一定ではなく，近年の蓄積速
度は上記の値より小さい傾向にあることに注意する必要がある。多くの北方
圏の湿原では，完新世の初期に蓄積速度がピークに達したといわれている。
　フラックス法では，大気と湿原生態系との間の温室効果ガス（CO_2 と CH_4）
の収支には渦相関法（微気象学的方法）やチャンバー法が，また溶存態炭素の収
支（流出）には水文学的方法が用いられることが多い。渦相関法（図2）は，大気
中の対象ガスの濃度と鉛直風速の変動を高速で測定し，それらの連動性を計

図2　渦相関法を用いた CO_2 と CH_4 のフラックスの観測風景(美唄湿原)。
右端が CH_4 分析計，その左が超音波風速温度計と CO_2/H_2O 分析計

算することで比較的広い面積(数百 m^2 ～数十 ha)の平均フラックス(ガス交換速度)を連続で求める方法である。ガス分析計やデータ収録装置などの技術が進歩したことで，1990 年代以降さまざまな生態系で広く用いられるようになった手法である。最近では，野外環境で濃度の高速測定が可能な測器が開発されたため，CH_4 フラックスの観測が普及してきている。一方チャンバー法は，地表面を密閉容器(チャンバー)で覆い，内部空間のガス濃度の変化速度からフラックスを求めるものである。地表面の密閉やガスの採取，濃度の分析を手動で行うことも多いが，密閉容器の上ぶたの開閉を自動で行うとともに，ガス分析計やデータ収録装置を組み込むことで自動連続観測が可能となる(図3)。チャンバー法は，比較的安価に観測システムを組むことができるが，チャンバーの開口面積が小さいため広い面積の代表値を得ることは難しい。渦相関法や自動チャンバー法を適用すると 30 分～1 時間おきに CO_2 や CH_4 のフラックスを得ることができ，湿原生態系のガス収支の環境変動に対する動的な応答を理解することが可能となる。溶存態炭素のフラックスは，流域の水収支(流入出水量)に溶存態炭素濃度を乗じて求めることが多い。

　これらの炭素フラックスをすべて同時に観測して，年間の炭素収支(NEP)を評価した研究は少ないが，ニルソン(Nilsson)らの報告によると，スウェー

図3　自動開閉式チャンバー法による泥炭土壌からのCO_2とCH_4放出速度の測定風景。マレーシアの熱帯泥炭地に造成されたオイルパームプランテーション

デン北部の泥炭地では，2004～2005年の2年間の平均で正味のCO_2吸収が52，CH_4の放出が12，降水によるDOCの流入が1，DOCの流出が13，DICの流出が5となり，年間NEPは$23\,gC\,m^{-2}$年$^{-1}$であった。溶存態炭素（DOCとDIC）を考慮しないとNEPをかなり過大評価することがわかる。この結果は，上記のコアサンプリング法の結果に比べて同程度か少し小さめの値である。これらの量は，健全な温帯林の炭素蓄積速度（$200～400\,gC\,m^{-2}$年$^{-1}$）に比べてかなり小さく，泥炭地は非常に長い年月をかけて徐々に炭素を蓄積してきたことがわかる。なお，炭素の原子量とCO_2の分子量の比（12/44）を用いて$23\,gC\,m^{-2}$の炭素をCO_2に換算すると$84\,gCO_2\,m^{-2}$となる。この重さは，標準的なコピー用紙（$64\,g\,m^{-2}$）の1.3倍であり，このスウェーデンの湿地では3年かけてコピー用紙4枚に相当する重さのCO_2を炭素として蓄積していると考えることができる。

炭素収支の変化

　さまざまな環境要因が泥炭地の炭素収支（NEP）に影響を与えることが知られている。炭素収支は炭素の流入量（主に光合成）と流出量（主に植物呼吸と泥炭分解）の結果として決まるもので，環境変動にともなう流入量および流出量の

変化が炭素収支を左右する。環境変動は，短期的，長期的，あるいは直接的，間接的に炭素収支に影響を与える。短期的な影響は，植物の光合成と呼吸，微生物による有機物分解にかかわるものであり，日射量，温度，湿度，地下水位などの気象環境の変動が生物の代謝過程に直接作用する。一方，長期的な影響は，長期の環境変化が引き起こす植生変化に起因するものであり，温暖化や富栄養化＊にともなう維管束植物(スゲ類など)の増加の影響が危惧されている。短期的な直接影響について整理すると，日射量の増加は光合成を促進し，NEP を上昇させる。温度の上昇は，湿地が広く分布する寒冷な気候帯では，一般に光合成を促進させるが，植物呼吸や微生物呼吸(有機物分解)も上昇させるため，NEP への影響は温度上昇の程度によって決まる。干ばつや排水によって地下水位が低下すると泥炭層に酸素が供給され，好気的分解が促進されると考えられている。しかし，NEP に与える影響はそれほど単純ではなく，地下水位の低下が維管束植物の根圏の酸素環境を改善し，光合成を上昇させる可能性がある。一方で，ミズゴケ類の光合成は乾燥によって低下する。また，地下水位が上昇するときに泥炭中のフェノール類を分解する酵素が増え，有機物分解が促進されてCO_2放出量が増加するという報告もある。

　IPCC(気候変動に関する政府間パネル)＊が 2013 年に公表した第 5 次報告書によると，地球温暖化が進行中であることは疑う余地がない。温暖化による気温上昇は，北方圏の植物の成長を促進させるが，低木やスゲ類などの維管束植物の草丈や葉面積が増加することで下層のミズゴケ類が遮光され，群落構成種の割合が変わる可能性が危惧されている。維管束植物はミズゴケ類よりも枯死体(リター)の分解が速く，また分解速度の温度に対する感受性も高いため，温暖化環境では泥炭の蓄積速度が低下する可能性がある。また，気温上昇は湿度の低下をともない，湿地の蒸発散(ミズゴケ表面の蒸発と維管束植物の葉からの蒸散)を促進する可能性が高い。さらに，温暖化により春季の融雪が早まり，積算の蒸発散が増加することも報告されている。気候変化によって降水量が増加する可能性もあるが，温暖化は泥炭地の乾燥化を潜在的に促進させるであろう。上述したように乾燥化によって地下水位が低下すると，基本的には，ボックの成長が抑制されるとともに泥炭の好気的分解が促進され

る。また乾燥を好む維管束植物が湿地に侵入することも予測される。北海道では，排水によって地下水位が低下した泥炭地にササ類が侵入してきている。一方，地下水位の低下は嫌気的環境を緩和するため，CH_4 発生量を抑制することになるが，細長い葉を立てるスゲ類などのイネ科型草本が増えると，通気組織を介した CH_4 放出量が増加する可能性もある。なお，化石燃料や窒素肥料の消費量が増加した結果，降水などを通じた自然環境への窒素の沈着が問題となっており，泥炭地の窒素濃度も上昇しつつある。窒素は重要な肥料成分であり，維管束植物の成長を促進することでミズゴケ類との競争関係を変化させる。また窒素の増加は微生物の成長を促進するため，泥炭の分解を促進するといわれている。なお，乾燥化にともなう泥炭の収縮と浮力低下により泥炭地の地面が下がるため，地下水位(地表面から地下水面までの距離)の変化が小さく維持されることも報告されている。さらに，泥炭の好気的分解による地盤沈下の結果，地下水位の低下が抑えられるため，さらなる泥炭分解が抑制されることになる。

　以上のように，温暖化や窒素汚染は，主にミズゴケ類の生育環境を悪化させることで，ボッグの泥炭の主原料であるミズゴケ枯死体の生産量を低下させる可能性がある。しかし，乾燥化は CH_4 発生量を減少させる可能性が高いので，泥炭地の温暖化に対する寄与を評価するには，炭素収支だけでなく，相反的な関係にある CO_2 と CH_4 の収支を個別に定量化する必要がある。

[参考文献]

Fujita, H., Igarashi, Y., Hotes, S., Takada, M., Inoue, T. and Kaneko, M. 2007. An inventory of the mires of Hokkaido, Japan: their development, classification, decline, and conservation. Plant Ecology, 200: 9-36.

Nilsson, M., Sagerfors, J., Buffam, I., Laudon, H., Eriksson, T., Grelle, A., Klemedtsson, L., Weslien, P. and Lindroth, A. 2009. Contemporary carbon accumulation in a boreal oligotrophic minerogenic mire: a significant sink after accounting for all C-fluxes. Global Change Biology, 14: 2317-2332.

Rydin, H. and Jeglum, J. K. 2013. The Biology of Peatlands (2nd ed.). 382. Oxford University Press. Oxford.

高田雅之・小杉和樹・佐藤雅彦・加藤友隆. 2007. 利尻島種富湿原における炭素蓄積量の推定. 利尻研究, 26, 63-70.

高田雅之・井上京・平野高司. 2011. サロベツ湿原における泥炭中の炭素蓄積量とその空間分布推定. 農業農村工学会全国大会講演要旨集.

04
北方と熱帯の泥炭

島田沢彦

　泥炭は分解しきらずに堆積した植物遺体からなるため，泥炭地は微生物による分解が抑制される寒冷な気候帯にのみ形成されると長らく信じられてきた。しかし，実際には熱帯地域に泥炭地は存在し，ページ(Page)博士らの見積りによると，世界の泥炭地面積の11%を占める44万km^2に及ぶとされている。しかも堆積する泥炭の厚さが20mを超えるような場所がインドネシア，マレーシア，ブルンジ，コンゴ，ルワンダなどに存在することが報告されている。ここでは，主に熱帯泥炭地について，北方泥炭地との形成の違いに着目して，紹介したい。

　北方の泥炭との大きな違いは，泥炭を構成する植物が，スゲ類・ヨシの草本植物やミズゴケ類といったものではなく，木本植物であるところである。このように，木本植物からなる泥炭を木質泥炭と呼ぶ。泥炭地に発達した湿地林の根系部分を多く含む木本植物遺体が，その体内に炭素を蓄積したまま泥炭として堆積するため，熱帯泥炭地は，炭素吸収源(カーボン・シンク)としての機能を果たしてきた。しかし，近年の急激な土地利用の変化や大火災により，泥炭地が蓄積していた炭素を温室効果ガスとして大量に放出し放出量が吸収量を大きく上回ってしまう，炭素放出源(カーボン・ソース)となりつつある。インドネシア・カリマンタン島においては，1997〜2006年にわたる湿地林火災および泥炭層火災によって放出された二酸化炭素量は1.4〜4.3 Gt(10^9t)と見積もられている。この量は，世界の年間排出量の10%程度にも及ぶ。さらに2009年，2015年の火災によっても大量の炭素が放出され，毎回のエルニーニョ年の乾季における大火災が問題となっている。エルニーニョ現象はペルー沖から太平洋赤道域の日付変更線にわたる海面水温が平年より高くなる現象であり，東風である貿易風が弱まることにより太平洋西側のインドネシアにおいて雨が少ない乾燥した状態をもたらす。図1に熱帯泥炭地における炭素循環の概念図を示した。地上における炭素固定機能* をもった植物が光合成を通して二酸化炭素(CO_2)を体内に取り込み，植物遺体

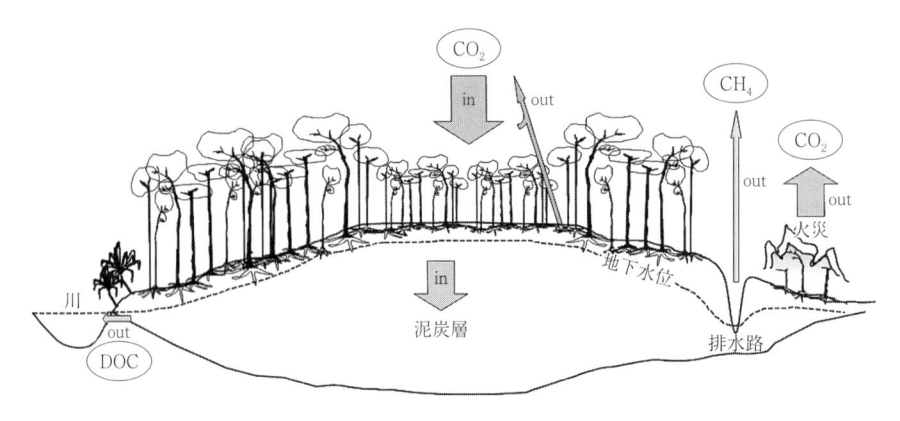

図1　熱帯泥炭湿地林における炭素循環(島田，2010)

の一部が分解不十分のまま泥炭として堆積する。一方，酸素を介する反応が可能な好気条件下(地下水位より上)では，泥炭分解により CO_2 が放出され，酸素の得られない嫌気条件下(地下水位より下)では，メタン(CH_4)が放出される。また，非常に少量ではあるが，溶存態有機炭素(DOC)として地下水とともに流出する炭素も存在する。近年の火災による二酸化炭素放出が，排水路設営にともなう表層泥炭の乾燥化が引き金になっていることも，図1において示されている。

熱帯泥炭地の形成

　気温が高い熱帯において泥炭地が発達するためには，微生物による分解を抑制する以下の2点の条件が必要となる。①水が豊富であることと，②貧栄養であることである。泥炭地に供給(涵養)される水は栄養分のほとんどない雨水が豊富であることが条件になる。実際に熱帯泥炭地が分布する地域は，年間降雨量が3,000 mm を超える地域とオーバーラップする。また，豊富な水を留めておく地形要因が必要となり，排水性の悪い地盤，ゆるやかな盆地状(皿状地形)もしくは平坦な地形が泥炭地形成に必要な水文地形条件となる。いったん泥炭が堆積すれば，木質泥炭から分解過程で生成されるフェノール系の腐植*酸が地下水に溶け込み，北方泥炭地と比較してもより強い酸性条

件(pH 3〜4 程度)になり，さらに分解を抑制する効果が働く。熱帯泥炭地の水は多くのリグニン化合物が分解された物質を含むため，北方泥炭のものより濃い黒の褐色をしている。熱帯林の現場において，森林が泥炭地上に立地しているものか，そうでないものかは川の色を見れば一目瞭然である(図2)。上記のような条件下で，熱帯泥炭地は数千年にわたって泥炭を堆積できる環境を維持してきた。熱帯泥炭地が広大な面積を占有する地域は沿岸部の低湿地帯である。このような低湿地を有するのはボルネオ島(カリマンタン)，スマトラ島，ニューギニア島(パプア)などである。アマゾンも広大な低湿地を有するが，ここでは流入する川の水の栄養分が高いため，泥炭があまり蓄積しないことを，北海道大学の大崎博士・岩隈博士は解説している。

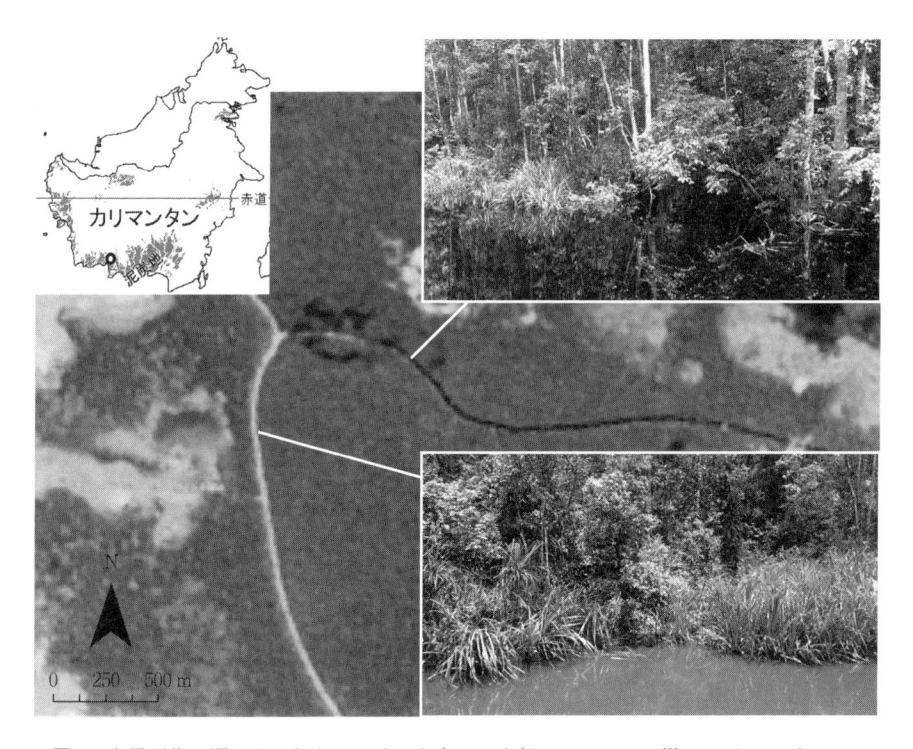

図2　衛星画像で明らかにわかる，インドネシア中部カリマンタン州タンジュンプティング国立公園内の泥炭湿地林の黒褐色の川(上写真)と，泥炭地でない森林から流出する茶褐色の川(下写真)。衛星写真は 2013 年 9 月の Landsat-8(パンシャープントゥルーカラー)画像，地上写真は 2 枚とも 2014 年 3 月撮影である。

　では，どこにそのような熱帯泥炭地の形成可能な環境が存在したのであろうか。泥炭地の年齢が数千年ということから考えて，現在存在する泥炭地については過去に遡って考えていかなければならない。図3は，低湿地での熱帯泥炭地形成のモデルとしてマッキノン(MacKinnon)らが図化したものである。最終氷期の最寒冷期後の約17,000年前から温暖化により完新世海進が始まり，約7,000年前に海面上昇がピークとなった(日本では縄文海進という)。このときにできた入江が，今度は海岸線の後退に際し，土砂堆積による沖積層が形成され干潟化し，そこにマングローブが進出した。さらにその後の陸地化にともない，このマングローブを追って湿地林植生が進出することにより，泥炭層が形成された。その後，泥炭地が河川水面より高くなることでより貧栄養環境が形成されていったという仮説である。アンダーソン(Anderson)は，泥炭地の発達の前段階として，海から遠く離れた湿地では，満潮時の河川の逆流により川岸に土砂が堆積し，これが自然堤防*となり，その結果，川と川の間で皿状地形が生じ，泥炭が急速に堆積すると説明している。さらに彼は泥炭地形成の第三段階として，堆積が進んだ泥炭層は，中央部が膨らんだドーム状(図1参照)に発達した後，中央部での泥炭堆積速度は低下し，相対的にドームの勾配が緩やかになるとしている。そして，この泥炭層の堆積が約6,000年前のマングローブの海側への前進を追って始まったと考えた。

　しかし，このアンダーソンモデルに合致しないケースが，シーファーマン(Sieffermann)らや京都大学の古川博士の中部カリマンタン，スマトラ・ジャンビ，およびブルネイにおける調査結果から明らかとなった。泥炭地の下層から6,000年前より古い9,000〜7,000年前の泥炭層が発見された。これらの泥炭地は沿岸部よりも少し内陸の白い珪砂の台地上に形成されていた。この珪砂は鉄やアルミニウムなどの元素が溶脱されつくし漂白(ポドゾル化)されてできたものである。これらのケースを勘案し，シーファーマンの考えたインドネシア・中部カリマンタンの泥炭形成モデルを図化したものを図4に示した。これは，沖積層が形成される前の完新世初期に，比較的平坦な台地に泥炭地が形成されたとする仮説で，海進にともない沿岸の泥炭地は侵食され沖積層(図4の粘土層)が形成されるが，侵食されなかった台地上の泥炭地は

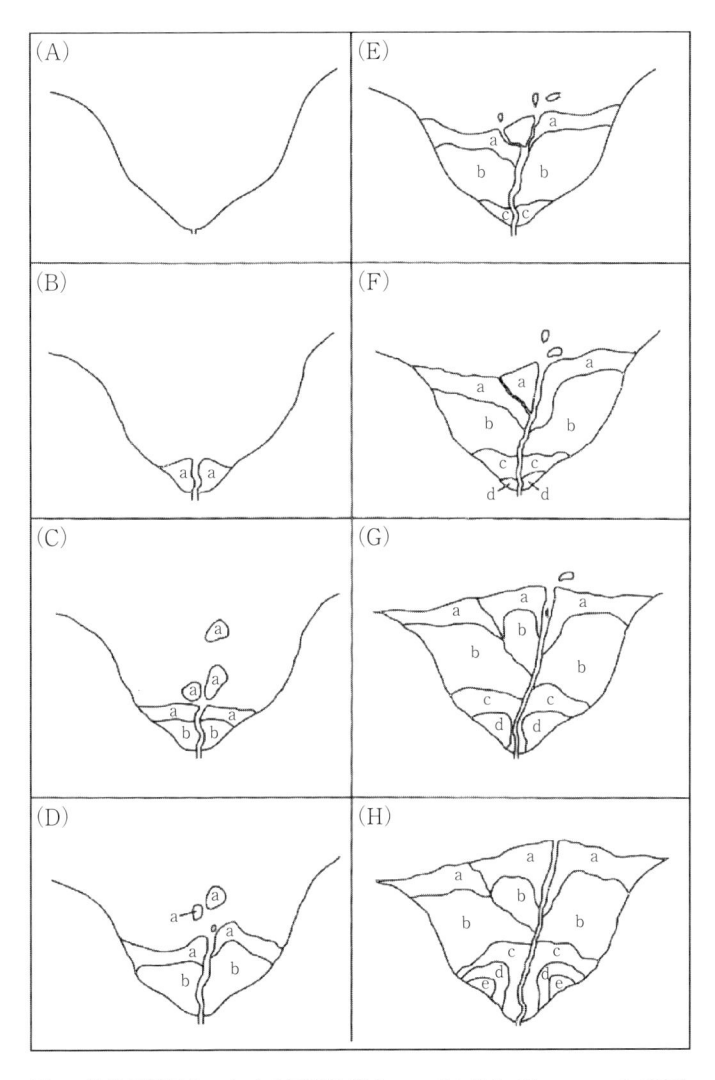

図3　沿岸部低湿地における泥炭地形成のモデル(MacKinnon *et al.,* 1996)。
　　A：完新世海進のピーク時における河口部。B〜H：土砂堆積による沖
　　積層の形成，マングローブの進出，干潟化・陸地化にともなう湿地林
　　植生の進出。a：フロンティア型マングローブ(例　*Avicennia*)，b：後
　　発型マングローブ(例　*Bruguiera*)，c：薄い泥炭層上の汽水に生育で
　　きるフロンティア型湿地林植生，d：河川水位より高いところの泥炭層
　　に生育する混交淡水湿地林(淡水湿地林と泥炭湿地林が混生)，e：深い
　　泥炭層に生育する泥炭湿地林優占種植生

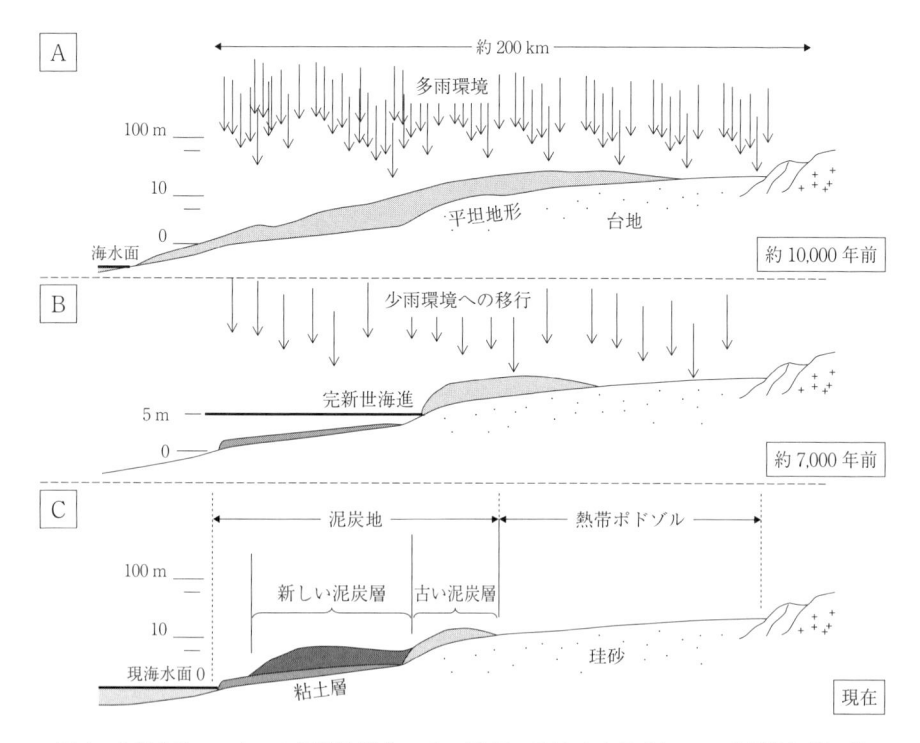

図4　中部カリマンタンの泥炭地形成モデル(島田，2010 から作成)。A：完新世初期の温暖化・湿潤化した平坦地に泥炭地が形成される。B：海進にともない泥炭地は侵食されるが台地上の泥炭地は残る。C：海岸線の後退に応じて新しい泥炭層がマングローブを追って形成される。

残ったとするものである。台地上に存在する泥炭地であることから，シーファーマンはこのタイプの泥炭地をハイ・ピート(High Peat)と命名している。どちらのタイプの熱帯泥炭地も，河川間にドーム状に形成されていることが報告されており，ドーム中心部における泥炭層の深さは 10 m を超えることが多い。

熱帯泥炭地の炭素蓄積速度

　泥炭地の生態系は炭素が蓄積していく環境である。クライモ(Clymo)が北

方泥炭地研究報告のなかで提唱している理論によれば，炭素蓄積が実際に起こっている泥炭層は，地下水位以下で嫌気的*条件の不活性層であり，出入りはあるものの表層の活性層は一定の厚みを保っているということである。さらにクライモらは1998年に泥炭の放射性炭素(^{14}C)*年代の現地調査データを用いて調整した泥炭堆積および炭素蓄積のモデルを開発している。これによると，比重を $0.091\,g/cm^3$，炭素含有率*を52%，および5,000年前から泥炭堆積開始，現状2.5mにまで堆積と仮定し，北方泥炭の現在の炭素蓄積速度を，年間約 $0.2\,t\,C/ha$ であると算出している。放射性炭素年代測定は，一定であった植物生体内[14]C の存在比が死後徐々に下り始めることを利用して泥炭年代を測る方法である。熱帯泥炭地においてはモデルが作成できるほど[14]C 年代の現地調査データは十分でないが，さまざまな熱帯泥炭層の研究報告から集約した各研究事例の層別の年間泥炭堆積速度および炭素蓄積速度を図5に示した。炭素量への換算には熱帯泥炭の比重 $0.1\,g/cm^3$ および炭素含有率57%を適用した。この図からは，形成時期の異なる2タイプの泥炭地の堆積環境の違いが見て取れる。サラワク，スマトラ・リアウ，西カリマンタン，南カリマンタンの泥炭地においては，5,000年前の泥炭形成

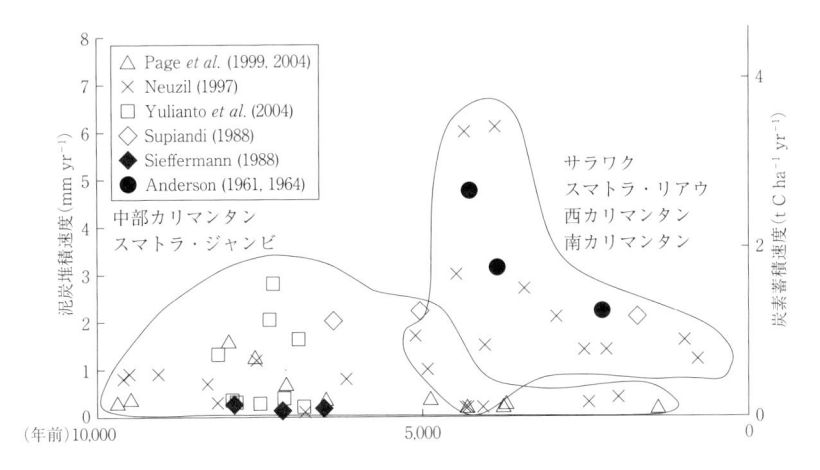

図5　熱帯泥炭の年間堆積速度と炭素蓄積速度(凡例出所からの数値を参考に作図)。堆積が約10,000年前から始まった泥炭地と約5,000年前から始まったものに分けられる。

時に堆積速度が比較的速く，年間 3〜7 mm（年間炭素蓄積速度 2〜4 t C/ha）であるが，3,000 年前には 1〜2 mm（年間炭素蓄積速度約 1 t C/ha）と減速している。また，中部カリマンタンに代表される古い泥炭地では，泥炭堆積速度が年間 3 mm（年間炭素蓄積速度 1.5 t C/ha）に達する時期も見られるが，比較的遅く，年間 1 mm（年間炭素蓄積速度 0.5 t C/ha）を下回ることが多く，近年の堆積は止まっているように読み取れる。実際，シーファーマンの調査例によると中部カリマンタン調査泥炭地の表層付近（100 mm 深）の炭素年代（炭素が形成された年代）は約 6,000 年前であった。熱帯泥炭層の深部の分解過程は明らかではないが，気象条件によっては，年間 4 t C/ha の炭素蓄積能力が熱帯泥炭地にはあり，この数値は先に示した北方泥炭地の 20 倍の速度を示している。

　このように熱帯泥炭地の形成について，未だ不確かな部分はあるものの，熱帯に泥炭が存在しないと考えられてきた時代から比べると，現在はさまざまなプロジェクト研究の成果により理解が進んできている。しかし，熱帯泥炭地は現在アブラヤシのプランテーションとしての開発が急激に進んでおり，すべてを理解する前に消失の危機にある。

［参考文献］

Anderson, J. A. R. 1964. The structure and development of the swamp of Sarawak and Brunei. Journal of Tropical Geography, 18: 7-16.

Clymo, R. S., Turunen, J., and Tolonen, K. 1998. Carbon accumulation in peatland. OIKOS, 81: 368-388.

Jaenicke, J., Rieley J. O., Mott C., Kimman, P., and Siegert, F. 2008. Determination of the amount of carbon stored in Indonesian peatlands. Geoderma, 147: 151-158

MacKinnon, K., Hatta, G., Halim, H., and Mangalik, A. 1996. The ecology of Kalimantan (Indonesian Borneo). The Ecology of Indonesia Series Vol. 3. 122 p. Periplus Editions. Hong Kong.

Page, S. E., Rieley, J. O., and Banks, C. J. 2011. Global and regional importance of the tropical peatland carbon pool. Global Change Biology, 17: 798-818.

Sieffermann, R. G., Fournier, M., Triutomo, S., Sadelman, M. T., and Semah, A. M. 1988. Velocity of tropical peat accumulation in Central Kalimantan Province, Indonesia (Borneo). Proceedings of the 8th International Peat Congress, Leningrad, 1: 90-98.

大崎満・岩隈敏夫（編）. 2008. ボルネオ—燃える大地から水の森へ. 184pp. 岩波書店.

島田沢彦. 2010. 熱帯泥炭地のリモートセンシングを用いたモニタリングと評価（インドネシア）. 食と農と資源—環境時代のエコ・テクノロジー（中村好男・豊田裕道編）, pp. 74-81. 共立出版.

古川久雄. 1992. インドネシアの低湿地（東南アジア学選書）. 258pp. 勁草書房.

05
湿原植物の窒素利用

中村隆俊

フェンとボッグの環境

　北半球の冷温帯に分布する泥炭地湿原は，ヨシや大型のスゲ類が優占するフェンと，ミズゴケ類が地表面を覆い小型の草本が生育するボッグに大別される(1章参照)。このふたつの湿原タイプは，湿原生態系におけるもっとも基本的で重要な植生区分であるとされており，両者の分布環境の違いは古くから議論の中心的話題となっている。一般に，フェンに生育するヨシなどは生産量が多く，ボッグでは生産量に乏しい植物しか生育しないため，一見するとボッグは貧栄養環境を反映した植生景観であり，フェンは富栄養環境を反映しているように見える。しかし，実際の土壌や土壌水に含まれる栄養塩類*がそうした傾向を示すことは意外なほど少ない。むしろ，両湿原タイプの栄養塩類環境の違いは非常に曖昧であることがさまざまな研究によって判明している。一方で，pH環境の違いと湿原植生分布の密接な関連性が，欧米や日本の湿原を中心に数多く報告されている。土壌水のpHは明瞭にフェンとボッグの分布を特徴づけており，pHが5〜6付近を境界としてそれより低い立地にボッグ，それよりも高い立地にフェンが分布する(図1)。そして，こうした傾向をもたらす本質的な要因は，ボッグにおいて示される強酸性環境にあると考えられている。

湿原植物の窒素利用戦略

　フェンとボッグの栄養塩類環境に明瞭な違いはないことから，小型種しか生育できないボッグでは強酸性環境による栄養塩類(特に窒素)の吸収阻害が生じているのではないかと予想されている。近年，いくつかの研究アプローチによってその立証が進んでおり，一例としてフェンとボッグにおける優占

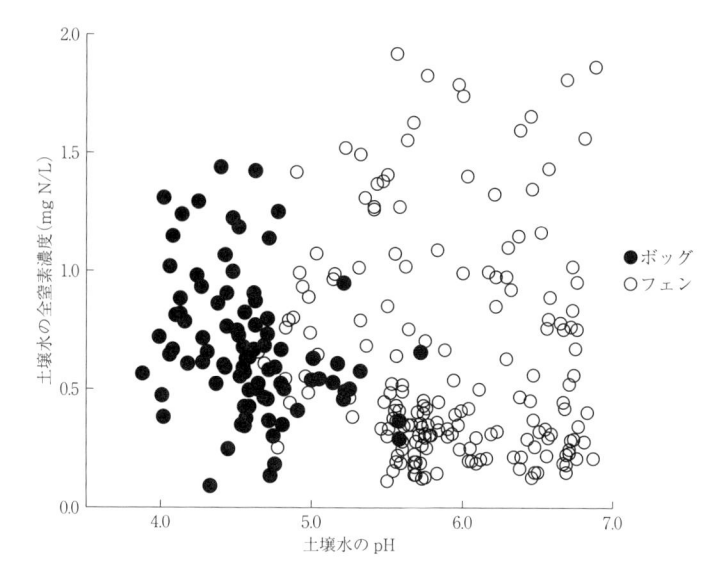

図1　フェンとボッグの pH 環境と窒素環境(Nakamura *et al.*, 2002a)。北日本での例。窒素環境はフェンとボッグでオーバーラップしているが，pH 5〜6付近を境界としてフェンとボッグが分離する。

種の窒素利用戦略の違いがあげられる。

　窒素利用戦略とは，窒素と関連した生理・生態的振る舞いにおいて表現される戦略的特徴を意味している。窒素利用戦略の評価は，多くの場合，窒素の吸収・同化からリター(植物遺体)として植物体外へ窒素を放出するまでの生育ステージを対象としている。窒素利用戦略は，これまでに考案されたさまざまなパラメータによって数値化が可能であり，基本的にはいずれのパラメータも窒素の獲得量に応じて値(戦略)が大きく変化する。ここでは，比較的多く用いられている「窒素生産性」と「窒素滞留時間」というふたつの窒素利用戦略パラメータについて簡単に解説する。窒素生産性は，植物が保持している窒素量当たりの成長速度で表現される。窒素を多く獲得できる状況では，生育地を制圧するための競争(光獲得競争)が激しくなるため，窒素生産性を高く維持し早く成長する競争的な戦略が有利となる。一方，窒素滞留時間は，吸収された窒素がリターとして植物体外へ放出されるまでの時間を表す。窒素をあまり獲得できない状況では，一度吸収した窒素を転流・再転

流しながらできるだけ窒素滞留時間を長くし，窒素を再利用する節約重視の戦略が有利となる。これらのことから，一般的な仮説として，窒素に富む環境下では窒素生産性の高い種が優占し，窒素に乏しい環境下では窒素滞留時間の長い種が優占するといわれている。

　ところが，湿原生態系では特にボッグにおいてこの仮説がうまく当てはまらない。そして，フェンとボッグには窒素環境に明瞭な違いがないにもかかわらず，実際にはフェンとボッグの優占種間で異なる窒素利用戦略が見られる。フェンとボッグはそれぞれ幅広い窒素環境に分布するが，フェンでは窒素に乏しい立地ほど窒素滞留時間の長い種が優占する（図2）。すなわち，フェンのなかでは窒素環境の変化に沿った窒素利用戦略の一般的な変化が確認できる。しかし，ボッグでは窒素環境にかかわらず窒素滞留時間の長い種が常に優占しており，ボッグの全域で窒素を節約する戦略がとられている。優占種における窒素滞留時間のこうした挙動から，フェンでは窒素環境に応

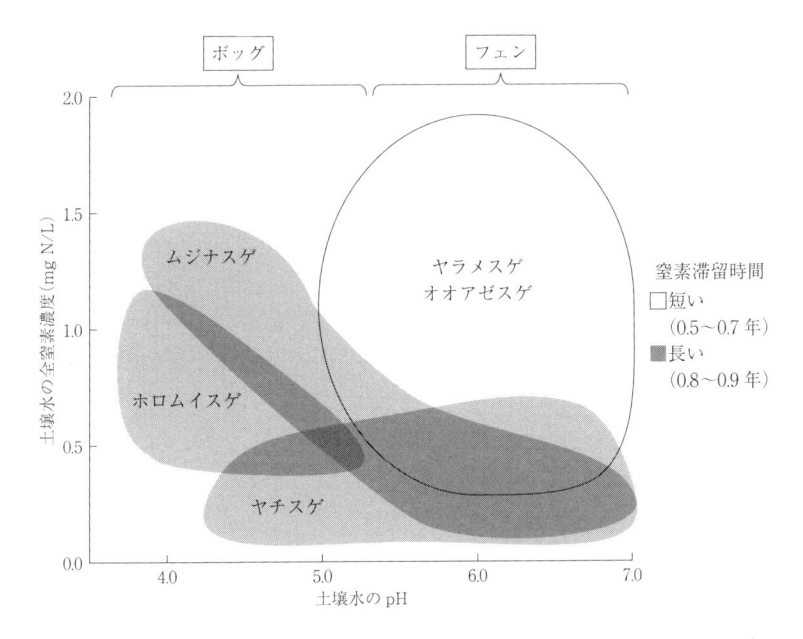

図2　フェンとボッグに生育する優占種の窒素滞留時間（Nakamura *et al.*, 2002b）。北日本での例。フェンでは窒素に富む立地で窒素滞留時間の短い種が優占するが，ボッグでは全域で窒素滞留時間の長い種が優占する。

じて窒素獲得量が変化していると予想され，一般的によく見られる応答戦略を示していることがわかる。しかし，ボッグ全域で見られる窒素を節約する戦略は，根の周りに窒素が存在していたとしてもうまく吸収できていない(すなわち窒素の吸収阻害)ことを示唆している。このことは，フェンとボッグの明瞭な植生景観の違いを生み出す重要な要因であると考えられている。

窒素の吸収と同化のメカニズム

　上述の窒素利用戦略とは異なる視点として，窒素同化にかかわる植物体内の生理活性に着目したアプローチも近年試みられている。その試みについて紹介する前に，ここではまず植物一般の窒素吸収・同化に関する基本的なメカニズムについて解説する。

　一般的な陸・水域生態系において植物が利用可能な窒素は，アンモニア態窒素，硝酸態窒素，水溶性の有機態窒素(各種アミノ酸やタンパク質)の3つがあげられる。土壌に供給された生物の遺骸は，さまざまな土壌微生物によって水溶性タンパク質やアミノ酸といった低分子の有機態窒素にまず分解され，その後，アンモニア化成菌によりアンモニア態窒素へとさらに分解される(窒素の無機化)。そして，酸素に富む好気的*な条件下であれば硝化菌により硝酸態窒素へと酸化される。森林や草原などの生態系では，土壌が好気的な条件であるため硝酸態窒素が生じやすい。したがって，そうした生態系に生育する植物の多くは，硝酸態窒素を主な窒素源としている。しかし，湿地などの過湿土壌が広がる生態系では，土壌中に酸素がほぼ存在しないため硝酸態窒素はほとんど生成されず，生育する植物はほとんどアンモニア態窒素を吸収している。また，周極地域の森林や高山，ツンドラ等の寒冷地に発達する生態系では，有機物*分解が著しく滞るためアンモニア態窒素や硝酸態窒素といった無機態の窒素が流通しづらくなる。よって，そうした生態系に生育する植物は，無機化される前の窒素である有機態窒素(主にグリシンの報告が多い)を窒素源として直接吸収していると考えられている。ただし，フィールドにおける有機態窒素の吸収に関する研究はまだ少なく，不明な点が多い。

　生化学的にみると，植物による窒素の吸収は，主に細胞膜内外の水素イオ

ン濃度差(pH 勾配)によって生じる電気化学的勾配* を直接的・間接的に利用して行われる。したがって，実験室レベルでは，いずれの窒素形態についても pH 環境に依存した吸収動態を示すことが確認されている。しかし，各窒素形態の膜輸送様式はそれぞれ異なるため(アンモニア態窒素は電気化学的勾配に沿った受動輸送であるのに対し，硝酸態窒素やアミノ酸は勾配に逆らった能動輸送)，吸収に最適な pH 環境は各窒素形態で必ずしも一致するわけではない。さらに，種の違いによっても pH 環境と窒素吸収の関係はさまざまに変化する。例えば，ペレニアルライグラスでは，pH3.5 でグリシンの吸収速度は最高値を示すが，アンモニア態窒素の吸収速度は pH9 で最高となる。また，チャノキ(茶)では，アンモニア態窒素・硝酸態窒素ともに pH5 付近が吸収に最適な状況となる。

　こうした窒素の利用可能性や pH 依存性を踏まえると，植物遺体がほとんど分解されず泥炭として蓄積する湿原生態系では，有機態窒素を重要な窒素源として利用している可能性が考えられ，さらに，ボッグにおける酸性環境下での窒素吸収阻害は特定の窒素形態や特定の種群に対して特に強く生じている可能性もある。しかし，湿原現地において各形態の窒素がそれぞれどの程度植物に吸収されているのかについては極めて研究例が少なく，定量的な情報はほとんどない。

　森林や草原において各形態の窒素吸収量を個別に把握する方法としてこれまで利用されてきたのは，窒素安定同位体(^{15}N)を用いた手法である。挙動を知りたい窒素種について ^{15}N でラベルした窒素化合物(例えばアンモニア態窒素であれば ^{15}NH$_4$$^+$)の混合溶液を準備し，立地本来の窒素環境が大きく変化しない程度の溶液量を根圏土壌層へ直接注入して，数時間後にその場に生育する植物体を刈り取り，取り込んだ ^{15}N 量を分析する方法である。しかし，この手法を湿原のような貧栄養の生態系に適用すると，立地の窒素環境を大きく撹乱* してしまう恐れがある。なぜなら，貧栄養な立地に対する ^{15}N 混合液の土壌注入は，ごく少量であったとしても施肥効果が生じやすいことや，各窒素種の存在比を大きく変化させてしまうためである。また，植物が利用可能な土壌中の有機態窒素にはアミノ酸各種に加えタンパク質も含まれるが，^{15}N ラベル法による実際の現地実験では，労力的な制約により，それら

のごく一部の窒素種のみを対象とせざるをえない。

　このように，^{15}N ラベル法を用いて湿原植物の窒素吸収量を把握するには深刻な問題点が多くある。しかし，それとは全く異なるアプローチとして，植物体の窒素同化酵素活性* に着目することで，各窒素形態の吸収活性を把握することができる。根から吸収された無機態窒素は，いくつかの酵素触媒反応を経て植物体に同化される（図3）。硝酸態窒素（硝酸イオン）として吸収した場合は，まず硝酸還元酵素（NR：nitrate reductase）の触媒により亜硝酸イオンに変換され，その後さらに亜硝酸還元酵素（NIR：nitrite reductase）によってアンモニウムイオンに変換される。そして，グルタミン合成酵素（GS：glutamine synthetase）により，アンモニウムイオンはグルタミンのアミド基へ取り込まれ有機化（同化）される。アンモニア態窒素として吸収した場合は，GSによって触媒される反応段階から始まり，グリシンなどの有機態窒素として吸収した場合は，上述の酵素触媒反応を経ることなく，より高分子な形態のアミノ酸やタンパク質へと直接合成される。これらの酵素については，基質となる各窒素イオンの吸収量が普段多いほど，対応する各酵素の発現量・活

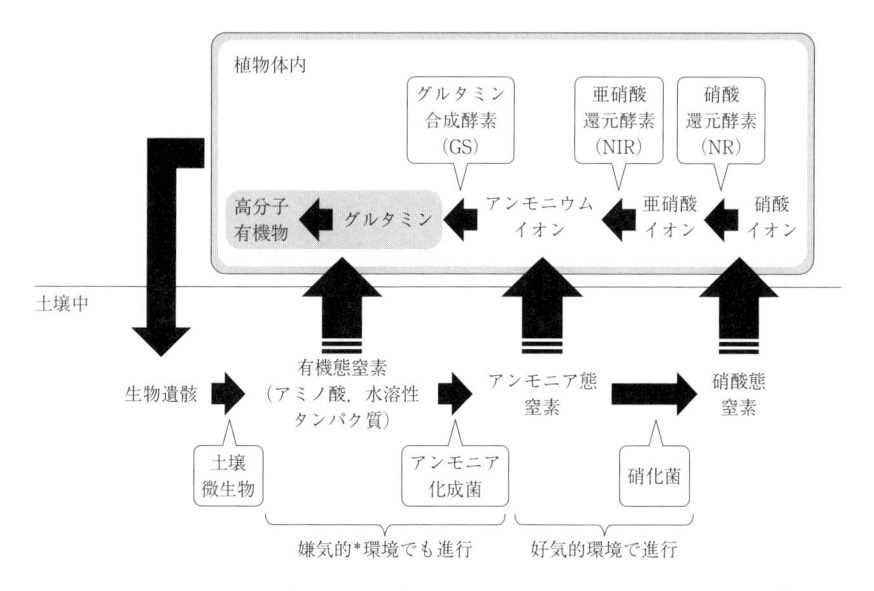

図3　植物と土壌を介した窒素の循環。植物体内での同化プロセスや土壌中での分解プロセスにおいて窒素はさまざまな形態に変化する。

性値は高くなる。この性質を利用することで，NR 活性を硝酸態窒素吸収の指標とすることができ，GS 活性はアンモニア態窒素吸収の指標として用いることができる。ただし，GS 活性によって同化されるアンモニウムイオンには，硝酸態窒素として吸収された後に NR・NIR による触媒反応を経て生じたアンモニウムイオンも含まれることがあるので，データの解釈には注意が必要である。

湿原植物の窒素同化酵素活性と有機体窒素の利用

　フェンやボッグにおいて実際に生育する植物の NR 活性は検出できないほど低い。このことから，湿原植物は硝酸態窒素をほとんど吸収しておらず，無機態窒素に関してはもっぱらアンモニア態を吸収していることが GS 活性により確認されている。したがって，湿原植物の全窒素吸収量は，アンモニア態窒素と有機態窒素の吸収量の和であると仮定することができる。そこで，全窒素吸収速度に対する GS 活性の比をとり，その比の違いを比較すると，有機態窒素への依存度・吸収程度の違いを相対的に把握することができる（全窒素吸収速度／ GS 活性の値が上昇するほど有機態窒素への依存度が高くなる）。

　この考え方に基づいて筆者らが行ったフェン優占種とボッグ優占種の両湿原タイプへの相互移植実験では，湿原における有機態窒素利用の重要性が示唆された（図4, 5）。ボッグ優占種は，フェンとボッグのどちらに移植しても全窒素吸収速度や GS 活性は大きく変化せず，有機態窒素の吸収程度や依存度は両湿原タイプ間であまり変化しない（図6）。一方，フェン優占種では，GS 活性はフェンとボックのどちらに移植してもほとんど変わらないが，全窒素吸収速度はボッグに移植した個体で著しく低下する。つまり，ボッグ移植個体では，全窒素吸収速度/GS 活性の値がフェン移植時と比べて大きく低下し，有機態窒素への依存度が低下する。これらのことから，フェン優占種にとって，アンモニア態窒素はフェンとボッグのいずれにおいても同程度に利用可能だが，有機態窒素の利用しやすさは強酸性環境のボッグで劇的に低下しているのではないかと解釈できる。少し見方を変えると，フェン優占種では，ボッグにおける全窒素吸収速度の著しい低下が有機態窒素の吸収量低

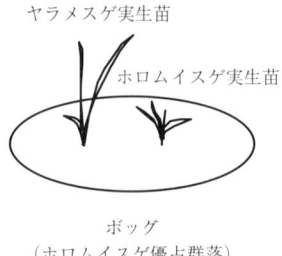
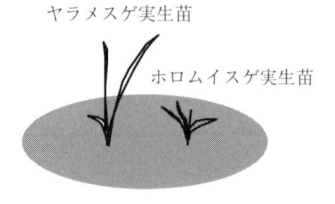

ボッグ
（ホロムイスゲ優占群落）

フェン
（ヤラメスゲ優占群落）

図4　相互移植実験の概要。フェンとボッグに分布する優占種(ヤラメスゲ，ホロムイス
　　　ゲ)の実生*苗をそれぞれ両湿原タイプに移植し，窒素吸収特性を比較する。

根を通さない透水性ネット袋に実　　現地に移植された苗の様子　　移植してから45日後に苗を回収
生苗を入れる。

図5　相互移植実験の様子。あらかじめ植物体重量・窒素含有量を測定・推定しておいた
　　　実生苗をネット袋に入れ，袋ごと土壌へ垂直に差し込み，45日間現地で生育させてか
　　　ら回収する。

下によって引き起こされており，本来の生育地であるフェンでは有機態窒素
をうまく吸収することで窒素吸収速度を高く維持できていると考えることも
できる。そして，こうした酸性環境下での有機態窒素利用にみられる種間差
が，pH 環境に沿ったフェンとボッグの分布パターンを形成しているのでは
ないかと推察されている。

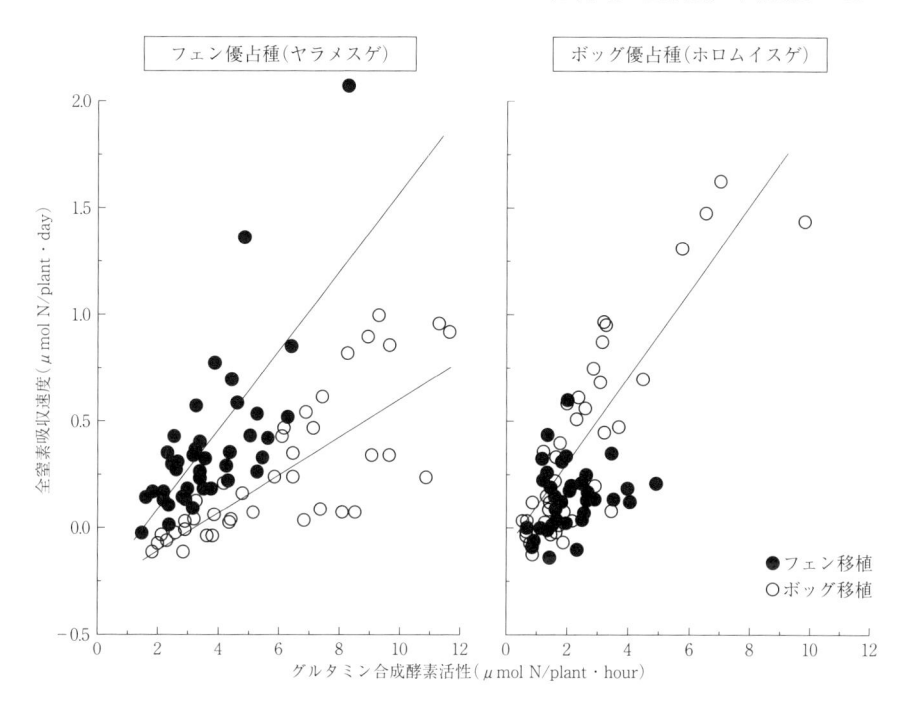

図6　フェンとボッグに移植されたフェン優占種とボッグ優占種の全窒素吸収速度とグルタミン合成酵素(GS)活性(Nakamura and Nakamura, 2012)。ボッグ優占種ではどちらへ移植してもあまり様子は変化しないが，フェン優占種はボッグへ移植すると傾き(有機態窒素への依存度)が大きく低下する。

　すでに述べたように，pH 環境と窒素吸収の関係は種や窒素形態の違いよってさまざまに変化する。したがって，強酸性環境であるボッグにおいて，有機態窒素だけに見られる吸収阻害が種特異的に生じている可能性は十分に考えられる。そして，有機物分解の停滞する湿原生態系において，有機態窒素の有効利用が種の分布に大きくかかわる要素となっていても不思議はない。これらの点を鑑みると，窒素同化酵素活性を利用することで見えてきた湿原特有の窒素の Bioavailability(生物からみた窒素の利用可能性)は，合理的な知見といえるだろう。このメカニズムは，フェンとボッグの違いを反映する植生と環境の対応関係において，おそらくその根幹を担う重要な役割を果たしていると考えられるが，現状ではまだデータの蓄積が少なく今後の追加検証が待たれる分野である。

[参考文献]

Berendse, F. and Aerts, R. 1987. Nitrogen-use-efficiency: a biologically meaningful definition? Functional Ecology, 1: 293–296.

Chapin, F. S., Moilanen, L., and Kielland, K. 1993. Preferential use of organic nitrogen for growth by a non-mycorrhizal arctic sedge. Nature, 361: 150–153.

Kielland, K. 1994. Amino acid absorption by arctic plants: Implications for plant nutrition and nitrogen cycling. Ecology, 75: 2373–2383.

McKane, R. B., Johnson, L. C., Shaver, G. R., Nadelhoffer, K. J., Rastetter, E. B., Fry, B., Giblin, A. E., Kielland, K., Kwiatkowski, B. L., Laundre, J. A. and Murray, G. 2002. Resource-based niches provide a basis for plant species diversity and dominance in arctic tundra. Nature, 415: 68–71.

Mitsch, W. J. and Gosselink, J. G. 2000. Wetlands, 3rd edn. 920pp. John Wiley & Sons, New York.

Nakamura, T., Uemura, S. and Yabe, K. 2002a. Hydrochemical regime of fen and bog in north Japanese mires as an influence on habitat and above-ground biomass of *Carex* species. Journal of Ecology, 90: 1017–1023.

Nakamura, T., Uemura, S., and Yabe, K. 2002b. Variation in nitrogen-use traits within and between five *Carex* species growing in the lowland mires of northern Japan. Functional Ecology, 16: 67–72.

Nakamura, T. and Nakamura, M. 2012. Ecophysiological mechanisms characterising fen and bog species: focus on variations in nitrogen uptake traits under different soil–water pH. Oecologia, 168: 913–921.

Näsholm, T., Ekblad, A., Nordin, A., Giesler, R., Högberg, M., and Högberg, P. 1998. Boreal forest plants take up organic nitrogen. Nature, 392: 914–916.

Näsholm, T., Kielland, K., and Ganeteg, U. 2009. Uptake of organic nitrogen by plants. New Phytologist, 182: 31–48.

Verhoeven, J., Maltby, E., and Schmitz, M. 1990. Nitrogen and phosphorus mineralization in fens and bogs. Journal of Ecology, 78: 713–726.

Wheeler, B. D., and Proctor, M. C. F. 2000. Ecological gradients, subdivisions and terminology of north-west European mires. Journal of Ecology, 88: 187–203.

06
火山活動と湿地

ホーテス シュテファン・釜野靖子

火山活動と生態系の動態

　世界の大陸には約1,500の活火山があり，過去約1万年において8,000余りの噴火が記録されている。環太平洋火山帯に位置する日本だけでも110の活火山が確認されており，そのなかには完新世(約1万年前から現在まで)において大噴火を起こした火山がいくつもある。溶岩流や爆発的噴火の際に起きる火砕流は地形までも変化させ，生物を局所的に全滅させることがある。このような大きな撹乱＊があれば生態系が根本的に変わるのはいうまでもないが，広域的に降下するテフラ(粒度を問わず火口から大気中に打ち上げられるすべての固形物)も生物の群集を変えるだけの影響をもたらすだろうか。群集を構成する種の相対的競争力が変化すれば，ある種が増加したり，別の種が減少したりして，場合によって姿を消したりする可能性がある。このような群集の遷移は生態系の形成や維持，変遷などを理解する上で極めて重要な研究分野である。生態系や群集の動態の理論はいわゆる複雑系との関係が深い。この理論においては「原因」と「効果」は必ずしも正の相関を示す訳ではなく，比較的小さな原因がフィードバックを通じて大きな効果をもたらすことがある。このような現象はいくつかの生態系において確認されているが，テフラ降下後の遷移動態がこの理論に当てはまるかどうかは解明されておらず，研究課題となっている。

　火山活動が生態系の動態に与える影響を直接的に観察するのは容易ではない。いつどこで噴火が起きるかは予測できず，どのような噴出物がどこまで分散するかも事前にわからない。しかし，時には火山噴出物の堆積直後に調査地を設け，群集の応答を追跡することが可能である。このほか，火山活動が生態系の発達へ及ぼす影響を解明するには主にふたつの研究方法が用いられる。ひとつは過去の噴火を対象とする地理学的・古生態学的研究法，もう

ひとつは噴出物と類似した粒子・化学物質を使った実験研究である。地理学的・古生態学的研究においても，実験研究においても，湿地が重要な役割を果たしている。

地理学的・古生態学的研究

　火山活動によって形成される地形においては湿地の発達に適した条件が整いやすい。火口など水がたまりやすい盆地地形，湧水が豊富で沼沢化が起きやすい火山斜面の下部，火砕流や斜面崩壊により谷が隔てられ川がせき止められた場所などに湖沼が形成されるためである。このほか，侵食・再堆積しやすい火山噴出物が沖積平野*の形成にも影響を与えており，この沖積平野にもさまざまな湿地が発達してきた。

　火山の斜面などに発達した湿地はもちろん，火山からある程度離れた湿地もその形成過程においてテフラが降ることがある。テフラが大量に発生する噴火では，ガスを多く含む粘性の強いマグマが上昇し，地上付近でマグマ中の圧力が低下するとガスが急激に放出され，溶岩の破片がガスとともに大気中に打ち上げられる。このとき，熱い火山ガスは周辺の空気より軽いため高さ数 km まで噴煙柱が発達する。噴煙柱に含まれる溶岩破片は大きさによって降下する地域が異なり，大きく重い破片は火口付近に降下するが，細かい粒子は遠くまで分散される(図1)。降下するテフラの量は火口付近に多いため，堆積層は火口付近で厚く，火口から離れるに連れて層厚が指数関数的に減少する(図1)。テフラは地球内部から湧き上がったマグマと地殻の岩石が混じりあっていることが多いが，地下水が爆発する水蒸気噴火の場合には地殻の上層起源の岩石破片のみが放出されることもある(図2上段)。噴火時に放出されるガスの成分が固形物質の表面に吸着することもあり，噴出物が堆積した後の栄養塩類*，有害物質などの溶出量に影響を与える。

　湿地の生態学的研究が始まって以来，テフラ降下の影響が注目され，火山の斜面に発達した湿原は火山活動によって撹乱されても湿原が再現することが発表された。また，泥炭層のなかにしばしばテフラ層が挟まれていることが確認され，テフラ降下が湿原生態系へ及ぼす影響について考察された。例

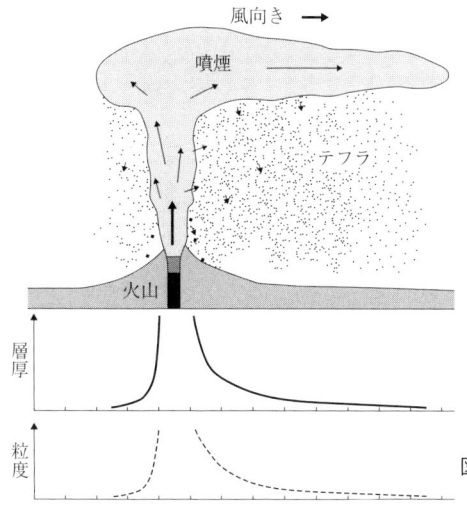

図1　噴煙柱(上段)や火山噴出物の層厚 (中段)，粒度(下段)の分布予想図

えば，札幌農学校の時任一彦教授が1915年に調査した石狩川下流域の対雁湿原の泥炭断面は，テフラ層の下ではミズゴケ類が多く，層の上では少ないことが記載され，テフラ降下によって栄養塩類が豊富になり，ミズゴケ類が減少したと解釈された。

　その後，日本を訪れた欧州・北米の生態学者は日本の湿原植生の特徴を観察し，日本のボッグは欧米のボッグと異なることを指摘した。雨水だけによって潤い，ミネラルや栄養塩類に乏しいはずのボッグは日本の場合にはゼンテイカ，コバギボウシ，カキツバタなどが自生し，ツツジ科の矮性低木の被度が相対的に低いなど，欧米と比べて構成種が明らかに異なる。日本の湿原の水質に関する英語で発表されたデータは当時まだ少なく，物理的・化学的特徴を欧米の湿原と比較するのは難しかったが，尾瀬ヶ原の池溏(池塘)* の水質に関する知見を基に，テフラ降下が日本の湿原の水質に影響を与えている可能性が高いと推察された。

　上記の地理学的・古生態学的研究結果から，テフラ降下が湿地の発達に適した立地条件をつくり，貧栄養の湿原にミネラルを供給し，特徴的な植生を発達させるという解釈が得られた。そして，植生の遷移はテフラ層の厚さによって異なる場合があることも指摘された。しかし，広域的に薄く積もるテ

図2　上段：北海道・有珠山の 2000 年の噴火の際に堆積したテフラや泥流。下段：北海
　　道・雨竜沼湿原の泥炭層中に見られる未同定のテフラ層（層厚約 2 cm）

フラと湿原生態系の関係を理解するためには，より詳細な分析が必要である。ひとつのアプローチとして，湿原の泥炭層に挟まれているテフラ層の上下に堆積した植物遺体や花粉，有殻アメーバの殻などの分析が応用されている。北海道の湿原で得られた結果を参考にするとテフラが降った後，植生が変わる場合と変わらない場合があり，植生が変わった場合には維管束植物の増加や，ミズゴケ類などコケ類の増加など，多様な動態があるようである(図2下段)。この複雑な状況を分析し，テフラ降下への生物の反応を空間的・時間的変動として把握するには実験も必要である。

テフラ降下が湿原植生に及ぼす影響に関する実験

　火山の噴出物が湿原植生に及ぼす影響を解明するための実験は，これまでイギリスと日本から報告されている。イギリスにおける実験ではアイスランドの火山噴火の際に起きたと思われる非常に強い酸性のテフラ降下を模倣し，硫酸を湿原植生に散布した。一方，日本における実験ではテフラの物理的効果に注目した。この実験は筆者らによって北海道北部のサロベツ湿原において実施された。この実験の構想やこれまでの結果を紹介する。

　サロベツ湿原における実験では，テフラの層厚や粒度によってミズゴケ類が優占する湿原植生が受ける影響が異なるかを解明することを目的とした。調査地としてサロベツ湿原の上サロベツ・円山地区を選んだ。この地区では1970〜2000年に浚渫船によって泥炭が採掘されており，泥炭採掘地の縁で自然度の高い湿原植生が残された場所に実験区を設けることができた。2000年の夏に60の1.4 m×1.4 mの方形区を配置し，湿原の表層にベニヤ板を垂直に差し込み，各方形区を囲む枠をつくった。6〜7月に方形区のなかの植生を調査したところ合計37の植物種が確認された。ミズゴケ類は被度がもっとも高く，イボミズゴケとムラサキミズゴケがそれぞれ平均で80％と9％を覆った。維管束植物のなかではホロムイスゲ(22％)やコバギボウシ(15％)，ゼンテイカ(6％)，アキノキリンソウ(6％)が優占種であった。そのほかはヌマガヤ，矮性低木のツルコケモモ，ホロムイツツジ，ヒメシャクナゲや食虫植物のモウセンゴケもほぼすべての方形区に出現した。その後，2000

図3　北海道・豊富町サロベツ湿原におけるテフラ実験。60 の方形区が設置され（上段左），
2000 年 9 月にテフラが撒かれた。方形区 45 番の 2000 年 6 月（上段右），2000 年 9 月（中
段左），2001 年 6 月（中段右），2002 年 6 月（下段左），2005 年 6 月（下段右）の状態。厚
さ 3 cm のテフラ堆積後，ヤチヤナギが増加した。

年9月にテフラ降下を模倣する6の処理を行った。1739年に噴出した道南・樽前山のテフラを層厚1cm，3cm，6cm(以下 T1，T3，T6)で撒き，古びんを砕いた粉状の細かいガラス粒子(TP)と粒状の粗いガラス粒子(TG)を各3cmの厚さで撒いた。これらの5処理と対照区(TC)をそれぞれ9反復した(6×9＝54区)。残り6つの方形区に翌年5月にテフラを3cmの厚さ(T3-01)で撒いた(図3)。

実験的撹乱に対する応答

　実験的撹乱に対する湿原植生の応答を追跡するために，2001，2002，2005，2008，2013年に植生調査を行った。テフラやガラス粒子を撒いた処理区で，特に背の低い植物の被度減少が確認された。図4では湿原植物*などの実験

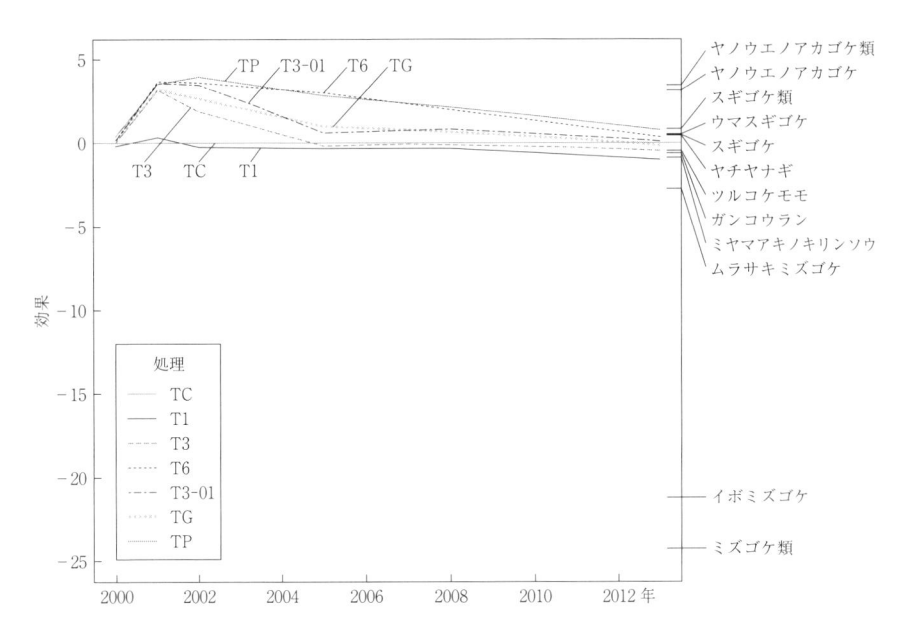

図4　北海道・豊富町サロベツ湿原におけるテフラ実験の植生変化。実験処理による湿原植生への影響を表す主応答曲線。対照区における植生変化は縦軸の0値を横切る横軸に平行した線で表されている。ほかの処理における植生変化は対照区の植生と比較され，その相対的類似度が表される。処理の凡例については本文参照

処理への応答を「主応答曲線」で表している。主応答曲線は実験処理の効果を対照処理と比較し，その差を時系列で表している。右の縦軸は主応答曲線における植物種の「species score」の絶対値が0.3以上の種を示している。これらの種は実験処理による群集の動態を明確に反映している。負のspecies scoreを示す種は減少し，正のscoreを示す種は増加した。ツルコケモモやガンコウランなどの維管束植物の被度の応答は全体的に弱かったが，2002年以降低木のヤチヤナギが樽前山のテフラが撒かれた一部の方形区において増加した。

　2013年の植生調査では，計29種が確認された。2013年の優占種は平均被度62%のミズゴケ類であり，続いてホロムイスゲ(23%)，コバギボウシ(16%)，ゼンテイカ(10%)，ヌマガヤ(8%)，およびヤチヤナギ(6%)となった。

　2000～2013年における群落の種組成(群落を構成するたくさんの種の組み合わせ)を解析したところ，テフラ堆積の薄い処理区ほど早く種組成が対照区へ近づき，植生がより早く回復していた。また，テフラの粒径が大きい場合および春よりも秋に堆積した場合，より早く回復する傾向があった。堆積の厚い場合(T6)や粒径が小さい場合(TP)，種組成はヤノウエノアカゴケ類やスギナの移入により2008年まで対照区と大きく異なっていたが，T6やTPでもこの2種は2013年に見られなくなり，代わりに実験前に見られなかったスギゴケが定着したものの全体として植生は回復に向かった。一方，T3やT6など厚い堆積を受けた処理区では2005年に低木のヤチヤナギが優占し始めるところが見られ(図3)，これらの処理区ではその後もヤチヤナギの被度の増加と群落の種数の減少が継続して起こり，ミズゴケ類の回復は不良であった。

　そこで，テフラ撹乱後の植生回復様式を理解する上でカギとなる低木のヤチヤナギに注目し，他種との関係について解析を進めた。2013年においてヤチヤナギ被度が10%以下の処理区ではミズゴケ類被度は0～100%のさまざまな値をとったが，10%以上の場合は被度が高いほどミズゴケ類被度が低くなった。また，ヤチヤナギ被度が高い場合，出現する植物種数にも負の影響が確認された。すなわち，ヤチヤナギは撹乱後の植生発達に対しミズゴケ類被度の減少と維管束植物の多様性低下をもたらしたのである。また，ヤチ

ヤナギは T6 において地上部がもっとも高く，テフラ堆積により成長が促進されたと考えられる。

　物理・化学的環境要因については，水質は処理直後には大きく変化したが，2013 年には処理区と対照区でほとんど差が見られなくなった。一方，地表面の光合成有効放射(PAR，太陽放射のうち，光合成に有効な波長 400〜700 nm の成分のこと)はヤチヤナギの優占した調査区で有意に低くなり，地表における光環境の悪化がミズゴケ類回復の不良につながっている可能性がある。

　次に，ヤチヤナギやミズゴケ類を含む優占種の栄養状態を評価するために，11 種の優占種について葉中の主要成分を測定した。その結果，ヤチヤナギの葉における窒素含有量が他種より非常に高く(これはほかの温帯湿地の植物と比較しても高い値であった)，ヤチヤナギは何らかの方法で窒素を有利に得ていると考えられた。そこで，11 種の優占種について菌根共生の指標となる窒素安定同位体比 $\delta^{15}N^*$ の測定を行った。低木の窒素安定同位体比は通常，菌根菌が共生していると約 −3.3‰ 以下と低くなり，共生菌がいなければ約 −3.4‰ 以上と高くなる。本研究ではヤチヤナギの窒素同位体比は −0.69‰ となり，菌根共生をしないホロムイスゲ(+0.58‰)に次いで高かったことから，ヤチヤナギの菌類との共生関係は少ないと示唆される。ヤチヤナギはしばしば窒素固定能のある放線菌(細菌)のフランキア属と共生し根粒を形成して窒素の吸収に利用しており，成長はフランキアの接種により促進されることが知られている。本実験でもヤチヤナギは菌根菌ではなくフランキアなど放線菌の窒素固定により窒素を得ていることが示唆された。そのほかの種はすべて −1.5‰ より低く，ツツジ科のホロムイツツジおよびツルコケモモはそれぞれ −11.54‰，−9.13‰ という低い値を示した。これらの種では菌根菌との絶対的共生関係が見られた。また，テフラの影響については，すべての種で T6 の窒素同位体比が対照区より高かったことから，テフラ堆積は菌根共生を阻害している可能性がある。

　撹乱後に見られ始めたスギゴケ類は測定の結果，ミズゴケ類と比較してより多くの窒素，リン，カリウムを含んでおり栄養塩類を効率的に吸収できることが示唆される。ヤノウエノアカゴケ類およびスギゴケ類は泥炭採掘跡地や山火事などの撹乱後にしばしば定着する。地表面を安定化させることでミ

ズゴケ類の定着を促進することが知られており，植生が回復傾向にある処理区ではスギゴケ類は今後ミズゴケ類に置き換わると予想される。

　以上のことをまとめると，湿原に広域的に降下するテフラ堆積を模した撹乱から十数年間で多くの処理区で植生の回復傾向が認められ，特に堆積が薄いほど，また粒径が大きいほど，早く回復する傾向が見られた。しかし非湿原種のスギゴケ類の定着が継続するなど完全には回復していない。また，T3 や T6 といった撹乱強度の強い処理区の一部ではヤチヤナギの優占が認められ，これらの処理区ではミズゴケ類の回復も遅れ，対照区とは異なる方向へ遷移が進行する傾向があった。撹乱にともなう水質の化学的な環境変化は一時的なものであるが，優占種の変化にともなう地上部の環境変化が長期的に植生に影響を与えており，ミズゴケ類被度や群落の種数の減少をもたらしている。葉中の窒素含有量や窒素同位体比の測定結果もヤチヤナギが撹乱後の環境に適応したことを示した。本種はフランキアなどの放線菌により十分な窒素を得ている可能性があるが，詳しい機構については今後さらに検討する必要がある。

　サロベツ湿原でのテフラ堆積後に湿原植生が回復するのか，あるいは異なる方向に遷移が進行するのかは，層厚 3〜6 cm の堆積が分岐点となっているようだ。

［参考文献］

Fujita, H., Igarashi, Y., Hotes, S., Takada, M., Inoue T., and Kaneko, M. 2009. An inventory of the mires of Hokkaido: their development, classification, decline and conservation. Plant Ecology, 200: 9-36.

Hotes, S., Grootjans, A. P., Takahashi, H., Ekschmitt, K., and Poschlod, P. 2010. Resilience and alternative equilibria in a mire plant community after experimental disturbance by volcanic ash. Oikos, 119: 952-963.

Hotes, S., Poschlod, P. and Takahashi, H. 2006. The effect of volcanic activity on mire development: case studies from Hokkaido, northern Japan. The Holocene, 16: 561-573.

Hotes, S., Poschlod, P., Takahashi, H., Grootjans, A. P., and Adema, E. 2004. Effects of tephra deposition on mire vegetation: a field experiment in Hokkaido, Japan. Journal of Ecology, 92: 624-634.

ホーテス・シュテファン. 2010. 湿地履歴の研究法. pp.277-296. 保全生態学の技法（鷲谷いづみ・宮下直・西廣淳・角谷拓編）. 東京大学出版会. 東京.

コラム②
美々川におけるクサヨシの異常繁茂

片桐浩司

美々川は，新千歳空港付近の湧水群に源を発し，ラムサール条約(25章参照)登録湿地であるウトナイ湖へと注ぐ小河川である。源流部は豊富な湧き水によって涵養される湧水地帯だが，約25年前の1989年頃から水中の窒素濃度が増加し続け，さらに1995〜1996年には一時的に高濃度のリンの流入も確認された。近年，北海道では，農村地帯を中心に窒素やリンによる地下水の汚染が顕在化してきており，汚染状況の改善が急務となっている。美々川もそのひとつで，源流域に広がる養豚場や養鶏場の家畜糞尿，および畑地の流出水に含まれていた多量の窒素やリンが，地下水を経由して河川に流入したといわれている。

こうした窒素やリン濃度の増加は，水域の植物にどのような影響を及ぼすだろうか？　美々川では，過剰な窒素やリンが流入した結果，クサヨシというイネ科植物の異常繁茂が引き起こされた(図1)。クサヨシは，日本国内では水辺に普通に生える在来種だが，明治期に「リードカナリーグラス」という牧草として広く導入された経緯から，外来植物であるとする見解もある。ここで1981〜2001年までの美々川におけるクサヨシ群落の変遷を見てみよう(図2)。クサヨシ群落は，1981年と

図1　流路を覆いつくしたクサヨシ

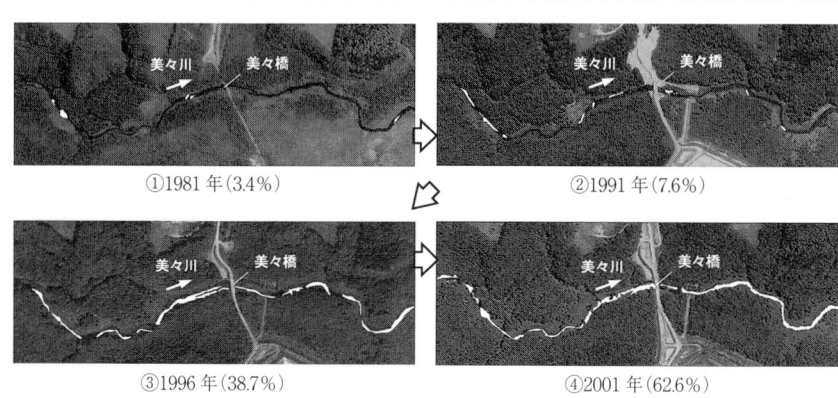

①1981 年(3.4%)　　②1991 年(7.6%)

③1996 年(38.7%)　　④2001 年(62.6%)

図2　美々川におけるクサヨシ群落の変遷。カッコ内は流路に対するクサヨシ群落の割合を示す。黒く細く見えるのは美々川の河道の開水面。1996 年までに上流全体で河道内にクサヨシ(白)が繁茂した。

1991 年には，それぞれ流路の 3.4%，7.6% を覆っていたが，1996 年には 1991 年の 5 倍の 38.7% にまで増加し，その後，2001 年までに流路の 62.6% を覆いつくした。クサヨシは富栄養域において，水中に多量にある窒素やリンをどんどん吸収して急激に成長する性質があり，特に 1995～1996 年の短期間に供給された多量のリンが拡大の引き金となったことが筆者らの研究でわかった。クサヨシの異常繁茂は，河道を閉塞して河川環境を大きく変えたり，チトセバイカモなどの希少な水生植物* を排除する。

　こうした状況を改善するために，繁茂したクサヨシを除去し，かつての水生植物の川を取り戻そうという試みが北海道によって進められている。クサヨシの繁茂によって水の流れが停滞した美々川において，チトセバイカモなど流水性の水生植物に必要な水の流れが再生するように，クサヨシの刈り取り幅が設定された。刈り取り後のクサヨシの回復は大変遅く，チトセバイカモやエゾミクリの個体群が再生してきている。

　ここまで，美々川という小河川を対象に，農耕地などからの豊富な窒素やリンが水域の植物に与えた影響についてみてきた。水域における富栄養化* は，美々川のような小河川だけでなく，湖沼でも水生植物の種多様性を低下させることが知られており，むしろ水生植物の種類が豊富な湖沼の方がより深刻な状況におかれているといえる。しかし北海道では，水生植物各種の基本的な分布情報さえも十分に把握されているとはいえない。まずは地道な調査により，湖沼や河川における水生植物の分布情報を収集し，得られた情報については，流域の住民をはじめ広く発信されることが必要である。

第 II 部

湿地の生物

07
湿地のハンノキ林

藤村善安

　ハンノキはカバノキ科ハンノキ属の落葉樹で，図鑑などによれば樹高20 m に達する高木である。日本全土のほか，台湾や朝鮮半島，中国東北部に分布する。主に低平地の湿った場所に生育し，場所によっては単独で林冠を占める純林を形成する。低平地という多くの人の生活圏に近い場所に生育するため，古くから人に利用され，木材としての利用のほか，北海道アイヌを含む北方系の多くの民族で染料とした例や，韓国において民間薬として用いられた例も知られている。しかし農地造成や都市開発などによって次第に自生地が失われ，現在では北海道を除いて希少な植生となり，埼玉県内では保全すべきとして植樹なども行われている。北海道の場合にはいまでもごく普通に見られ，湿原の景観を特徴づける重要な要素になっている。

　ここではハンノキの一年とハンノキの一生について概説した後，ハンノキをとりまく最近の問題についてみてみたい。

ハンノキの一年

　図鑑によってはハンノキの花は初冬から春にかけて咲くとされるが，北海道においては 4～5 月に咲く地域が多い。葉の展開に先だって花を咲かせ，風によって花粉を運ぶ風媒花で，雄花序(雄性尾状花序，垂れ下がった雄花の集まり)は前年枝の先端について尾状に垂れて風に揺らぎ，多くの花粉を散布する(図1)。花粉生産量は 1 ha 当たり千数百本のハンノキがある林分で推定した例では，10^{13} 個のオーダーで，種子1個をつくるのに必要な花粉量は，多くの風媒花と同様に 10^5 個のオーダーである。喘息や花粉症の原因にもなっているようで，スギなどと合わせて注意喚起されることがある。雌雄同株で雌花序(雌性穂状花序，数個の丸い雌花)は雄花序のすぐ下の葉腋につくが，長さ4 mm 内外で花期にはあまり目立たない。

　花が終わった 5～7 月にかけてハンノキは新たに枝を伸ばしながら，次々

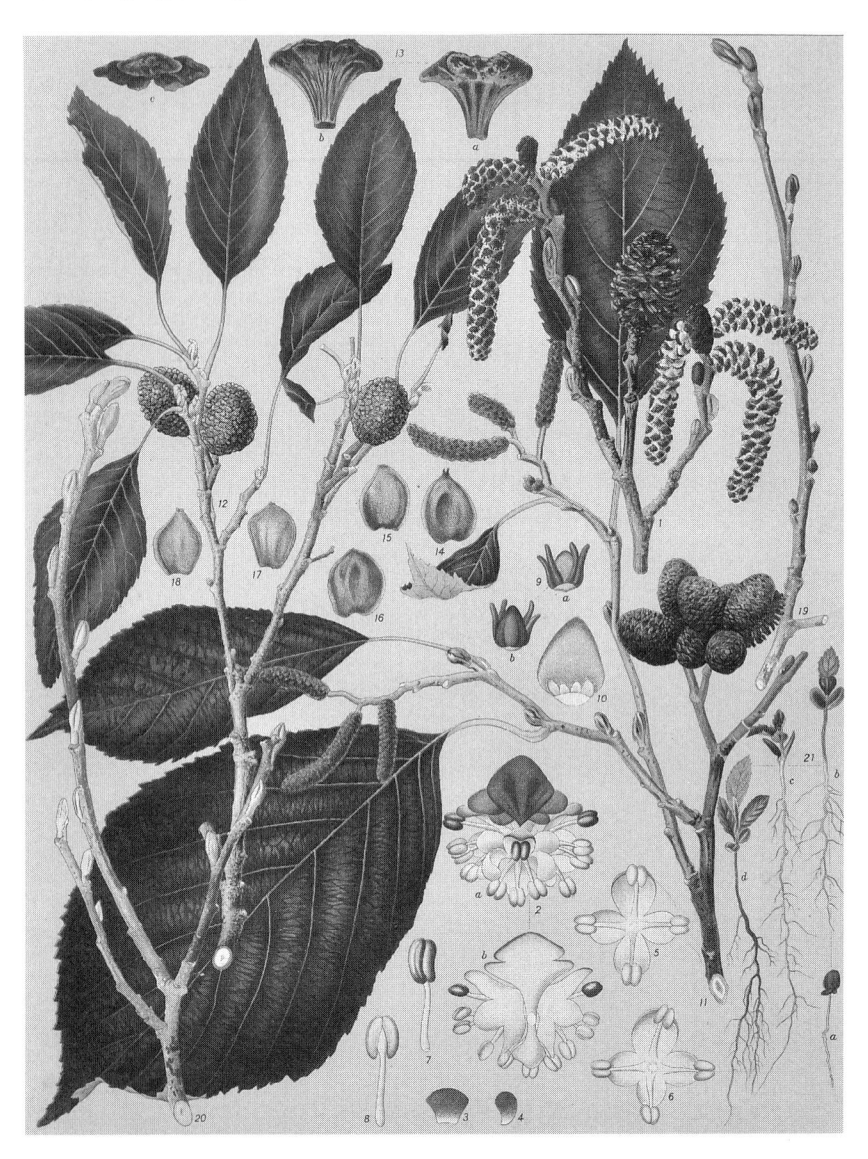

図1　ハンノキの形態（宮部ほか，1986）。1. 雄性尾状花序，雌性穂状花序および前年度の球果についた小枝，11〜12. 成熟した球果のある小枝，14〜18. 堅果，19〜20. 冬芽のある小枝，21. 発芽，a〜d. 発芽発達の順序

と葉を展開させていく。そして 10 月頃には落葉するが，その秋の落葉期とは別に，夏にも葉を落とすことが知られている。この夏に落ちる葉は，新たな枝ごとにその年初めに展葉した 1〜3 枚目の葉で，他の葉に比べ小さい。このハンノキの夏に落ちる葉(正確にはその托葉*)は，同じハンノキ属の別のグループ(ミヤマハンノキ亜属など)に見られる芽鱗(冬に芽を包み保護しているもの)に進化する前の形態で，ハンノキはハンノキ属のなかでは原始的な形態を残した種と考えられている。

　果実は 10 月頃に熟して種子が散布される。種子には翼があり，まずは風によって散布され，地上に落ちた後に水によって運ばれることも多い。種子生産量は 1 ha 当たり千数百本のハンノキがある林分での推定例では 10^7 個のオーダーである。

ハンノキの一生

　自然落下した種子は翌春発芽する。発芽試験を行うと，光要求はほとんどなく，低温湿層処理* が有効であること，低温湿層処理を行わない場合には発芽率は数％と低いことが知られている。ただし稔実率は年によって差があるようで，低温湿層処理をした場合でも発芽率は 10％代の年もあるし，60％を超える年もある。実際，春にハンノキ林やその周辺を歩くと，ハンノキの実生* を多く見る年，ほとんど見ない年と差があり，これは年による稔実率の差も関係していると考えられる。

　芽生えた実生は，ポットで栽培すると少なくとも発芽した翌年には根粒(空中窒素を利用する根粒菌によるもの)も形成され，高さ 50 cm 位には育つ。しかし野外ではたとえ実生を多く見た年であっても，それが育っていることを見ることは少なく，多くは乾燥あるいは，光不足によって発芽した年に枯死してしまう。実生の生存と成長が多く認められるのは，河川沿いで土砂をかぶった場所，林道脇の湿った場所など，いずれも土壌がむき出しで実生の根がリターに遮られることなく土壌に到達して乾燥に耐えることができ，かつ植被率が少なく光不足にならない場所である。ハンノキ林内やその周辺で播種試験や実生の移植試験を行った結果からは，ハンノキに適しているのは，

水位が低い場所，pH が中性に近い場所，水位変動が小さい場所，リターの堆積が少ない場所という結果が得られている。実際，ハンノキ林周辺を歩くなかで，谷地坊主* 上に種子から芽生え成長したと思われる小さなハンノキの生育を見ることがある。これは土壌がむき出しとまではいかないが，リターが厚く堆積しているわけではなく，また裸地ほど日当たりが良いわけではないが周囲より高いために少し日当たりが良いという場所で，谷地坊主のなかでさらに条件の良い場所で生育できた運の良い個体といえるのだろう。

　運良く適した立地を獲得したハンノキは成長を続け，やがて母樹となって花を咲かせ種子を実らせる。しかし，先述のように実生による世代交代は稀なことから，ハンノキ林は萌芽更新によって維持されていると考えられている。この萌芽による更新という考えは，伐採試験や冠水試験によって旺盛な萌芽能力が確認されることから支持されているが，実際に萌芽によってハンノキ林が維持されている様子を直接観察した例はない。萌芽によるハンノキ林の更新は，林相(林を構成する植物の種類やサイズ，個々の空間的配置といった視覚的にとらえられる様子)の異なるハンノキ林を比較することで推測されてきた仮説である。

林相の異なるハンノキ林
──異なる立地環境への適応結果としての形態の多様性

　一口にハンノキ林といっても，見た目の姿は実に多様である。例えばボッグや過湿な泥炭土壌では樹高 2 m に満たず 1 株に多くの幹をもつ灌木状のハンノキが見られる一方(図2)，網走湖畔などでは樹高 20 m を超える 1 株が 1 本の幹からなるハンノキが多く見られる(図3)。その中間的な形態で，樹高 10 m 前後で 1〜3 本の幹をもつハンノキが多く見られるところもある(図4)。このようにハンノキの形態が多様である理由のひとつは，さまざまな立地環境に応じて形態が変化するためである。

　立地環境に応じたハンノキの形態変化は，実験的にも確認することができ，ハンノキの植木鉢を水没させると水面付近から新たな根や萌芽を多く出す様子や，通気組織として働く皮目の拡大する様子を見ることができる(図5)。

図2　灌木状のハンノキ（西別湿原）。周囲のヨシ（草高 1.5 m 程度）より少し高い程度の樹高である。

図3　樹高 20 m を超える巨樹からなる網走湖畔のハンノキ林。近年ではヤチダモを中心とした林に遷移しつつある。

図4 1〜3本の幹からなる株が多いハンノキ林(石狩川マクンベツ湿原)

図5 冠水に対するハンノキ苗木の反応。ポットで栽培したハンノキを冠水させた後98
日目の様子で，水面付近から新たな根や幹を出している様子がわかる。

これは水没して根の周りが酸素不足になったことに対する適応と考えられている。ハンノキは湿った場所に生育するといわれるが，その湿った程度や湿っている時間は場所によってさまざまである。その結果として多様な林相のハンノキ林が見られるのである。

林相の異なるハンノキ林
――成長更新段階の相違による形態の多様性

　立地環境への適応としての形態変化とは異なり，ハンノキの成長や萌芽にともなう形態変化も知られている。すなわち，同一の立地環境にあるハンノキはすべて同じ形態をしているわけではなく，ひとつのハンノキ林内で1本の幹からなる株や，複数の大きな幹からなる株，小さな複数の幹からなる株が見られることがある。これはハンノキが成長を続けた後，何らかのきっかけで萌芽を出すようになることによる形態変化，また成長した幹が腐朽・枯死することによる形態変化などによるものである。

ハンノキ林の更新メカニズム解明が難しい理由

　ハンノキ林のなかには，少しずつヤチダモを中心とした林に置き換わりつつある林もあり（図3），どのような条件であればハンノキ林が維持されるのかといった更新メカニズムはよくわかっていない。このハンノキの更新メカニズムの理解を難しくしているのが，上述の形態的多様性である。つまり，観察される高木単幹や低木多幹といった形態が，立地環境への適応結果であるのか，あるいは更新サイクルの一段階を見ているのかが判断できないことに起因している。ひとつの林分の長期継続観察による更新サイクルの解明も期待されるが，そのためには少なくともハンノキの更新サイクルよりも長い期間にわたって立地環境が変化しないことが必要である。しかし，ハンノキの生育する氾濫原などで，長期間立地環境に変化がないことは期待しにくい。筆者が釧路湿原のハンノキ林を調査している頃に，河川にヤナギの倒木がたった1本かかっただけで，川の流れが変わり，少し前までハンノキ林だっ

図6　かつてのハンノキ林の名残が見られるヨシ群落。川にかかった倒木
　　によって流路が変わったことで植生が変化した場所。写真中の幹はハン
　　ノキあるいはヤチダモの枯死木である。

た場所がヨシやホザキシモツケの湿原に変わった様子を見たことがある（図
6）。1株ごとに置かれている立地環境の変化を追跡するとともに，1本1本
の幹毎の動態を追跡するといったより詳細な知見の蓄積が望まれる。

ハンノキ林の拡大とその要因

　1990年代には釧路湿原でハンノキ林が拡大していることが注視されるよ
うになった。これは，空中写真などの経年的比較から指摘されるようになっ
たもので，1970年代と比較して1990年代にはハンノキ林の面積が2倍以上
に拡大したことが示されている。これは新聞・雑誌などでも取り上げられ，
湿原内への土砂の流入や湿原の乾燥化が原因と報じられた。この考えは一般
にも浸透し，例えば釧路湿原の観光ガイドの方も，「ハンノキが生えている
場所は乾燥しているんです」と案内しているのをよく耳にした。しかし筆者
らが調査のために新たに拡大したというハンノキ林に足を踏み入れて目にす
るのは，豊かに水をたたえた湿地から幹を伸ばすハンノキであり，とても乾

図7　豊かに水を湛える湿地から幹を伸ばすハンノキ。谷地坊主のような凸地の上に生育している。釧路湿原でハンノキ林が新たに拡大した場所の様子

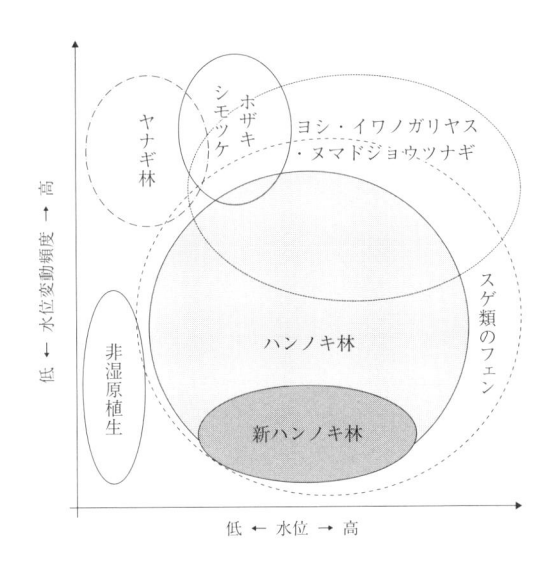

図8　水位や水位変動頻度に対する植生タイプの分布概念図。スゲ類には多くの種類があるがここでは簡略的に示した。

燥しているとは言い難い様子であった（図7）。

　そこで筆者らは，湿原内に多くの土砂を運んでいた久著呂川周辺をフィールドとして，最近ハンノキ林になったという場所の特徴を調べることで，ハンノキ林が拡大した要因を検討した。その結果，水位やその変動頻度に注目するとハンノキ林は非常に広い範囲に分布しているのに対し，近年新たにハンノキ林になった場所は，水位の変動があまりない場所に限られていた（図8）。また同時に，表層の土壌環境や，ボーリング試料による土壌環境の変遷を調べた結果からは，新たにハンノキ林となった場所では，栄養塩類＊を運搬する粘土・シルトが多いことや，ハンノキが拡大するよりも前に土砂が多く流入した時期があったことが明らかになった。これらのことから，釧路湿原の久著呂川周辺におけるハンノキの増加要因のひとつとして，水位変動が小さい場所に，土砂が流入して土壌環境が富栄養になったことが寄与したと考えられた。

ハンノキ林への遷移とハンノキ林拡大の問題

　釧路湿原のハンノキ林拡大は大きな注目を集めたものの，実は湿原植生からハンノキ林への遷移は，もっとも普通に見られる植生変化である。ウトナイ沼の湖岸で30年間にわたる植生の変化を直接観察した例では，ハンノキ林から他の群落に変化した場所はない一方で，新たにハンノキ林となった場所が多く見られた。そしてハンノキ林への変化は，ウトナイ沼の水位が低下した時期に顕著なものの，それ以外の水位が安定している時期にも見られたことから，結局ハンノキ林が極相群落（遷移系列の最終段階に現れる群落で，その後同じ群落が長期間維持される群落）であると結論づけている。30年間という期間のデータは森林の遷移について議論するには短く，ハンノキ林がその後も維持されるかは明らかでないが，少なくとも湿原植生からハンノキ林への変化は人為的な影響がなくても普通に見られる変化であることはわかる。そのように考えたとき，ハンノキ林の拡大は，早急な対処を要する問題なのだろうか？　この疑問に応えるためには具体的なリスクがあるかを確認する必要がある。その点では，道東別海町にある西別湿原で起きている事態の方が深

刻である。

　西別湿原には，氷河期の遺存種と考えられるヤチカンバという低木が見ら
れる。ヤチカンバは西別湿原以外には十勝の更別湿原にのみ生育する希少種
であるが，近年ハンノキ林の拡大によって被陰されることで，衰退の危機に
ある可能性が指摘されている。ハンノキはヤチカンバに比べ南方に分布し，
より暖かい環境に適した種と考えられる。したがって氷河期の遺存種と考え
られるヤチカンバが衰退し，ハンノキが拡大していくことは自然の変化のよ
うにも思われるが，この場合はヤチカンバを保全する上で必要であれば，ハ
ンノキに対する何らかの措置をするべきだと筆者は考えている。氷河期の遺
存種が現在どのように生育しているかは，今後起こりうる気候変動に対して
植物がどのように反応するかを考えるヒントを与えてくれると考えるからで
ある。

　湿地は地史的な時間スケールで見ればいずれは埋まっていくものであるし，
短い時間スケールで見ても変化の大きい生態系である。そのような生態系に
生じた変化に対しては，人為的な変化か否かというだけでなく，その変化が
もたらす結果が好ましいものか否か，さらに社会としてどのような状態の生
態系を維持していきたいか，という視点からも検討した上で対応を考える必
要がある。

［参考文献］
別海町教育委員会. 2013. 北海道指定天然記念物「西別湿原ヤチカンバ群落地」調査報告
　　書. 38pp. 別海町教育委員会.
藤村善安・冨士田裕子・加藤邦彦・竹中　眞・柳谷修自. 2006. 湿原における植生—立地環
　　境の関係解析のための水位環境指標値. 応用生態工学, 9：19-140.
Fujimura, Y., Fujita, H., Kato, K., and Yanagiya, S. 2008. Vegetation dynamics related to
　　sediment accumulation in Kushiro mire, northeastern Japan. Plant Ecology, 199: 115-
　　124.
藤村善安・檜垣康信. 2014. 氾濫原湿地におけるハンノキの生長と萌芽に伴う形態変化. 湿
　　地研究, 4：3-8.
冨士田裕子. 2009. ハンノキ. 日本樹木誌 1.(日本樹木誌編集委員会編), pp. 549-575. 日本林
　　業調査会.
菊澤喜八郎. 1986. 北の国の雑木林—ツリー・ウォッチング入門. 220pp. 蒼樹書房.
宮部金吾・工藤祐舜・須藤忠助. 1986. 普及版北海道主要樹木図譜. 188pp. 北海道大学出版
　　会.
女満別湿生植物群落調査会. 2004. 女満別湿生植物群落調査報告書. 39pp. 女満別湿生植物

群落調査会.

Nakamura, T., Uemura, S., Yabe, K., and Yamada, H. 2013. Phytometric assessment of alder seedling establishment in fen and bog: implications for forest expansion mechanisms in mire ecosystems. Plant and Soil, 369: 365-375.

崎尾　均・山本福寿. 2002. 水辺林の生態学. 206pp. 東京大学出版会.

斎藤玲子. 1992. 北方地域における植物性染料, 特にハンノキの利用と信仰について. 北海道立北方民族博物館研究紀要, 1：133-148.

Shida, Y., Nakamura, F., Yamada, H., Nakamura, T., Yoshimura, N., and Kaneko, M. 2009. Factors determining the expansion of alder forests in a wetland isolated by artificial dikes and drainage ditches. Wetlands, 29: 988-996.

Shida, Y., Nakamura, F. 2011. Microenvironmental conditions for Japanese alder seedling establishment in a hummocky fen. Plant Ecology, 212: 1819-1829.

筒泉直樹・斎藤秀樹・竹岡政治. 1988. ハンノキ若齢林における生殖器官の生産量. 99 回日林論, 375-377.

Tung, N. H., Kwon, H. J., Kim, J. H., Ra, J. C., Kim, J. A., and Kim, Y. H. 2010. An anti-influenza component of the bark of Alnus japonica. Archives of Pharmacal Research, 33: 363-367.

矢部和夫・中居正雄. 1995. 少雪低地湿原帯における湿生草原からハンノキ林にいたる遷移過程の解析. 北海道札幌東高等学校研究集録, 4：11-128.

釧路湿原調査の様子。夏はカヌーで流れる川を，冬はスノーシューで凍った川を移動経路とした。足場の悪い湿原のなかは，川を移動するのがもっとも速い。

08
類似品にご注意ください──水生植物とは？

山崎真実

　水草観察会を開催したところ，「水草は金魚藻しかなく，ほかにたくさん種類があるとは思わなかった」という感想があった。このように，一般社会での「水生植物（水草）*」のイメージが偏っていることを何度も痛感させられている。とはいえ，水生植物には和名の末尾が「〜モ（藻）」となる名前も多く，姿形を知らなければ，胞子でふえるワカメやコンブのような藻類なのか，花が咲いて種子ができる植物なのか想像もできず，紛らわしいのは確かである。そこで，水生植物について少々前置きをしておきたい。

　植物の系統関係から見ると「水生植物」という用語は，多くの人が教科書で習う被子植物といった系統進化上まとまりのあるものではなく，水中〜湿地でなければ生活できないさまざまな植物をまとめて呼ぶ，単なる総称である。植物は約4億7,000万年前に水中から陸上に進出し進化してきたが，そのなかから再び水のある場所での生活に適応した植物たちが水生植物である。この適応はさまざまな分類群で別々のタイミングで起こったとされ，そのため水生植物のなかにはスイレン科もあればイネ科もある。動物でいうと，陸から再び水中生活に適応した「海棲哺乳類」があり，完全に水中に適応し座礁すると生きていけない鯨類や海牛類もいるし，陸上と水中の両方を生活圏とするトドやアザラシも含まれる。ここで扱う水生植物（狭義）*は，陸上に植え替えると生きていけないものがほとんどで，例えるなら「植物界のクジラ」とでもいえよう。ただ，水がほとんど干上がったり，時々浸水する環境では，自らの体を変化させ乾燥に耐えられる形になり，その場でそのまま生き延びられるものもある（両生植物*）。つまり，水生植物という言葉で表される範囲は考え方次第でさまざまで，広くとらえると地球上に約2,800種ともいわれる。

　水生植物の生育環境は，淡水，汽水，海水の各水域にわたり，地形的には河川，湖沼，湿原など自然状態の場所から護岸などの人工的な整備がなされた場所までいろいろである。また，人間活動とのかかわりで水位が変動する

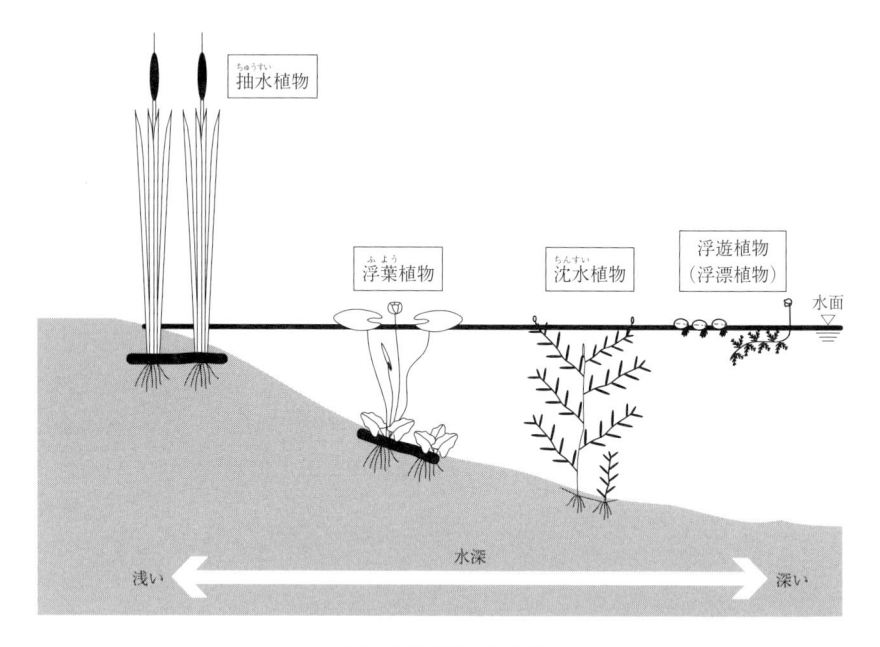

図1　水生植物の生育形

水田や水路，貯水池などもある。生育地の標高も，海岸から山岳地と幅広い。

　生育条件には水深，土壌，水質，透明度，流速などのほか，同じ場所に生える他種との関係(競争，棲み分け，共存)が複合的に関連するとされる。そのため，pH 6 ならば必ずこの種が出現するというように一義には決まらない。ひとつの目安として，「生育形*」という生態によるパターン分けがあり，主に植物体と水面との位置関係(水深)と対応する(図1)。

雨竜沼湿原のコウホネ属──ウリュウコウホネの正体

　山の上の湿原には池溏(池塘)* と呼ばれる小さな池がいくつも点在し，独特の景観となるため，観光地になっている場所も多い。北海道では雨竜沼湿原が「北海道の尾瀬」とも称され，登山客にも人気が高い。雨竜沼湿原は増毛山地の南暑寒岳東方にある標高約 850 m の溶岩台地上に発達したボッグ

で，さまざまな形をした 700 個あまりの池溏がある。この湿原で夏に目立つ
のが，コウホネ属(スイレン科)の丸味を帯びた黄色い花である。

　筆者が水生植物の研究を始めた 1999 年当時，北海道内にはコウホネ
(*Nuphar japonica*)，ネムロコウホネ(*N. pumila*)，オゼコウホネ(*N. pumila* var.
ozeensis)の 3 種類が分布するとされていた。コウホネは抽水葉*をつけ，分
布の中心は北海道の西側半分の平野部で，湖沼や河川に生育する。ネムロコ
ウホネは浮葉をつけ，山岳湿原と道東地域を中心に分布し，主に湖沼などの
静水域に生育する。オゼコウホネはネムロコウホネの変種で，柱頭盤(図2)
が赤くなる特徴をもつ。雨竜沼湿原でコウホネ属(幼株を除く)が生育する 60
個あまりの池溏のうち，ネムロコウホネが 3 池溏，オゼコウホネが 1 池溏で，
そのほかの池溏では柱頭盤と子房の両方が赤くなるものが見られ，通称「ウ
リュウコウホネ」と呼ばれていた(図2)。そこで，この「ウリュウコウホネ」

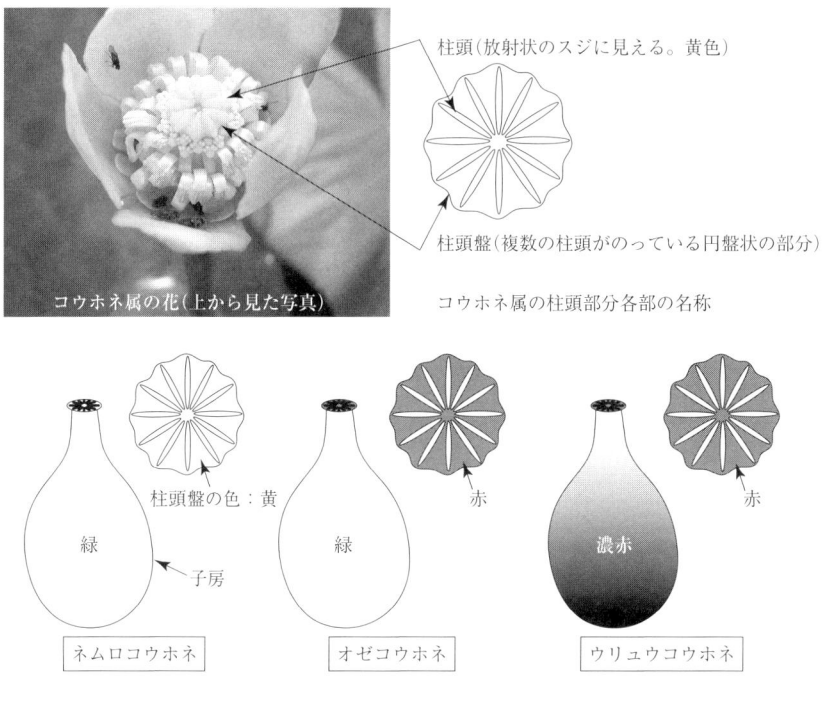

図2　雨竜沼湿原のコウホネ属の特徴

が道内の他の 3 種類とどう違い，分けて認識すべきかをはっきりさせるため
に研究を行った。雨竜沼湿原を含め道内 8 か所でコウホネ属のサンプルを集
め，花や葉の形態を計測し，子房と柱頭盤の色の観察を行った結果，道内の
コウホネ属はコウホネとネムロコウホネに分けられ，「ウリュウコウホネ」
は子房の色が濃紅色に着色する点だけがオゼコウホネと違うことがわかった
(図 3)。また，雨竜沼湿原を愛する会の佐々木氏が 3 年以上にわたり「ウ
リュウコウホネ」の生育するすべての池溏を現地観察し，毎年同じ株で着色
が確認されたことから，子房の赤色は偶発的なものではなく遺伝的にも安定
した特徴であると判断した。これらの結果から，通称「ウリュウコウホネ」
をネムロコウホネの品種として論文発表し，和名ウリュウコウホネ，学名
Nuphar pumila var. *ozeensis* f. *rubro-ovarium* として正式に命名した。つまり，
種としてはネムロコウホネの範囲に含まれ，その変種オゼコウホネに一番よ
く似ているが，子房が濃紅色に着色することで区別できる。「名は体を表わ
す」というように，学名はその植物の特色を表すのが原則であり，子房を意
味する ovarium に赤を意味する rubro を冠した。その後，全国のコウホネ

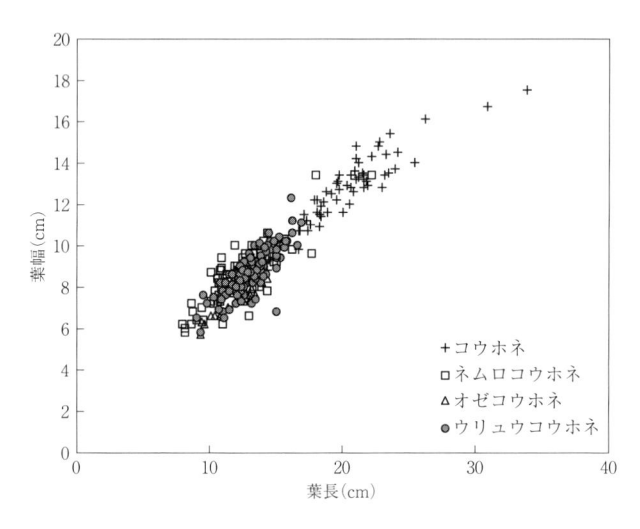

図 3　北海道におけるコウホネ属*の葉のサイズ比較(山崎，
2001 のデータから作成)。*ホッカイコウホネ(Shiga and
Kadono, 2007)は含まない。

属の遺伝子の系統解析により，ウリュウコウホネは遺伝的にもネムロコウホネおよびオゼコウホネと同じであることが示された(図4)。

　コウホネ属では花の一部が赤くなる現象が全国各地で知られ，広島県のサイジョウコウホネとベニオグラコウホネ，高知県のサイコクヒメコウホネの一部，栃木県のシモツケコウホネ，ナガレコウホネが報告されている。花部の赤色が子孫を残すことに有利に働いているのか？など未解決の疑問が残るが，雨竜沼湿原はコウホネ属の花の色を1か所で3種類も見られ，植物の種の分化の一端を実感できる貴重な場所といえる。

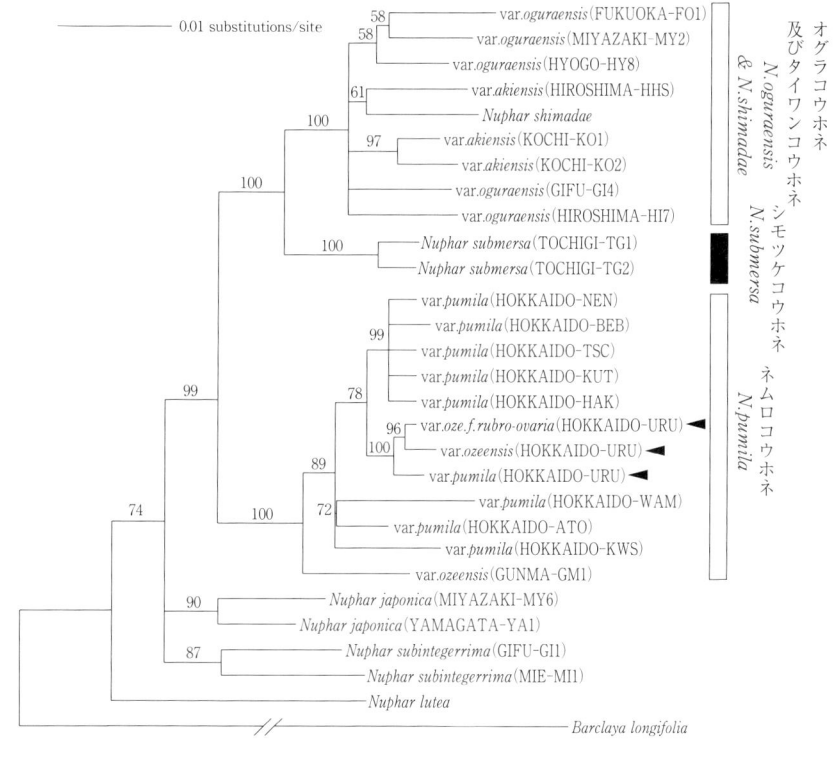

図4　全国のコウホネ属の遺伝子の系統解析(Shiga *et al.*, 2006)。日本語および矢印は筆者による加筆。矢印は雨竜沼湿原産サンプルで，上から順にウリュウコウホネ，オゼコウホネ，ネムロコウホネ

水生植物の「たくましさ」

　あるとき，「札幌市内でオニバスが見られる場所があるか？」という問い合わせがあった。聞けば，「オニバスの種子休眠が長いことになぞらえ，病で眠り続けたヒロインが種子の発芽と同時に目覚める」というストーリーの映画を紹介するとのことだった。植物の種子は条件次第で長期間にわたって発芽能力を失わない，というのはノンフィクションである。水生植物の場合も泥土に埋もれて空気に触れずに休眠している種子(埋土種子)が多数あり，洪水や工事など底の泥土が掘り返されて光や温度などの条件が変化すると，これまで見られなかった種類が突然現れることがある。

　水生植物のたくましさはそれだけでなく，種子以外の方法でも殖えられることにある。特徴的なのは，種によっては殖芽と呼ばれる，主に頂芽* や腋芽* の部分が変化した器官をつくることである。殖芽の役目は主に越冬のためだが，例えばエビモやホソバミズヒキモは夏でも殖芽をつくる。ちなみに，殖芽の形態と形成時季が種の見分けの手がかりにもなるので，調査時には株全体を注意深く観察する必要がある。

　殖芽のほかに，まるで分身のように植物体の脇から新しい個体(クローン)ができて分離することで数をふやすウキクサ類，根茎を伸ばした先に新たな株ができて群生するヨシやコウホネ，ジャガイモのように地中に塊茎をつくるオモダカなど，種子以外のさまざまな「保険」を掛けている。また，特殊な器官をつくらず，茎の切れ端の節から不定根を出し，流れ着いた所で根づくものもある。このたくましさは外来植物だとやっかいで，完全に駆除することが難しい場合もある。北海道では越冬できない外来植物も多いが，園芸スイレンやコカナダモ，キショウブ，フサジュンサイ(カボンバ)などが定着している。

人知れず消える水生植物

　このように種子以外の方法でも旺盛に繁殖できる水生植物だが，全国的に

減少している種も多い。その主な原因には生育地の消失・減少，治水が進んだことで洪水といった自然撹乱* が減少したことなどがある。

　本州に比べて北海道の本格的な開拓は明治時代から始まったとはいえ，日本最大の面積を有するとされた石狩湿原は1970年代に急速に農地や宅地へと変化した。また，過去の土地利用の解析から，江別〜千歳にかけての湖沼・湿地も著しく減少したことも指摘されている。これらの事実がどれだけ水生植物の生育地の減少に連動するのか？過去の標本の採集地名からおおよその傾向を探ってみた。対象としたのは北海道の湿原域で採集された水生植物の標本1,144点(重複標本を除く)で，筆者が国内の複数の標本庫で確認・再同定したものである。そのなかから石狩湿原に位置する地名が明確に読み取れるものを抽出し，採集地域別および年代別に割合(%)を算出した。その結果，幌向地域と江別・千歳・長沼地域ともに1800〜1900年代の間に水生植物の標本数が激減していることがわかった(図5)。特に江別・千歳・長沼地域については上述の指摘と符合し，長都沼と呼ばれた広大な湿地帯が干拓されたことも一因だろう。

　一方，石狩川中・下流域の地名の内訳を見ると(図6)，美唄や月形地域は1900年代に比べて2000年代になって割合が高くなっている。これは水生植物の生育地が新たに見つかったというより，湿原の保全に関する研究が盛ん

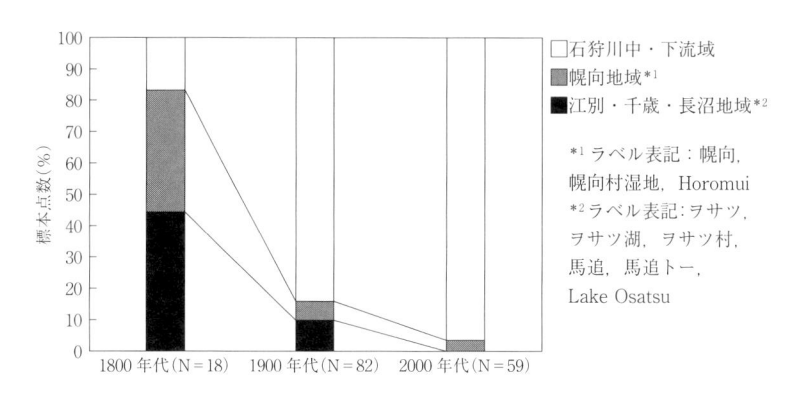

図5　旧石狩湿原域における水生植物の採集地名(地域別・年代別)。石狩湿原を代表する地域として「幌向地域」，石狩湿原の南東地域として「江別・千歳・長沼地域」，そのほかの地名を「石狩川中・下流域」としてまとめた。

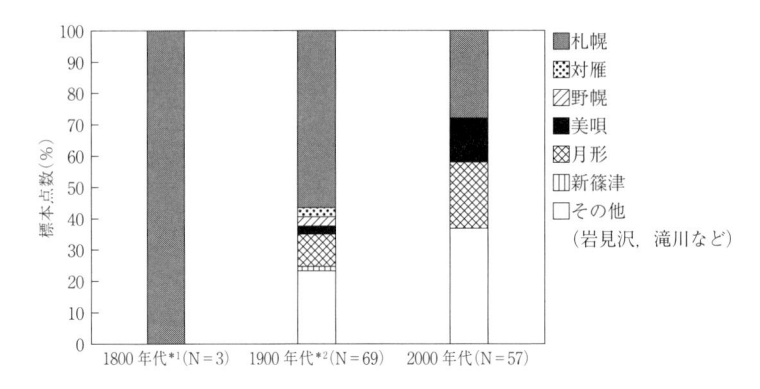

図6　石狩川中・下流域に含まれる地名の内訳。*[1] 1800年代は交通網が整備された地域での採集が多い。*[2] 1900年代は原松次による札幌の植物調査が行われている。

になってきたことが反映されていると思われる。裏を返せば，石狩湿原だった地域を丹念に調査すれば，まだ水生植物の生育地が残っている可能性があるといえる。しかし，水生植物は近づきにくい水辺にある上，似通った種類も多く見分けが難しいことが物理的・心理的な障壁となり，水生植物に着目した調査が進んでいない。

まだまだ水生植物未開の地，北海道

　漢字で「実栗」とも書かれるミクリ属は，多数の小さな花が球形に集まり，果実になっても枯れ残っためしべがトゲのように突び出し，全体がクリのイガのように見える（図7）。ミクリ属は北半球に広く分布し，日本に分布する10種1亜種のうちヒナミクリ（*Sparganium natans*）は長らく日本での実態が不明であった。世界のミクリ属をまとめた1986年の論文では，日本産 *S. natans* は関東地方に分布するとし（図8），日本産の唯一の記録はイギリスのキュー王立植物園に収蔵される「Azuma」で採集された標本（標本番号 Faurie 10368）としている。その後，2001年に滝田氏が著書『北海道植物図譜』において根室半島で採集した証拠標本を明示し，和名ヒナミクリとして掲載した。

　北海道にヒナミクリが存在するとなると，日本全体でどのような分布域を

図7　上左：ヒナミクリ（*Sparganium natans*）（抽水形）。上右：クリのイガのように見える頭花（果実期）。下：水位が高くなると，上部の葉は浮葉となる。2010 年 8 月 16 日，根室半島にて

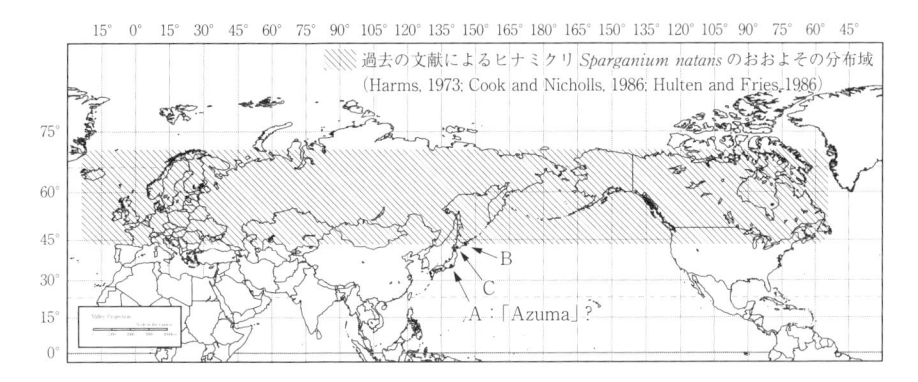

図8　A：1986 年の論文で「Azuma」（Faurie 10368）に基づいて示された位置（Cook and Nicholls, 1986）。B：根室半島*（滝田，2001）。C：明らかになった Faurie 10863 の採集地，厚真川流域付近（山崎，2015）。* 証拠標本は，国立科学博物館および北海道大学植物園の植物標本庫に収蔵されている。標本番号 TNS 01091436（K. Takita No. 7143）；K. Takita No. 7143; 7244（SAPS（SAPT））

もつのか？ Faurie 10368 の「Azuma」とはどこなのか？という疑問が湧い
てくる（図8）。そこで Faurie 10368 を自ら確かめるべく，イギリスに飛んだ。
標本の形態を計測し，ヒナミクリの正式な基準となる標本（タイプ標本）とも
比較した結果，Faurie 10368 の植物体自体は *S. natans* と同定できた。

　次に，ラベルに残された文字「Azuma」について「言語のトリック」の
謎解きをすることになった。元のラベルはフォーリーの母語フランス語で
「10368 Riviere de Azuma 13 Juil 1893」と書かれていた（図9）。「Azuma」だ
けからは関東地方を表す「東（あずま）」とも，山形県と福島県にまたがる吾
妻連峰とも解釈でき，ひとつに決まらない。そこで，採集日から絞り込むこ
とを考えた。京都大学収蔵のフォーリーの標本コレクションに基づいてまと
められた足跡によると，フォーリーは 1893（明治26）年 7 月 13 日に厚真〜勇

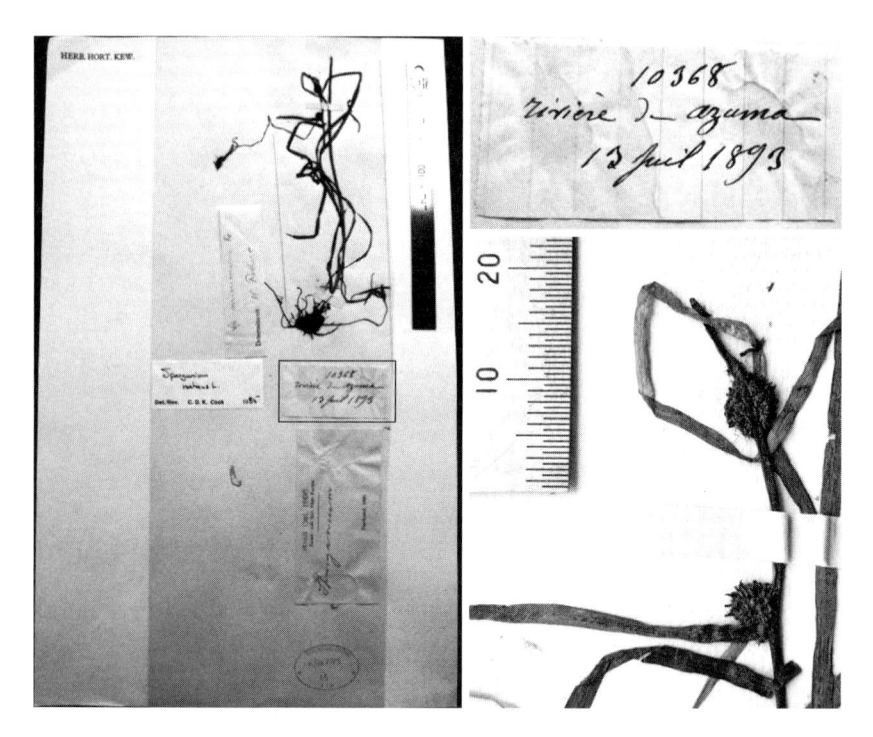

図9　左：キュー王立植物園植物標本庫収蔵の日本産 *Sparganium natans*（Faurie 10368）。
　　枠内が元のラベルで，ほかは後代の再同定ラベル。右上：元のラベルの拡大写真。右
　　下：花序の拡大写真

払で採集を行っていた。「厚真」の読み方は 1600 年代から現代まで「アツマ」と「アヅマ」の両方が見られ，地名「厚真」は厚真川流域を示す際にも用いられている。これは，ラベルの riviere はフランス語で川を意味することとも符号する。これらのことから，関東や東北の線は消え，採集地は現在の北海道胆振地方厚真川流域付近と考えられる。なお，ヒナミクリの現存を確かめようと厚真町～苫小牧市付近の湿地を踏査したが，現時点で見つけられていない。根室半島の生育地は海岸に面した湿地であることから，道内の同様の環境で新たに生育地が見つかるかもしれない。

　北海道は広い。現在は衛星写真を駆使した広域的な解析手法もあるとはいえ，小さな植物ひとつひとつの種類までは判別できない。それだけに，自分の足で探索すると新たな生育地が見つかることも多い。100 年以上前に北海道を歩いたフォーリーの足跡が，そのことを教えてくれた。

［参考文献］

Cook, C. D. K. and M. S. Nicholls. 1986. A monographic study of the genus *Sparganium* (Sparganiaceae). Part1. Subgenus *Xanthosparganium* Holmberg. Botanica Helvetica, 96: 213-267.

Hara, H. 1951. Observations on some plants of the Ozegahara moor, central Honshu. Bot. Mag. Tokyo, 64: 74-80.

Harms, V. L. 1973. Taxonomic studies of North American *Sparganium*. I. *S. hyperboreum* and *S. minimum*. Canadian Journal of Botany 51: 1629-1641.

Hultén, E. and Fries, M. 1986. Atlas of North European Vascular Plants nourth of the tropic of center, vol. I., Map 377, p. 189. Koeltz Scientific Books.

生嶋　功. 1972. 水生植物. 水界植物群落の物質生産 I，p. 98. 共立出版.

伊藤浩司. 1967a. 北海道におけるコウホネ類の分布. 植物研究雑誌, 42：242-243.

伊藤浩司. 1967b. 〝北海道におけるコウホネ類の分布〟への追加と訂正. 植物研究雑誌, 42：381.

角野康郎. 1994. 日本水草図鑑. 179pp. 文一総合出版.

角野康郎. 2014. ネイチャーガイド日本の水草. 328pp. 文一総合出版.

角田　充. 1992. フォーリー神父植物採集年譜. 植物分類, 地理, 43：59-74.

環境省. 2015. レッドデータブック 2014―日本の絶滅のおそれのある野生生物 8 植物 I（維管束植物）. 646pp. ぎょうせい.

小玉愛子・山崎真実・片桐浩司. 2013. 勇払湖沼群東部における平木沼湖沼群の水生・湿性植物および植生について. 苫小牧市博物館館報研究報告, 10：61-78.

宮地直道・神山和則. 1997. 石狩泥炭地における湿原の消滅過程と土地利用の変遷. 財団法人自然保護助成基金 1994・1995 年度研究助成報告書北海道の湿原の変遷と現状の解析―湿原の保護を進めるために，(北海道湿原研究グループ編). pp. 49-57. 財団法人自然保護助成基金.

永井秀夫(監修). 2003. 日本歴史地名体系 第一巻 北海道の地名, pp. 844-845. 平凡社地方資料センター.

小野　理. 2011. 図で見る石狩低地帯. 石狩低地帯の生物多様性―評価と保全のためのモニタリングと技術(地方独立行政法人北海道立総合研究機構 環境・地質研究本部 環境科学研究センター自然環境部編), pp. 1-3. 地方独立行政法人北海道立総合研究機構 環境・地質研究本部 環境科学研究センター.

佐々木純一. 2002. 雨竜沼湿原の池塘地図. 財団法人前田一歩園財団創立 20 周年記念論文集 北海道の湿原(辻井達一・橘ヒサ子編), pp. 189-203. 北海道大学図書刊行会.

Sculthorpe, C. D. 1967. The Biology of Aquatic Vascular Plants. 610pp. Arnold, London.

Shiga, T., Ishii, J., Isagi, Y., and Kadono, Y. 2006. *Nuphar submerse* (Nymphaeaceae), a new species from central Japan. Acta. Phytotax. Geobot., 57(2): 113-122.

Shiga T. and Kadono, Y. 2007. Natural hybridization of the two *Nuphar* species in northern Japan: Homoploid hybrid speciation in progress? Aquatic Botany, 86: 123-131.

下田路子. 1991. 広島県西条盆地のコウホネ属植物. 植物地理・分類研究, 39：1-8.

高橋英樹・佐々木純一. 2002. 雨竜沼湿原のフロラと絶滅危惧植物. 財団法人前田一歩園財団創立 20 周年記念論文集 北海道の湿原(辻井達一・橘ヒサ子編), pp. 205-216. 北海道大学図書刊行会.

高橋英樹・山崎真実・佐々木純一. 2005. オゼコウホネ(スイレン科)の 1 新品種. 植物研究雑誌, 80：48-51.

高橋正道. 2006. 第 1 章陸上植物の出現(オルドビス紀～デボン紀：4 億 8830 万年～3 億 5920 万年前). 被子植物の起源と進化, pp. 47-74. 北海道大学出版会.

滝田謙譲. 2001. 北海道植物図譜. p. 1277. 自費出版.

田中法生. 2012. 異端の植物「水草」を科学する―水草はなぜ水中を生きるのか？ 314pp. ベレ出版.

渡邉早苗・藤川和美・前田綾子・小山鐵夫. 2007. 高知県中央部に産するコウホネ属植物とその生育特性. 分類, 7(2). 131-142.

山崎真実. 2001. 北海道に分布するコウホネ属 *Nuphar* の形態分類学的検討. 32 pp. 北海道大学農学研究科修士論文

山崎真実. 2015. フォーリーが採集したヒナミクリ *Sparganium natans* L.(ガマ科)の産地は厚真である. 植物地理・分類, 63：25-29.

増補厚真町史編集員(編). 1998. 第一編厚真開村前史, 第 3 章 勇払郡の村落. 増補 厚真町史, pp. 61-62. 厚真町役場.

09

マリモ，藻類に着目して

若菜　勇・中山恵介

マリモは湿地の生物

マリモ(*Aegagropila linnaei*)は，アオサ藻綱アオミソウ科の藻類の一種で，大型生物としては極めて珍しい球状の集塊を形成することでよく知られる。ユーラシア大陸や北米大陸など北半球の高緯度地方の湖沼や河川に広く分布する汎存種で，わが国では従前，阿寒湖(図1)をはじめとする十数湖沼で生育が知られていた。しかし近年になって，阿寒湖周辺の太郎湖やペンケトー，富士五湖の精進湖，本栖湖などで新たに確認され，今日，生育湖沼は20か

図1　世界で唯一，直径が20 cmを超える大型のマリモ球状集合体が群生する阿寒湖（写真左）。阿寒カルデラの中央から噴出した雄阿寒岳(写真右)の溶岩によってカルデラ内部が堰き止められ，生成した。

所を数えるまでになっている(図2)。

　マリモの分布の特徴は，第一に同一の水系に属する湖沼が多いことで，例えば阿寒地域では，ペンケトー，パンケトー，阿寒湖，太郎湖の順に上流から下流に向けて河川を介して数珠状に連なっている。また，釧路湿原の東部に点在するシラルトロ湖，塘路湖，達古武沼の場合は，各々が釧路川の支流であり，青森県の太平洋岸に面する小川原湖では，副湖盆と呼ばれる小さな姉沼と内沼が，日本の湖沼では11番目の面積を有する巨大な小川原湖とごく短い水路でつながっている。

　特徴の第二は，起源を同じくする湖沼が多いことで，富士五湖の西湖，精進湖，本栖湖は，元来，潊の湖と呼ばれるひとつの大きな湖であったが，約4,500年前の富士山の噴火にともなう溶岩の流入によって湖が分断され，現在の湖盆の原型ができた。よく似た地史は阿寒地域についても知られ，およそ5,000〜2,500年前に古阿寒湖と呼ばれる大きな湖の基底から雄阿寒岳が噴出して湖盆を細かく堰き止めた結果，阿寒湖と水系を同じくする大小の湖沼が成立した。

　他方，釧路湿原湖の湖沼群や小川原湖，姉沼，内沼，および小川原湖の北に位置する田面木沼，市柳沼，左京沼は，縄文海進期と呼ばれる約7,000年前の気候が現在よりも温暖で海水面が3〜4m高かった時代には，内湾を形成していた。しかしその後，3,000年ほど前に気候が寒冷化して海が退くと湾口や湾内が堆積物によって閉じられ，淡水化が進んで湖沼を生じた。これらの湖沼は海跡湖と呼ばれ，上述した火山噴火による堰き止め湖と合わせ，国内のマリモ生育湖沼における成因の9割を占めている(図2)。

　このように，マリモ生育湖沼には水系あるいは起源を同じくする傾向が認められるため，何らかの共通する環境要因がマリモの生育を制限している可能性が早くから指摘されていた。特に，海跡湖は比較的最近まで浅海であったばかりでなく，現在でも，小川原湖や内沼には満潮時に海水が湖内に遡上する汽水的な環境が備わっている。また，シラルトロ湖では，古い時代の海水が地層の隙間などに閉じ込められた化石海水と推定される高塩分の水が湖底から湧出していることが確認されており，マリモの生育と塩分との関係が想定されていた。

①チミケップ湖¶
②阿寒湖*
③太郎湖*
④パンケトー*
⑤ペンケトー*
⑥シラルトロ湖†
⑦塘路湖†
⑧達古武沼†
⑨左京沼†
⑩市柳沼†
⑪田面木沼†
⑫内沼†
⑬小川原湖†
⑭姉沼†
⑮本栖湖*
⑯精進湖*
⑰西湖*
⑱河口湖*
⑲山中湖*
⑳琵琶湖¶
【2015年現在】

図2　日本のマリモ生育湖沼とその成因（2015年現在）。*火山堰き止め湖，†海跡湖，¶その他

　そこで，さまざまな塩分濃度でマリモを栽培して成長速度を比較する培養実験を行ったところ，マリモは海水を1/20程度に希釈した条件で成長速度が速まる現象が見出された。また，2013〜2014年にかけて阿寒湖を含む同一水系の10湖沼を対象としてマリモの分布と水質の関係に着目した調査を実施したところ，マリモの生育が確認された阿寒湖，太郎湖，パンケトー，ペンケトーでは，生育が確認されなかったこれ以外の6湖沼と比べてNa⁺，K⁺，Ca²⁺，Mg²⁺，Cl⁻，SO₄²⁻，HCO₃⁻といった電解質*の濃度が数倍高いことが明らかになった。マリモの成長を促進する因子の実体は未解明であるものの，これらの知見から，マリモは「阿寒湖のような山深い湖に生育する珍奇な生物」という巷間のイメージとは違って，実際には「海跡湖に代表される汽水的な環境をそなえた低湿地に生育する汎存種」ということができ

よう。

阿寒湖における形態と生態の多様性

　マリモは，その名称(毬藻：いがのような形状をした藻類)から球状の形態
をした生物と思われがちだが，ひとつの個体は糸状体と呼ばれる長さが4
cm に満たない枝分かれした灌木あるいはマツの葉のような形態をしている
(図3D)。通常は，これが仮根によって岩石や貝類の殻上に付着したり，ある
いは付着基物から剥がれて落ちて綿くず状になり，湖底を漂ったり，場合に
よっては一定の水域に滞留して生活する。前者は着生糸状体(図3A)，後者

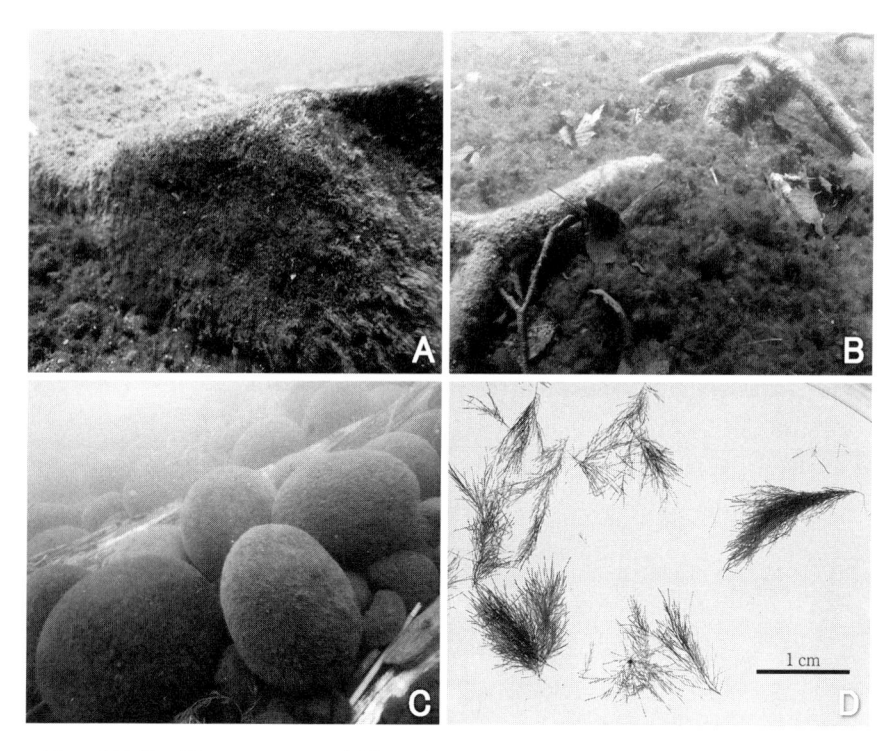

図3　阿寒湖で見られるマリモの多様な生育形。A：着生糸状体(ヤイタイ島の対岸)，B：
　　浮遊糸状体(滝口近くの小湾)，C：集合体(チュウルイ湾)，D：糸状体(B を顕微鏡下で
　　拡大したもの)

は浮遊糸状体（図3B）と呼ばれている。

　このような生育形＊は，糸状の体制を有する他種の藻類と大きく異なるものではないが，マリモは多年生で，なおかつ弱光下でも生存・成長できる耐陰性という生理特性を有しているため，太陽光が減衰して薄暗くなる深所や，たくさんの浮遊糸状体が厚く堆積して内部まで十分に光が届かない条件でも生活することが可能となる。特に，こうした性質は集合体（図3C）と呼ばれる糸状体が多数絡み合って集塊を形成する場合には重要で，光の届きにくい内部の糸状体が長期にわたって枯死を免れることで，マリモが集合状態を長期にわたって維持できる生理的・生態的な基盤となっている。

　マリモが着生糸状体，浮遊糸状体，集合体のいずれの生育形をとるかは，生育場所の環境に大きく依存しており，特に底質，地形の影響を強く受ける湖水流動，水深，湖底に到達する日射の4つが重要視されている。底質とは湖底の物理的な状況を指し，例えば，糸状体が基物に付着するためには，砂礫や岩石のような一定の大きさをもつ底質が必要となる。これに対して，底質が泥のように細かくなると，糸状体が付着できずに流動状態となって，浮遊糸状体もしくは集合体でないと存在できない。また，同じ着生糸状体でも，波浪などによって湖水流動が激しくなると，砂のような粒径の小さな底質だと動かされやすいため付着基物としては不安定となり，大きな礫や岩でないと着生状態を維持し続けることができない。このため阿寒湖では，波当たりがやや激しくて底質が溶岩のブロックやその破砕物からなっている東岸の雄阿寒岳山麓の湾入部，および湖底が尾根状の地形をしていて湖水の流れが速まりやすく，底質が砂礫からなっている南岸および北西岸に点在する岬の沖合の浅所が，着生糸状体が高密度で生育する水域となっている（図4）。

　他方，綿くず状の形態を有する浮遊糸状体は湖水流動が激しいと容易に流されてしまい，多くの場合，深所のような流動環境の穏やかな水域に運ばれてしまうと考えられている。阿寒湖で，マリモが生存・成長できるだけの日射が届く水深で浮遊糸状体が厚く堆積するようにして生育しているのは，チュウルイ湾の沖合と大島東岸の水深4m前後の水域，および閉鎖的な地形をそなえていて波浪の起こりにくい南東部の滝口付近の小湾の浅瀬である。

　最後の集合体は，北部のチュウルイ湾とキネタンペ湾の浅瀬，および上述

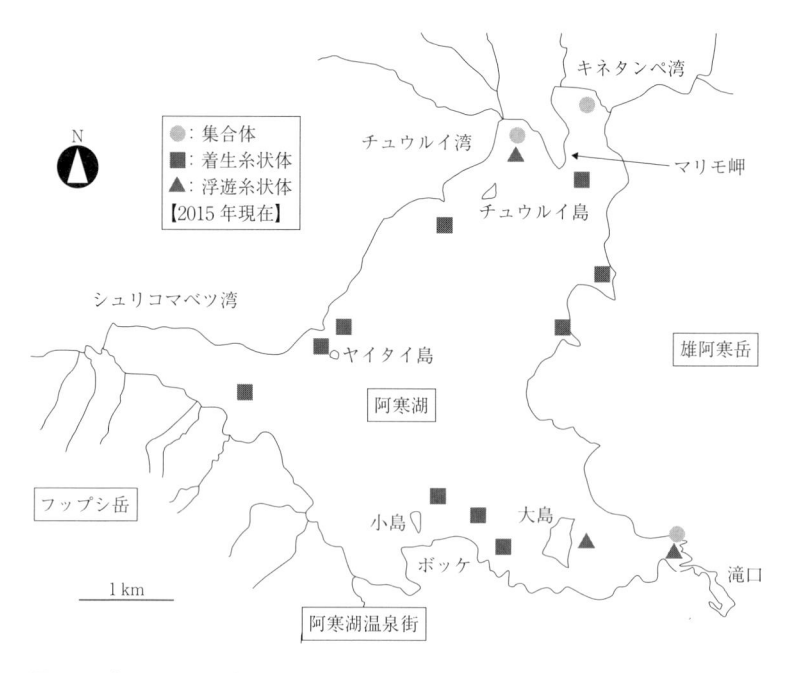

図4　阿寒湖における主要なマリモ集団の分布(2015年現在)。生育環境の違いに
応じて着生糸状体(■)・浮遊糸状体(▲)・集合体(●)の生活形に変化する。
チュウルイ湾では近年，湾内で水生植物*が繁茂した影響で集合体と浮遊糸状
体の集団が衰退傾向にある。

した滝口付近の小湾の波打ち際近くに生育するものの，両所における集合体
の形態と生成過程は大きく異なっている。チュウルイ湾とキネタンペ湾で見
られる集合体は放射型と呼ばれ，たくさんの糸状体が中心から外に向けて放
射状に配列した構造を有している。集合体の表面に位置する糸状体が日光を
浴びて光合成を行い，外側に向けて伸長成長すると同時に，波動を受けて頻
繁に回転し，全体が満遍なく成長することによって球状形態に発達する。阿
寒湖の放射型集合体は，いがのように突出した表面の糸状体が，「ビロード
状」と称される毛足が短く緻密に揃った美しい表面観を有するのが特徴であ
り，また，直径が30 cmを超えるまでに巨大化する点でも世界に類を見な
い。

　これとは対照的に，纏綿型(てんめん)と呼ばれる滝口付近の小湾で見られる集合体は，

浅瀬に群生する浮遊糸状体が波動によって相互に絡み合い，球状化・大型化したもので，内部は糸状体が無秩序に配列した構造となっている。最大直径は 15 cm ほどである。放射型に比べると分布はごく狭い範囲に限られ，数もわずかである。放射型と纏綿型の集合体が同一の湖に産する例は阿寒湖以外では知られておらず，長く謎とされてきたマリモの球状化現象を研究するためのフィールドとして貴重な存在となっている。

マリモはなぜ丸くなるのか
──マリモの育成・回転装置としての阿寒湖

　マリモはなぜ丸くなるのか……。この古くから関心をもたれてきた問題については，かねて諸説が唱えられてきたが，先に述べた放射型と纏綿型の存在に代表されるように，集合体の構造と生成機構にはいくつかの類型が認められる。このうち，阿寒湖のマリモを特徴づける球状で巨大化する集合体に関する調査研究は，保全対策の一環として半世紀以上にわたって続けられており，チュウルイ湾の集合体は，周期的な成長と崩壊の繰り返しによって集団を維持している実態が明らかになってきた。

　チュウルイ湾では，波打ち際から沖合に向けて 150 m，湖岸幅で 200 m ほどの範囲に大小さまざまな大きさの集合体が生育している。このうち水深 1.5 m 前後の浅所に分布するものが豊富な光資源を利用して直径を年に 2～4 cm 増大させ，一部は 30 cm を超えるまでに巨大化する。このような大きな球状集合体が数を増し，水域によっては湖底を埋めつくすようになったタイミングで台風や大きな低気圧が襲来し，沖合から湾内に向けて強い南風が吹きつけると，生じた波浪と湖水の流れによって大きな球状集合体は一斉に波打ち際まで運ばれ，一部は湖岸に打ち上げられてしまう。この一斉打ち上げ現象は 5～7 年周期で発生しており，直近では 2013 年 11 月に約 7.6 t（湿重量）のマリモが打ち上げられている。

　打ち上げの過程で，集合体は波動によって破壊され，長径が 4 cm 前後の楔形をした小さな断片を多数生じる。その結果，サイズが小さくなるだけでなく，形状が球形から扁平形に変化してしまう。このため湖水の流れをやり

過ごしやすくなり，波動や湖水流動が激しい波打ち際に近い湖底に留まれる
ようになる。このような浅瀬は光環境が良好で，なおかつ頻繁に回転できる
ため，集合体の破壊断片は速やかに成長し，それが沖合に移動しつつ再び球
状の集合体に発達すると考えられている。こうした見方を支持する知見とし
て，阿寒湖内の生育場所の離れた9つのマリモ集団を対象に，酵素多型分析
と呼ばれる手法を用いて集団内および集団間の遺伝的な差異を調べたところ，
着生糸状体では多様性が見出されたのに対して，集合体と浮遊糸状体では変
異が認められず，クローン成長をしている集団と見なされる結果が得られて
いる。

　一方，マリモの球状化現象については，こうした生成過程とともに，球状
化をもたらす成長運動のメカニズムがどのようなものなのか，はるか19世
紀前半から研究者の間で議論が交わされてきた。今日では，上述したように，
集合体が波動によって頻繁に回転しながら満遍なく放射成長して球状化する
という考え方が広く受け入れられている。しかしマリモを回転させる波動条
件や回転の頻度・速度など，現象そのものの実態はほとんどわかっていな
かった。そこで，2014年の春から夏にかけて，NHK釧路放送局と共同で
チュウルイ湾の浅瀬にビデオカメラを設置して湖底の様子をタイムラプス撮
影するとともに，北見工業大学と共同で晩秋まで風向・風速および波高・波
向の連続観測を行った。その結果，打ち上げの発生には至らない日常レベル
の波動条件で揺れ動いているように見える球状集合体は，映像の再生速度を
400倍ほど速めてみると，実際には，波が生じる水の回転運動によって，ほ
とんど同じ位置に留まったまま波の進行方向とは逆の向きに回転している事
実が初めて明らかになった。さらに，回転することで2〜3層に重なり合っ
た球状集合体集団の上側と下側が入れ替わったり，あるいは集合体がこすれ
あって表面に付着した泥や藻類を掻き落としたりしているなど，これまで推
測の域を出なかった挙動も初めて映像として記録された。

　得られた画像と風波のデータを解析したところ，直径20 cmほどの集合
体は水面上10 mにおける風速が約5 m/sの南南東の風によって発生する波
によって回転を始め，回転角速度は風速がおよそ10 m/sまでの範囲で比例
的に増加していることが判明した(図5)。また，マリモを回転させるこの特

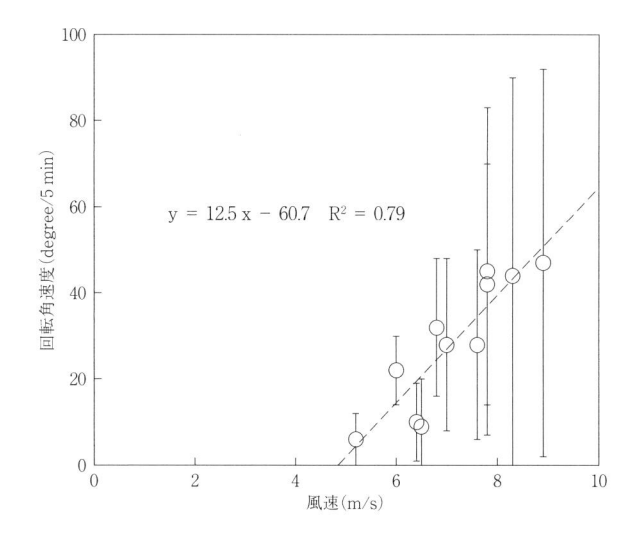

図5　阿寒湖のチュウルイ湾に吹き込む南南東の風の風速とマリモ球状体の回転角速度との関係(中山ほか，2015による図を土木学会の許可を得て転載)。白丸は計測値の平均を，バーは標準偏差を表す。

異な風は，初夏，阿寒湖の南側から吹き込む太平洋起源の海風であると推定された。実は，この海風の吹く季節は，1日当たりの日長と日射量が年間で最大となり，水温も上昇して，マリモの光合成活動が年間を通じてもっとも活発になるときでもある。阿寒湖で海風が吹く時間帯は，阿寒湖周辺の内陸部が太陽光に暖められて上昇気流の発生する昼前から午後早くまでである。このことから，マリモはおそらくこの時期，日中を通じて盛んに光合成を行うと同時に，1日の一定時間を回転運動に割り当てることで，「集合体全体の満遍ない放射成長」を可能にしているのであろう。この分野の研究はようやく途についたばかりである。阿寒湖には，マリモの分布を制限する塩分，生育形を多様化させる底質や地形，そしてマリモ集合体を育む季節的な風波と日射など，多様で固有な環境がそなわっており，それらが精緻に組み合わされてマリモの生育環境が成り立っている構図が見えてきた。汎存種であるはずのマリモがなぜ阿寒湖でのみ球状化・巨大化するのか，そのメカニズムの解明が期待される。

[参考文献]

Boedeker, C., Eggert, A., Immers, A., and Wakana, I. 2010. Biogeography of *Aegagropila linnaei* (Cladophorophyceae, Chlorophyta): a widespread freshwater alga with low effective dispersal potential shows a glacial imprint in its distribution. Journal of Biogeography, 37: 1491-1503.

濱野一彦. 1988. 富士山—地質と変貌. 217pp. 鹿島出版会.

中山恵介・伊藤権吾・若菜　勇・北村武文・佐藤之信・駒井克昭・竹内友彦. 2015. マリモ球状体に回転運動を引き起こす阿寒湖チュウルイ湾の風波特性. 土木学会論文集 B3（海洋開発）, 71(2)：I_945-I_950.

岡崎由夫・山代淳一. 1987. 釧路湿原の形成. 釧路湿原（釧路市史編さん事務局編）, pp. 27-68. 釧路市.

芹沢(松山)和世・白澤直敏・金原昂平・渡邊広樹・米谷雅俊・牧田篤弥・芹沢如比古. 2013. 富士北麓, 精進湖で発見されたフジマリモ（緑藻, シオグサ目）の特徴. 藻類, 61：36.

芹沢(松山)和世・田口由美・金原昂平・米谷雅俊・渡邊広樹・芹沢如比古. 2014. 富士北麓, 本栖湖におけるフジマリモの発見. 藻類, 62：41.

Soejima, A., Yamazaki, N., Nishino, T., and Wakana, I. 2009. Genetic variation and structure of the endangered freshwater benthic alga Marimo, *Aegagropila linnaei* (Ulvophyceae) in Japanese lakes. Aquatic Ecology, 43: 359-370.

田高昭二. 1978. 小川原湖の自然. 327pp. 東奥日報社.

玉田純一・中川光弘. 2009. 北海道東部, 雄阿寒火山の形成史. 火山, 54：147-162.

若菜　勇. 1993. 阿寒湖のマリモ生息地における光環境とマリモの補償深度. マリモ研究, 2：9-21.

若菜　勇. 1999. マリモの祖先は海藻？ 藻類の多様性と系統（千原光雄編）, pp. 292-294. 裳華房.

若菜　勇・新井章吾・佐野　修. 1999. マリモの球化—構造と生成過程からみた球化現象の多様性. 遺伝, 53(7)：45-52.

若菜　勇・田村由紀・尾山洋一・山田浩之. 2015. 阿寒湖沼群におけるマリモの分布と水環境. 藻類, 63：48.

10
底生動物と湿地環境

根岸淳二郎・三浦一輝

　底生動物(水生昆虫・無脊椎動物)とはその生活史の少なくとも一部を水底に依存する生き物の総称である。ここでは，湿地水域において，その生活史と生態系において果たす機能が比較的よく理解されている底生動物のうちイシガイ目二枚貝と水生昆虫を対象に，生息条件や人間活動による影響などを説明する。どちらも，生息に必要な環境条件が多いため，生息地の自然環境の状態を間接的に表す指標生物である。生活史ステージの一部において，複数の水域，あるいは水域と周囲の陸域の間を，自ら，あるいはほかの生物に依存して移動する。その結果，生息地の分断化や局所的な生息環境の劣化に対して脆弱である場合が多い。また，ほかの生物の生息環境に強い影響を与えるので，湿地水域環境とのつき合い方を考える上で注目度の高い生物分類群であろう。これら2グループの底生動物の生息地としてここで主な対象とする湿地水域とは，過去には広大な氾濫原に周囲を囲まれていたであろう(現在は開発などで周辺湿地を失っている)，ある程度の連続した開放水面と最深部が50 cm以上の水深を有するような止水域および緩勾配河川である(図1)。

イシガイ目二枚貝

　イシガイ目に属する淡水二枚貝(以下，イシガイ目)は湿地水域にも広く見られる。黒色の外見を有し，種によっては殻長が20 cmを超える(図1)。水底に体のほとんどを埋没して生活するため，人目につきにくく，その存在や役割はあまり知られていない。種によって多少の違いはあるが，数〜数十年程度(カワシンジュガイ科は100年以上に達する場合もある)と長い寿命を有する。自力での移動範囲は数m程度とされ，短時間で大きく動くことは稀である。そのため生息が確認できれば，少なくとも成貝にとって比較的長期にわたって局所環境が適正であることが推察される。ろ過食者として水中の浮遊藻類などを餌とするため，水域の栄養状態もよく反映し，多数生息すれば水域内

図1 （A）河道の蛇行部が取り残された石狩川近傍の湿地水域（現在は河川の氾濫を受けることはほとんどないが，過去には定期的に本流と接続し，周囲を広範囲に湿地に囲まれていたと推察される）。（B）このような水域の多くで生息が確認されているイシガイ目（ドブガイ属の一種）

の物質循環に大きな影響を与える。

　その多くは受精した成貝から水中に放出された幼生が特定の魚類に一時的に寄生，脱落することで成貝へと成長する。このため，貝の繁殖期に，寄生相手として適した魚類(宿主)が同じ場所に生息することが重要である。したがって，個体の寿命よりも長く生息環境が維持されるには，成貝と宿主魚類の両者に適した環境が要求される。宿主への寄生はイシガイ目にとっての移動分散の重要な手段であるため，複数の水域でのイシガイ目の生息分布状況は宿主のそれとある程度一致する。このように，イシガイ目を調べることで，魚類相も含めた局所環境や水域の連続性など周辺環境に関する情報を得られる。

水生昆虫

　水生昆虫とは，昆虫目に属する生き物のなかで，その生活史の一部を水中で過ごすものを指し，トンボ類(トンボ目)のように，多くの人にとってなじみが深い生物も含まれる。水生昆虫は，水中の有機物＊を分解する，他生物を捕食する，あるいは水生昆虫自身が魚類などの餌となることで物質循環において重要な役割を果たす。水生昆虫も生息に好適な環境条件が種類によって明確であり，流水環境下では，カゲロウ目，カワゲラ目およびトビケラ目に属する種がEPT(それぞれの学名の頭文字をとって)と呼ばれ，その個体数や種構成が自然環境の健全度評価においてよく用いられる。湿地水域では止水環境を好む種が数的に卓越し，トンボ目やハエ目が多く見られる。水底への依存度は比較的小さいが，ゲンゴロウなどの甲虫目も止水域でよく見られる。

　多くの水生昆虫の生活史として特徴的なのは，一定期間の幼虫期を終え羽化し，成虫になると飛翔能力を身につけて陸域(一部は水域内)で捕食活動や繁殖を行い，水域に戻り再び産卵をする点であろう。このことは，幼虫期に水域内に必要な生息条件に加えて，成虫時の陸域についても好適な生息条件が揃わなければ，存続が難しくなることを意味する。特にトンボ類については，成虫ステージでは幼虫期に比較して圧倒的に広い範囲を飛翔して移動する。したがって，局所環境とともに広範囲での環境条件が生息分布を規定してお

り，この点でイシガイ目と多くの共通点がある。

底生動物による陸域とのつながり

　河川では，羽化した水生昆虫が河畔域の鳥やクモ，あるいはコウモリの重要な餌となり，水生生物と周辺陸域の生き物が食物連鎖を通じてつながっている。このような水域と陸域のつながりは止水域についても存在する。米国南部の池では，トンボ類が間接的に水辺の植物の受粉率にまで複雑に影響を及ぼした。その機構は，トンボ類が陸域の植物受粉を担うハチを捕食することで，受粉者の数を減らし，水辺近くの植物の受粉率を抑制する方向に働くのである。また，止水環境でその数的優占度が高くなるハエ目のようにその羽化により周辺陸域の土壌の栄養状態や動物の組成に影響する場合もある。アイスランド北方の湖では，膨大な数のユスリカが羽化し，陸域に分散することで，土壌の栄養塩濃度を上昇させ，捕食者の数が増加するなどの強い波及効果を及ぼした。このようなつながりは，水生昆虫を捕食する魚類の有無などから，さらに長い経路で影響が波及することもわかってきている。筆者らの研究では，湿地河川に多数生息するカワシンジュガイが，周辺湿地生態系で重要な機能(例えば，捕食による節足動物の個体数調整)を果たすと考えられるエゾアカガエルの越冬環境や，水生昆虫の幼虫期の生息場所を提供している可能性が示された(図2)。湿地水域の底生動物と周辺陸域生態系の相互作用は，昆虫の羽化分散という現象に留まらず，想像以上に強くて複雑な生物現象によって支えられているようである。

湿地底生動物相を特徴づける環境要因

　湿地水域にどのような底生動物が出現するかは，さまざまな環境要因によって決まる。湿地水域の生物相を説明する際にもっとも重要な特徴は，止水あるいは緩流が卓越する環境と，水中あるいは水辺に繁茂する植物およびそれに由来する植物の遺骸(デトリタス)の豊富さであろう。多くの湿地水域において，水底を構成する材料は，デトリタスが主体である。自然条件下で

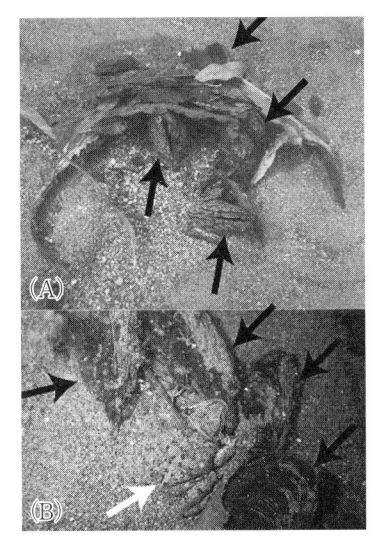
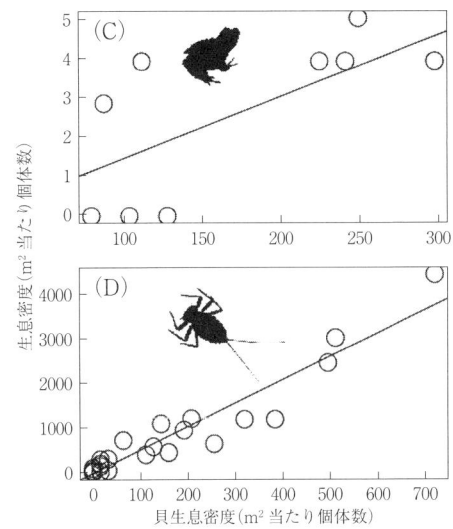

図2　道東ベカンベウシ川近傍の湿地河川におけるカワシンジュガイに捕捉された落葉有機物リター（A）およびカワシンジュガイとともに水中越冬しているエゾアカガエル（B）。黒い矢印はカワシンジュガイ，白い矢印はエゾアカガエルを示す。同じ場所で測定された単位面積当たりのカワシンジュガイ個体数に対するエゾアカガエルの越冬個体数（C）および水生昆虫の個体数（D）。越冬個体は12月，水生昆虫（カゲロウ目，カワゲラ目，トビケラ目，ハエ目を含む）は5月に計測された。（C）と（D）の直線は貝生息密度に応じて，各生物の個体数が統計的に有意に増加する傾向を示している（線形回帰分析により，Cでは5％水準で有意で決定係数は0.47，Dでは1％水準で有意で決定係数は0.91）。

あれば，押し流したり植物の生育を阻むような水流や土砂による物理的な撹乱*が稀なため，デトリタスが堆積する。その結果，湿地水域は，より急勾配な上流河川などとは，生物間の相互作用の強度や食物網の栄養源が異なることが多い。特に，植物およびデトリタスが水質へ強い影響を与え，生息する生物にとって重要な餌資源や捕食者から逃れるためのシェルターを与えることで，多様な生物の生息環境の基本的な仕組みを支えている。河川氾濫原上の湿地水域については，洪水冠水の影響により，止水と流水の中間的な構造で特徴づけられる。また，水が一時的にでも枯れれば，水生生物にとっては致命的である。そのようなリスクがある水域では，水中での生活史の期間が干上がり期間外に当たり，移動性が高く再定着が容易である，あるいは乾燥耐性があるなどの条件を満たす生物のみが生息場として利用できよう。こ

のように，水の動きは生物にとって，棲み場所の構造を決める上で極めて重要である。

　水質も水の動きに一部依存しているが，重要な決定要因となる。鉱物成分に富んだ河川や地下水などの涵養水源を有している場合，泥炭地のように有機物が極めて多い環境下でも，その水質は中性付近で維持される。このような湿地帯の浅い水域に優占する底生動物は，ミミズ類(貧毛綱)やハエ目である。底生動物の生産性(単位時間当たりの生物生産量)のうち 50〜80％がそれらで賄われることも多い。水中に溶存した酸素の消費量が高いので貧酸素になりやすく，生息できる生物種は限られる。通常，貧酸素が卓越する環境下では，比較的高い溶存酸素濃度を必要とするイシガイ目や EPT の生息は困難になる。しかし，水の流入量が多い，あるいは溶存酸素が比較的高く保たれる場所が局所的にでも存在すれば，生息を阻害する大きな要因がなくなり，そのほかの水深などの環境条件が適性であれば，イシガイ目やその宿主魚類も含めた，より多様な生物が生息できる。一方で，涵養源が貧栄養な降雨などに限られる泥炭地上では，強い酸性の水域が形成される。このような水域では，一般的に種数は少なく，中性付近の水域とは著しく異なる種類の生物が見られる。

　一般的に，生息地の面積が大きくなると確認される生物種が多くなる。面積が大きくなると生息場構造がより多様になり，生息環境の好みが異なる生物種が生息できるようになることがそのひとつの要因であろう。湿地水域では，主に水生植物* によって形成される水中および水上(陸上)部の複雑な構造や餌環境が底生動物に直接的・間接的に非常に重要である。したがって，水生昆虫や貝類(これらは必ずしもすべて底生動物ではないが)の種類数は，水生植物の繁茂面積や構造に応じて変化する(図3・4)。このことから，水域単位で見た場合，水域内の局所環境の多様性が生物相を理解する上で重要である。一方で，これらの生物種は，前述したような複雑な生活史を有するため，近隣生息地との連続性など，より大きな空間において認識できる現象や環境の影響も大きい。例えば，イシガイ目であれば，他水域からの宿主魚類の季節的な移動，トンボ類であれば，水際植生の複雑さ，また近隣水域との距離に対する飛翔能力などがあげられる。

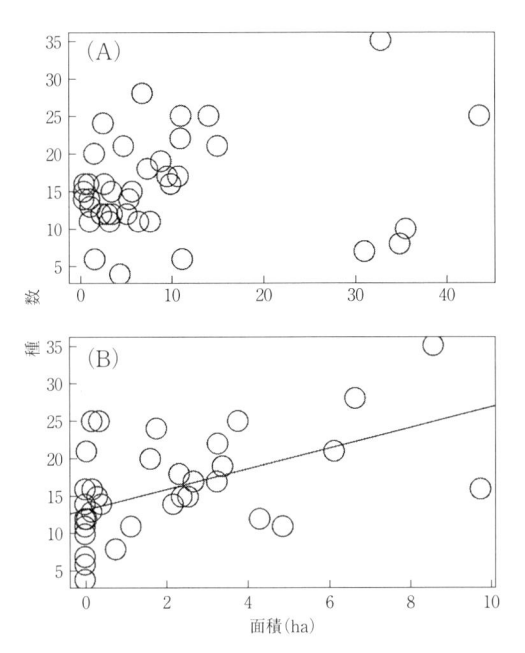

図3　石狩川近傍の39の湿地水域において確認された大型水生昆虫(トンボ目，カメムシ目，甲虫目)およびイシガイ目を含む淡水貝類の総種数と水域総面積(A)および水生植物(浮遊および抽水)が確認された水表面積(B)との関係(北海道開発局提供)。ひとつの○がひとつの水域のデータを示し，(B)の直線は面積に応じて種数が統計的に有意に増加する傾向を示している(線形回帰分析により1%水準で有意で決定係数は0.27)。データは2003〜2006年に行われた一斉調査より得た。

生息環境に迫る危機

　人間活動はさまざまな経路で底生動物の生息に重要な環境条件を変化させる(図4)。涵養源となる流入河川や洪水を起こす近隣河川からの水の流れ(量やタイミング)は，土地利用にともなう表面土壌特性の変化や流量の制御によって簡単に変わってしまう。また水質に関しても，周囲での農地への土地利用が進めば，施肥に由来する栄養塩類* が表面水や地下水を介して水域に流入し負の影響を及ぼすことはよく知られている。貧栄養で酸性度の高い泥

(A)

(B)

図4①　水草繁茂が顕著で自然度の高い水域(A)と農地の影響から水位と
　　　水質が季節的に大きく変動する水域(B)

炭地水域であれば，栄養状態の変化にともない酸性水域に特徴的な種は大き
な環境変化に直面することになる。同様に，生産性が高まり酸素要求量が高
まると，溶存酸素濃度の低下により多くの底生動物にとって生息環境は劣化
する。水質は，植物の種構成や繁茂の程度を変化させるので，物理的な生息
場構造の改変を介した間接的な影響も考えられる。一方で，直接的に水域の
構造を変化させるような水際のコンクリート処理や浚渫，あるいは家畜によ
る水際植生の採餌も底生動物の生息に大きな影響を及ぼす。

(C)

(D)

図 4② 直接的な局所生息環境の変化に至る水際のコンクリート処理(C)
と生物の移動分散を制限する水門施設(D)

　より大きな空間を包括する景観的な視野を有して生物の生息環境をとらえ
ることも必要である。例えば，イシガイ目は，前述したように，宿主魚類が
水域間を移動することによって，ある地域での生息分布が維持されているこ
とがある。このような場合，水路で繋がれた水域に魚類の移動を妨げるよう
な人工構造物(堰や暗渠など)が設置されると，移動によって維持されていた二
枚貝はそれまでの繁殖を妨げられ，成貝の寿命とともにその水域から見られ
なくなるかもしれない。氾濫原の場合は，洪水による冠水によって連続性が

維持されるケースもある。トンボ類については，繁殖や幼虫の生息に適した場所から離れた場所で成虫が見られることも多く，この点注意が必要である。その地域で比較的多くの個体が幼虫から羽化し，成虫の供給源となっている水域（ソース水域）がダメージを受けると，その周辺の関連した水域でも成虫数が減少するかもしれない。また宅地などの飛翔が困難な領域が移動経路に出現することもソース水域との関係に影響を与えよう。このような複雑な生活史を有する生物群を保全していくには，各水域内に見られる局所の生息環境要因と景観的な要因の相対的な重要度をしっかりと把握して人為的活動の影響をできる限り予測し，対策の優先度を現実性に照らして検討していく必要がある。

［参考文献］

Gratton, C., Donaldson, J., and Vander Zanden, M. J. 2008. Ecosystem linkages between lakes and the surrounding terrestrial landscape in northeast Iceland. Ecosystems, 11: 764-774.

Ishiyama, N., Akasaka, T., and Nakamura, F. 2014. Mobility-dependent response of aquatic animal species richness to a wetland network in an agricultural landscape. Aquatic Sciences, 76: 437-449.

Knight, T. M., McCoy, M. W., Chase, J. M., McCoy, K. A., and Holt, R. D. 2005. Trophic cascades across ecosystems. Nature, 437: 880-883.

Lee Foote, A., and Rice Hornung, C. L. 2005. Odonates as biological indicators of grazing effects on Canadian prairie wetlands. Ecological Entomology, 30: 273-283.

McCauley, S. J. 2006. The effects of dispersal and recruitment limitation on community structure of odonates in artificial ponds. Ecography, 29: 585-595.

三浦一輝. 2016. 河川希少種の陸への波及効果—カワシンジュガイ属はエゾアカガエルの越冬地を提供するか？, pp.53-71. 北海道大学大学院環境科学院修士論文.

根岸淳二郎・萱場祐一・塚原幸治・三輪芳明. 2008. イシガイ目二枚貝の生態学的研究—現状と今後の課題. 日本生態学会誌, 58：37-50.

Negishi, J. N., Katsuki, K., Kume, M., Nagayama, S., and Kayaba, Y. 2014. Terrestrialization alters organic matter dynamics and habitat quality for freshwater mussels (Unionoida) in floodplain backwaters. Freshwater Biology, 59: 1026-1038.

Nicolet, P., Biggs, J., Fox, G., Hodson, M. J., Reynolds, C., Whitfield, M., and Williams, P. 2004. The wetland plant and macroinvertebrate assemblages of temporary ponds in England and Wales. Biological Conservation, 120: 261-278.

11
魚類・両生類・爬虫類

桑原禎知

北海道における地理と自然分布

　現在の北海道には少なくとも85種の淡水魚類，9種の両生類，8種の爬虫類が生息している。淡水魚類は，一時的に淡水域に侵入する周縁魚，海と川を行き来する回遊魚，および一生を淡水域で過ごす純淡水魚に分けられる。いわゆる外来種を除いた北海道の在来種は，淡水魚は39種(純淡水魚16，回遊魚33)，両生類は4種(無尾目2種，有尾目2種)，爬虫類は7種(トカゲ亜目3種，ヘビ亜目4種)になる。このなかで湿地を主な生息環境とするものは一部である。また，いずれの分類群でも本州と比べて在来種が少ない点が北海道の動物相の特徴である。魚類では，純淡水性のコイ科やドジョウ科が少ない。両生類では，オオサンショウウオやイモリ類のような繁殖期以外でも積極的に水中を利用する種はいない。爬虫類では，カメ類やワニ類のような水中も生活圏とする種は自然分布していない。このため，北海道では在来の魚類と爬虫類の生活空間は重なっていない。両生類のみが幼生期に水中で魚類と，変態後は陸上で爬虫類と生息環境が重なることになる。

　水中生活者の魚類は基本的に河川や海を通じてしか分布範囲を広げられないのに対し，両生類や爬虫類は陸上を移動することができる。1個体が生涯で移動する距離には限界があるが，数世代かけて尾根や稜線を越えて別の水系へと分布を広げることができる。摩周湖や倶多楽湖のような流れ出る川がない内陸湖(カルデラ湖)にも両生類のエゾサンショウウオが生息しているのは，この陸上生活期の移動能力によるものである。

　北海道はユーラシア大陸の東側に位置する日本列島の島々のひとつである。津軽海峡によって南を本州島と，宗谷海峡によって北をサハリン島と，根室海峡によって東を千島列島と隔てられている。海峡は，塩分耐性の低い純淡水魚や遊泳能力に乏しい陸上歩行性の小動物にとって北海道への進出を妨げ

る大きな壁である。また，現在の北海道は亜寒帯湿潤気候で，夏は暖かいが冬は寒くて積雪もある。冬には湿地や河川の水面は結氷する。そして，北海道は冬の寒さに弱い南方系の生物と夏の暑さに弱い北方系の生物の分布が重なる移行帯にあたり，生物地理学上の分布境界線がいくつか提唱されている（図1b）。例えば，津軽海峡に引かれたブラキストン線を境に北海道と本州の鳥類相や哺乳類相が違うことはよく知られている。また，八田線は北海道とサハリンの両生類相と爬虫類相の比較から引かれたが，その後，サハリンを南限とすると思われていた両生類のキタサンショウウオと爬虫類のコモチカナヘビが1960年前後に相次いで北海道内の湿原でも発見されている。さらに，近年の分子遺伝学的研究により，これまで異なる学名で記録されてきた北海道とサハリンのアカガエルが同種であるなど，動物相の情報は更新されている。日本では北海道に固有とされる純淡水魚（ヤチウグイ，フクドジョウ，エゾホトケドジョウ）は黒松内低地帯より南に自然分布しないとされているが，

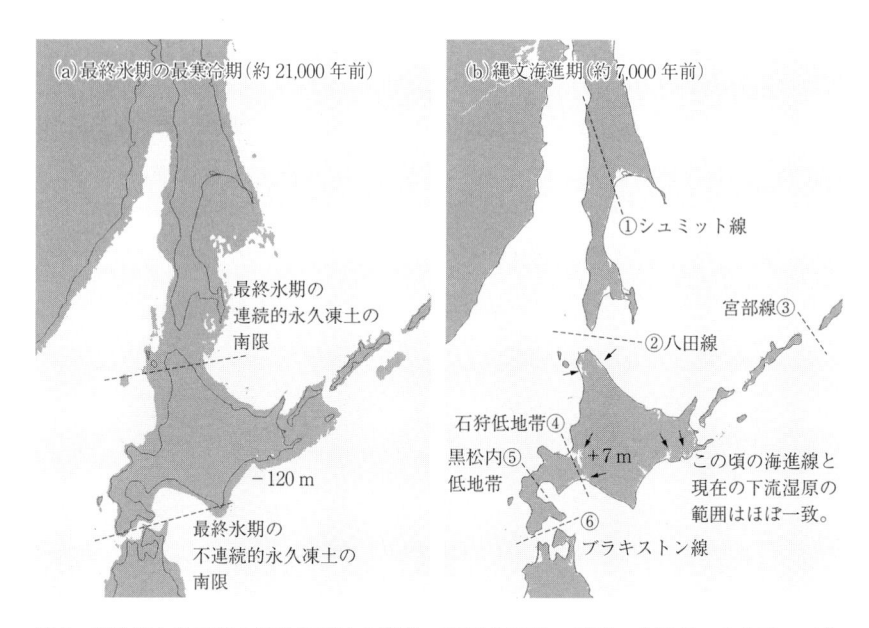

図1　寒冷期と温暖期の陸地（灰色）の範囲。SRTM 30 Plus 標高・水深データを用いて作成した。(a)海水面低下を−120 mとして作成。津軽海峡は陸化しない。(b)海水面上昇を＋7 mとして作成。海面下になる範囲を白抜きで示した。

現在，道南や東北でフクドジョウとエゾホトケドジョウが確認されており，その分布が自然か人為かも含めて議論が生じている。また，本州との共通種とされる純淡水魚（フナとドジョウ）についても，本当に本州から北上してきた自然分布なのか，サハリン島や沿海州に分布する同属魚種も含めた分子遺伝学的な精査が待たれるところである。

　北海道と周辺の動物相そして湿地に生息する動物の分布がどのようして成立したのかを考える上で，現在の環境条件だけではなく，過去の気候変動や地質現象は重要である。地史を遡ってみると，約7,000年前の北海道は今よりも暖かく，海水面は数 m 高かったとされる。現在の河川下流域に広がる湿原（石狩，釧路，サロベツ，勇払ほか）の大部分は入り江の海面下にあった（いわゆる縄文海進）（図 1b）。その後の海水面の後退にともなって河口域に土砂が堆積して沖積平野＊が発達し，海跡湖を残しつつ新しい湿原が成立した。約 2 万 2,000〜1 万 8,000 年前の最終氷期の極相期は気温が低く，北海道東部は不連続永久凍土帯になっていた。海水面は 120〜130 m も低く，浅い海峡は陸化して北海道とサハリンや国後島は陸続きになっていた（図 1a）。約 7 万〜1 万 2,000 年前までの最終氷期の大部分は寒く，海水面も 50 m 以上低い状態が続いた。そして，約 12 万年前の間氷期は逆に温暖な気候で海水面は現在よりも高く，石狩低地帯は北海道をふたつの島に分ける海峡だったとされる。過去 100 万年の間，海水面は氷期に低下し，間氷期に上昇するという変化が概ね 10 万年周期で起きていたようだ。氷期に海水面が下がると北海道は周辺の島々と陸続きとなり，同時に寒冷化するため寒さに強い北方系の動物は南下するが，寒さに弱い南方系の動物は活動が制限されて北上が阻まれる。逆に間氷期の温暖化は南方系の動物に有利に働くが，海水面の上昇によって現れる海峡が北上を阻む壁となる。特に水深が 140 m 以上ある津軽海峡は本州から北海道への動物の移動を強く妨げてきたであろう。津軽海峡が最後に陸続きとなった時代については諸説あるが，地質学的には最終氷期（約 7 万〜1 万年前）には陸化はせず，少なくとも数十万年レベルで海峡は存在していたというのが定説である。しかし，北海道に生息する爬虫類のほとんどが本州にも分布していることから，その伝播の時期を含めて生物地理学的な検証が鍵となるかもしれない。

　動物の分布に大きな影響を及ぼした地質現象としては，ほかに火山活動が
あげられる。火砕流や火山灰は生物を生息環境ごと短期間で覆い，埋没させ，
時に絶滅させてしまう。例えば，約4万年前の支笏火山の火砕流は千歳付近
を埋め，石狩川の河口を太平洋から日本海に大きく変えたとされる。また，
約3万年前まで続いた阿寒カルデラや屈斜路カルデラの火砕流は釧路から標
津にかけて広がっていた大低地帯を埋めて根釧台地をつくった。そのような
大きな撹乱*を受けた場所に現存する動物は，撹乱を生き延びた個体の子孫
か，撹乱後に他所から移動してきた新しい集団と考えられる。

　北海道の湿地が過去のさまざまな地史的な事象の影響を受けて拡大と縮小
を繰り返してきたことは疑いがなく，湿地を利用する水辺動物の生活や分布
も大きな影響を受けて現在に至っている。

湿地内の生息地の特徴と水域間のつながりの重要性

　ここでは，北海道の湿地を淡水魚や両生類，爬虫類の生息空間という視点
で，河川の下流側から順に見ていきたい（図2a）。

　内湾に注ぐ河川の河口域や潟湖*には潮汐の影響を受ける汽水環境の湿地
が見られる。遠浅の海草藻場（アマモ場）～岸際の抽水植物帯にかけての水中
は，ベントス（ゴカイ類や二枚貝類などの底生動物）やネクトン（アミ類やエビ類など
の遊泳生物）が多く生息し，それらを餌とする小型の回遊魚（ワカサギ，トゲウオ
類，ハゼ類など）が集まり，産卵場や稚魚の成育地として利用している。また，
それらの小型動物を餌とする中大型の魚類（イトウ，アメマス，カレイ類など）も
潮汐に合わせてたびたび姿を現す。

　感潮域よりも少し高い場所には，かつての内湾や入り江に成立した湿原が
広がり，所々に海跡湖が残る（釧路，サロベツ，安平など）。また，海岸砂丘の後
背低湿地にも抽水植物に囲まれた沼が見られる。感潮域と水路で繋がってい
る海跡湖では小型甲殻類のイサザアミをはじめとした豊富なベントスやネク
トンが見られ，それらを餌とする魚類（イシカリワカサギ，ウグイ類，トゲウオ類，
ハゼ類など）が生息する。一方，植生に囲まれて海水が浸入しなくなった海跡
湖沼では淡水化が進み，浮葉性や沈水性の水生植物*群落が見られる。さら

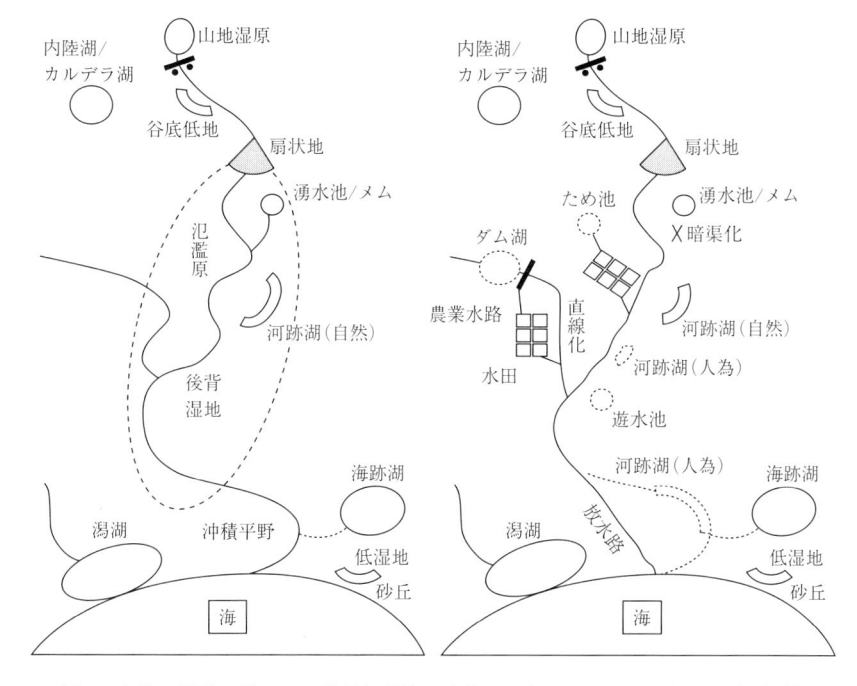

図2　自然の湿地が見られる場所と環境開発後に二次的な湿地ができる場所（点線）

に植生が密生して閉塞した後背低湿地の小さな沼は低酸素環境になりがちで，耐性のある止水魚（フナ類，ヤチウグイ，ドジョウ類，トミヨ類，ジュズカケハゼ）だけが確認されることも多い。水辺の植生上では両生類が観察されるが，幼生が湖沼内で魚類とともに採捕されることは稀で，魚類が少ない湿地内の窪地や池溏(池塘)*を主な産卵場として利用している。
　　中下流域には洪水によって運ばれた土砂が堆積した氾濫原が発達している。河川は氾濫原内を蛇行して流れ，流路沿いの自然堤防*の外側には後背湿地が見られる。大きな洪水で自然堤防が決壊して流路が変わると，切り離された川は河跡湖沼となり，岸際には短期間で抽水植物の群落が定着する。分離から時間が経った河跡湖沼は，密生した植生に囲まれ三日月形から円形に狭められていく。河跡湖沼のなかには，河川と常に流出水路で接続しているものと，平時は分離していて洪水時にのみ河川と繋がるものがあり(図3)，特

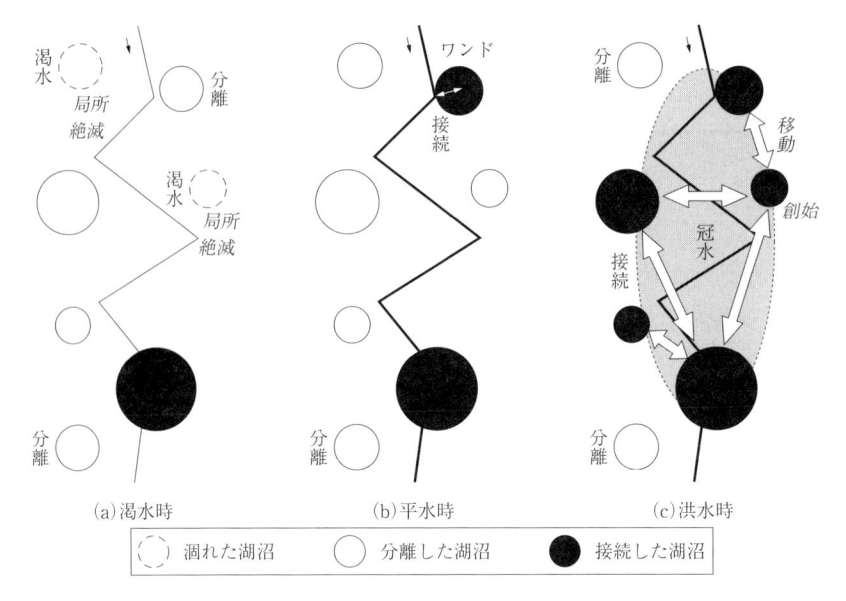

図3　氾濫原における渇水時の水域の分断と洪水時の魚類の移動

に後者には低酸素環境に耐性のある止水魚のみが生息する。北米や南米での研究では，氾濫原に点在する湖沼群の魚類群集には入れ子構造(nestedness)が見られると報告されている。これは，生物地理学における大陸−島モデルを源流とする考え方で，増水時に湖沼への種の加入が起こり，渇水時には湖沼に閉じ込められた種が局所的に絶滅していくため，魚類群集は湖沼の立地条件で概ね決定される。一見して孤立しているような湖沼でも，流水性魚種がいる場所は洪水時に河川や近隣の湖沼と繋がると推定される。さまざまな土地開発が並行して進む地域において，魚類相を効果的に保全するための重要な生息地の評価に役立つ手法である。しかしながら，北海道では氾濫原の湖沼群を対象とした研究はほとんどない。筆者が小さな氾濫原の池沼群を対象に行った調査結果を表1に示す。約1年半に12回実施した捕獲結果をまとめると，平時に通水している湖沼(平時連結水域)と分離している湖沼(平時分離水域)ではエゾホトケドジョウやドジョウ，トミヨ淡水型が共通して出現したが，エゾウグイやフクドジョウをはじめとする多くの流水性魚種は，平時

(a)河川性と止水性の魚種の分布　　　　　　(b)移動を加味した入れ子構造

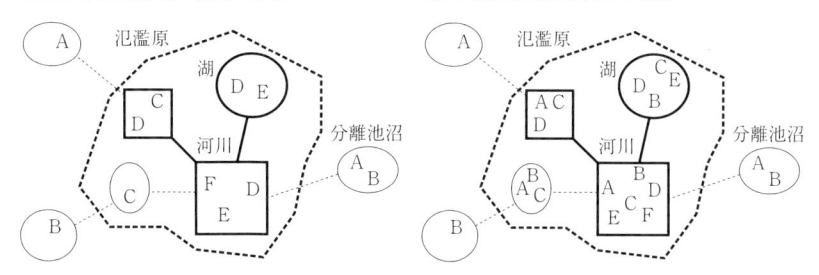

図4　湿地の池沼と河川のネットワークと入れ子構造。楕円は湖沼，四角は河川，太破線は氾濫原を示す。(a)は環境条件の違いで生息魚種が異なる分布を示す。河川から離れた池沼に生息する止水性の魚種は，氾濫で河川と湖沼が連結したときに水域内の移動が可能となる。移動中の個体が河川に足止めされると，河川では流水性の魚種に混じって止水性の魚種が観察され，(b)のような入れ子構造になる。これは氾濫原内で生じやすい。流域の開発によって河川と池沼のネットワークが失われると移出入が妨げられるため，(a)の分布傾向が強くなる。

表1　氾濫原内の池沼群における魚類群集の入れ子構造

隔離度	平時連結水域								平時分離水域									出現地点数
	0	0	0	1	1	1	0	0	2	2	2	2	2	3	3	3	3	
種名/地点	S01	S10	S02	S11	S15	S05	S08	S09	S04	S07	S13	S14	S16	S12	S03	S06	S17	
エゾホトケドジョウ	△	△		○	○	○	○	○	○	○	○	○	○	○	○	○	△	16
ドジョウ	△	△	△	○	○		△	△	△	△	△	△	△	△	△	△	△	16
トミヨ淡水型	○	○	○	○	○	○	○	○	○	○	○	○	○					13
エゾウグイ	△	△		△	△	△	△	△	△									8
スナヤツメ	△	△		△	△	△	△	△										7
フクドジョウ	△	○	△			△	△	△						△				7
トウヨシノボリ	○	△	○			△												4
ヤチウグイ				△	△				△									3
モツゴ*	○	△	○															3
ワカサギ*	○	△	△															3
ヤマメ				△	△													2
ウキゴリ	△		△															2
コイ*	○																	1
出現種数	11	9	7	7	7	6	6	6	5	3	3	3	3	3	2	2	2	

隔離度　0：通年通水，1：渇水期に短期間分離（ワンド），2：平時は分離，3：平時は分離かつ渇水期に水面消失
△：季節的あるいは洪水後などに確認，○：恒常的に多数が生息，＊：外来種

図5　岸際で植物の繊維を使って巣づくりをする魚(トミヨ属淡水型のオス)

連結水域にしか出現しなかった。これは先の入れ子構造の存在を示唆するものである。ただし，入れ子度は単純に種の有無で分析するため，河川や大きな湖沼を主な生息地としない止水性魚種(表1ではエゾホトケドジョウとドジョウ)が多様な環境に生息可能な種と過大評価されている点に注意を要する。具体的には，河川では止水性魚種は毎回捕獲されていたのではなく，また捕獲数もごく少なかった。このため，例えば1回のみの調査では捕獲の有無によってその場所の評価が大きく異なってしまうことがある。河川に棲む流水性の種と違い，止水性の種にとって河川は主な生息地である湖沼間を不定期に繋ぐ移動経路(コリドー)として機能していると考えるのが妥当であろう。

　氾濫原の後背湿地や河跡湖沼の水辺では両生類の成体がしばしば観察されるが，両生類の幼生は魚類が少ない浅い岸縁や窪地の水たまりで見られる。また，氾濫原内の水辺と森林との境界付近では両生類を好んで食べるシマヘビが観察される。

　北海道では開拓期以降，氾濫原の開発が進み，直線化によって分断された

蛇行河川は新しい河跡湖沼となった。そして，分断から数十年を経た湖沼には二次的な湿地が出現している。また，洪水対策として川沿いに整備される遊水地にも，かつての後背湿地と似た二次的な湿地環境が見られる。親水公園やビオトープとして利用されている場所では，近年，在来の魚類や両生類に混じって外来種が増えている。

　扇状地の末端部に湧く泉(メム)や山裾の湧水池は，地下水によって冷涼な環境が保たれるため，オショロコマやエゾトミヨのような冷水性魚種が優占する。魚類が少ない湧水池では，エゾサンショウウオやエゾアカガエルが産卵し，甲殻類のニホンザリガニも見られる。夏季に直射日光が当たる湧水池にはバイカモなどの水生植物が繁茂するが，樹冠に覆われる狭い湧水池では小さな抽水植物群落(8章参照)が見られるだけで，魚類や両生類の幼生は池底の落ち葉などに隠れて生活している。また，湧水池は開拓期に生活用水源や養殖池として積極的に利用されたため，周辺で外来の魚類や両生類が見つかることが多い。

　上流域の比較的緩やかな沢沿いにも河畔林* に囲まれた小さな氾濫原(谷底低地)が見られる。斜面際や河道跡の細長い池沼には抽水植物群落が見られるが，池底は落ち葉が堆積した環境であることが多く，水位も降雨と渇水によって大きく変化する。周年水面がある場所には止水性魚類(ヤチウグイ，ドジョウ類，トミヨ類)のみが局在的に確認される。魚類が少ない池や夏～秋に涸れる沼では，早春にエゾサンショウウオやエゾアカガエルが多く産卵している。

　源流域の台地上には山地の泥炭地湿原(雨竜沼，浮島，当丸沼など)が見られる。山地の湿原には河川を遡上して魚類が進入することは困難なので，陸伝いにたどり着いた両生類のみが観察される。山地は積雪下となる期間が長く低水温環境となるため，幼生が水中で越冬が可能なエゾサンショウウオが湿原の代表的な水生動物となっている場所も多い。

　このように，北海道内にはさまざまな立地条件の湿地が存在し，水辺動物が利用している。上述のように魚類が多い場所では両生類の幼生(カエルではオタマジャクシ)が少ない。両生類の卵嚢を確認していた浅い湿地でも幼生が見つからないこともあることから，小型の魚類によるふ化前の胚やふ化

後の幼生の捕食が予想される(図6)。ニホンザリガニやトンボのヤゴによる捕食やエゾサンショウウオでは幼生の共食いも知られている。さまざまな捕食者から逃れて急速に大きくなった幼生の残存数がその湿地の両生類の消長を左右する要因のひとつと考えられる。倶多楽湖では，かつてはエゾサンショウウオの幼形成熟(ネオテニー)個体が観察されていたが，魚類の放流後に姿を消した。魚類の有無が湿地の両生類の種数を左右する傾向は世界中で観察されており，変態後に上陸する両生類の数の増減はその捕食者である爬虫類相にも影響を与えると指摘されている。

　近年，水田を二次的な湿地環境ととらえ，魚類や両生類の保全に役立てようという動きがある。しかし，北海道では乾田がほとんどで，水田への灌漑は雪解け増水の収まる5月中旬以降に始まる。このため，雪解け期に早々と

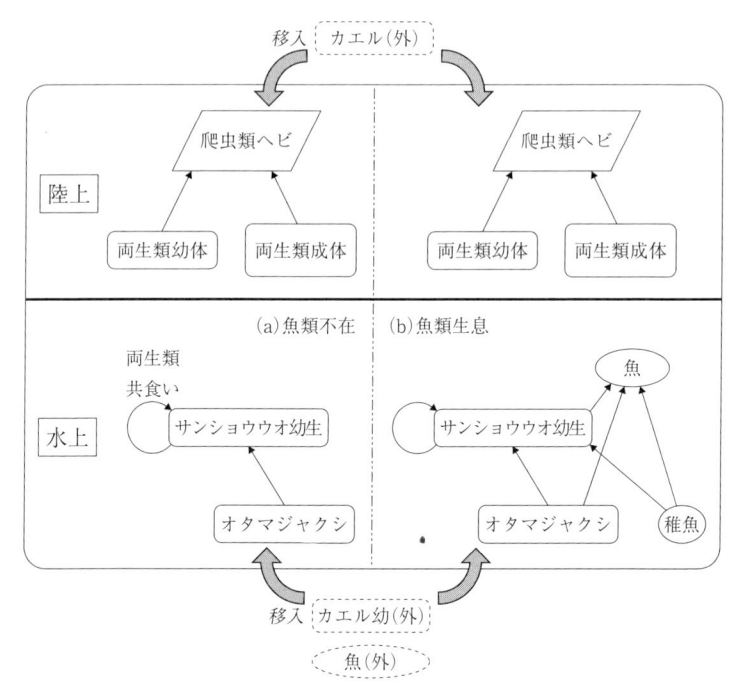

図6　北海道の湿地における魚類の有無と水辺動物の相互作用。外来種の移入は直接的あるいは間接的に水辺動物の相互作用を大きく変化させる。
　　　食べる側←食べられる側

産卵するエゾサンショウウオやエゾアカガエルは乾田を利用することがほとんどない。在来種では産卵期が少し遅いニホンアマガエルだけが灌水後の水田を利用している。その一方，石狩平野では水田でも産卵する国内外来種のトノサマガエルやアズマヒキガエルが急増している。また，魚類では水田を利用する在来種はほぼドジョウに限定される。北海道の湿地に特徴的なヤチウグイ，エゾホトケドジョウおよびトミヨ淡水型といった魚類は抽水植物が生育する土水路や溜池を好み，水田内に積極的に進入することはあまりない。直射日光が当たる水田の水温は 30℃ を超えることも珍しくなく，これが冷水性の在来魚の水田の利用にブレーキをかけている可能性もある。

　本州では沖積平野や氾濫原の開発の歴史は長く，大きな湿原はほとんど残っていない。扇状地や氾濫原にある湧水池は地域の生活を支える貴重な水源(泉)として維持されてきたため，水生植物の繁茂する池や小川には湿地性の魚類や両生類が残ってきた。また，本州では灌漑時期と梅雨による多雨期が重なるため，元々湿地に生息していた動物が水田や水路を湿地の代替環境としてうまく利用してきた。競争する種も多いため，他の動物が利用していない資源を使う生態をもつものもいる。例えば，コイ科のタナゴ類のように淡水二枚貝を産卵基質とする種には，北海道の湿地は在来種が利用していない淡水二枚貝という資源を独占できる別天地に見えるだろう。地史的に北海道と本州が長く海峡で隔てられてきたことが，在来種を競争相手の少ない環境下で守ってきたといえる。裏を返せば，北海道の湿原と人為的な影響を受けてできた二次的な湿地には，外来種が有利に使える空いたニッチ(生態的地位)がたくさん残っていると言え，近い将来に外来種の拡散を抑制する対策が必要になってくるだろう。

[参考文献]

Granado-Lorencio, C., Serna, A. H., Carvajal, J. D., Jimenez-Segura, L. F., Gulfo, A., and Alvarez, F. 2012. Regionally nested patterns of fish assemblages in floodplain lakes of the Magdalena river (Colombia). Ecology and Evolution, 2(6): 1296-1303.

小疇　尚・野上道男・小野有五・平川一臣(編). 2003. 日本の地形 2 北海道. 359pp. 東京大学出版会.

Ravkin, Yu. S., Bogomolova, I. N., and Chesnokova, S. V. 2010. Amphibian and Reptile Biogeographic Regions of Northern Eurasia, Mapped Separately. Contemporary

　　Problems of Ecology, 3(5): 562-571.
佐藤孝則・松井正文(編). 2013. 北海道のサンショウウオたち. 258pp. エコ・ネットワーク.
渡辺勝敏・高橋　洋(編). 2010. 淡水魚類地理の自然史―多様性と分化をめぐって. 283pp.
　　北海道大学出版会.

早春にため池の湿地に産卵に集まったエゾアカガエル

12
鳥　類

玉田克巳

鳥類の生息地としての湿地

　ラムサール条約（25 章参照）の正式名称は「特に水鳥の生息地として国際的に重要な湿地に関する条約」である。正式名称からわかる通り，湿地が鳥類の生息地として重要な地域であることは明らかである。正式名称に出てくる「水鳥」とは，水辺に生息する鳥の総称である。辞書には，「俳句の世界では鴨，鳰（カイツブリ），千鳥，都鳥，鵞鳥（ガチョウ）などが入る」とあるので，カモ，カイツブリ，シギ，チドリなどの仲間，そしてサギ，ツル，クイナの仲間などということになるだろう。カモ，カイツブリ，サギの仲間は，主に湖沼や浅海域に生息するものである。シギやチドリの主な生息地は干潟などである。そしてツルやクイナの仲間の主な生息地が湿原ということになるだろうか。しかし湿地の概念が幅広いことから，湿地を主な生息地にしているのは水鳥だけではない。湿原と呼ばれる地域には，フェンやボッグなどに区分される湿生草原が含まれるので，湿原はノビタキ，ノゴマ，コヨシキリ，マキノセンニュウといった草原に棲む小鳥，いわゆる草原性鳥類の重要な生息地でもある。草原性鳥類といえば，ヒバリのように，牧草地や麦畑といった耕作地に生息しているイメージがある。しかし，耕作地は人工的に作り出された環境である。草原性鳥類の本来の生息地は自然草原であり，湿生自然草原などから構成される湿原も重要な生息地であると考えることができる。

　さらに，多くの湿原の周囲では乾燥化にともなってハンノキ林の面積が拡大していることが懸念されているが，ハンノキ林の林床にもヨシが茂り，地面が冠水しているところがたくさんある。この辺まで湿地という概念を拡大すると，多くの森林性鳥類も湿地に生息していることになる。特にアリスイというキツツキの仲間は，図鑑などには平地の疎林や低木林に生息すると書かれているが，実はハンノキ林やヤナギ林でよく見かける種である。アリス

イにとってはハンノキ林が主要な生息地になっている可能性がある。湿地の保全を考える上では，ハンノキ林は草原環境を守るために拡大させたくない環境ととらえることが多い。しかし，ハンノキ林を好む動植物もいる。動植物の生息・生育環境としての視点からハンノキ林の価値を評価するような研究はまだ途上であると思う。

シマアオジの生息地としての湿原

　シマアオジは，かつて北海道の草原を代表する鳥類のひとつであった(図1)。オスは，頭から背中，腰にかけては茶色，顔は黒色，胸から腹部にかけては鮮やかな黄色である。メスは頭や顔の色はオスとは異なるものの，胸から腹部にかけては，やはり鮮やかな黄色である。草原に棲むこの鳥は，かつては牧草地，海岸草原，湿生草原など，いたるところに生息していた。オレンジがかった黄色の花をつけたゼンテイカにとまった写真などをよく見かけたものである。つまりゼンテイカが生えるような湿生草原に生息していたということである。減少が始まったのは 1990 年代である。根室市 春 国岱原生野鳥公園ネイチャーセンターがオープンしたのは 1995 年 4 月である。開館の 1 年前から準備のために根室に赴任したレンジャーが，春国岱の過去の鳥類相データと向き合って，春国岱にシマアオジがいなくなっていることに気がつく。根室はバードウォッチャーが多い地域であるが，揃って「シマアオジを見かけなくなった」と実感していた。科学的なデータを揃えていく必要性があることから，レンジャーたちは，1995 年と 1996 年に春国岱において，ラインセンサス* という方法で繁殖期である 6 月と 7 月に鳥類の生息状況調査を実施して，同様の調査方法で実施された 1983 年の調査結果と比較してみた。1983 年には普通に生息していたシマアオジが，すでに春国岱から姿を消してしまっていた。これが，シマアオジの減少を明らかにした最初の研究である。

　北海道には日本野鳥の会の支部が 15 支部あり，昔からいろいろな形で道内支部の集まりがあった。日本野鳥の会北海道ブロック支部連絡協議会もそのような集まりのひとつであり，道内支部の情報交換の場でもある。この協

図1　シマアオジ（今堀魁人氏提供）

議会で，シマアオジの減少についてたびたび議論されてきた甲斐があって，道内のバードウォッチャーたちはシマアオジの減少に関心が高く，各支部の支部報を紐解くと，生息情報が比較的たくさん残っている。アカモズ，アカショウビン，ウズラなど，道内で近年減少が危惧されている夏鳥は少なくないが，生息情報に関する記録の充実さを見ると，やはりシマアオジの記録は多いと感じる。

　さて，道内各地で姿を見なくなったシマアオジであるが，2015年の繁殖期に確実な観察記録があった場所は道内では1か所だけである。「○○にいたらしい」という情報も少しはあるが，いつ，どこで，誰が見たのかという客観的な観察記録にはなっていないし，繁殖していたのかどうかもよくわからない。2000年頃までにはすでに各地で姿を消していたが，2000年代に姿を消した主な場所を紹介すると，札幌市福移では2001年に北海道野鳥愛護会の探鳥会で確認されたのが最後である。ウトナイ湖北岸では2003年には観察記録があるが，それ以降の探鳥会でも記録がない。野付半島では2003年に観察記録があるが，これ以降の観察記録がない。標津湿原では2005年まで確認できたが，これ以降確認できなくなった。コムケ湖では2007年頃

から確認できなくなったらしい。江別市の牧草地では 2007 年から確認できなくなった。十勝地方の池田町の牧草地では 2011 年から確認できなくなっている。このほかにも 1990 年代後半に，探鳥会や熱心なバードウォッチャーの方たちの観察記録から消滅年代がはっきりしている地域は比較的たくさんある。ここで注目したいのは，比較的最近まで観察記録のあった場所の環境である。江別市と池田町は牧草地であるが，この 2 か所を除くと，最近までシマアオジが生息していた場所は，ミズゴケ類が生えているようなボッグや，湖沼や河川の周辺に発達した湿生草原である。バードウォッチャーたちの眼が，比較的鳥が多い湿原域に向いていた可能性はあるものの，シマアオジが 2000 年代まで観察されていた場所の多くが湿原と呼ばれる湿生の草原であった。

　2015 年にドイツの研究者が米国の科学雑誌に，北海道も含めたユーラシアに広く分布していたシマアオジが，世界的に減少しており，その原因究明としてモデル分析を行って，中国南部での密猟がもっともよく説明できるという内容の論文を発表した。1990 年代前半までは，中国でシマアオジを食べるお祭りがあったが，1990 年代後半に捕獲が禁止され，最近では中国政府も密猟の取り締まりに力を入れているという動きが出ている。現在，北海道のシマアオジの生息状況は，まさに風前の灯のような状態である。このまま絶滅してしまう可能性は否定ができない。しかし，もし中国を含む東アジアの国々が協力する体制を組み，保全策が講じられ，個体群が回復する際には，最近まで生息していた各地の湿生草原が本来の生息地として重要であると思われる。

湖沼と田んぼという湿地を巧みに使い分ける石狩地方のアオサギ

　北海道には，いわゆるシラサギと呼ばれるダイサギ，チュウサギ，コサギ，アマサギ，カラシラサギなどの白いサギ類はまれな夏鳥や迷鳥であり，飛来数が少ない。最近ダイサギの飛来数がやや増加しているようであるが，白いサギ類の繁殖は確認されていない。水辺に普通に生息しているサギ類はアオサギだけである(図2)。

図2　アオサギ(今堀魁人氏提供)

　一方で，北海道の基幹産業は農業で，耕作地面積は全国の1/4を占める農業王国である。そして北海道の農業は地域によって特色が大きく異なる。東部の根釧地方や北部の宗谷地方は気候が冷涼で，酪農が盛んであり，十勝地方やオホーツク地方では畑作が盛んである。そして石狩，空知，上川，胆振などの地域では米作が盛んに行われている。北海道は，作付面積，収穫量ともに新潟と1位，2位を競う米どころであり，石狩，空知地方には広大な水田地帯が広がっている。

　この水田が広がる石狩地方で，アオサギの生態を調べてみた。水田，畑などが広がる農村地域に81 kmの調査路を設定して，定期的に車で低速走行しながらアオサギの飛来数の季節変化を調べた(図3)。また周辺の4つの湖沼においても，観測定点を設定してアオサギの飛来数を調べた。北海道には越冬するアオサギが少数いるが，大半は夏鳥で，3月中下旬に飛来する。調査を始めた4月には，アオサギは湖沼や河川を利用しており，田んぼにはいなかった。この時期はほとんどの田んぼには，まだ水が張られていなかった。田んぼで湛水が始まるのは5月上旬で，田植えが始まるのは6月上旬であるが，この時期にもまだほとんどのアオサギは湖沼や河川を利用していた。し

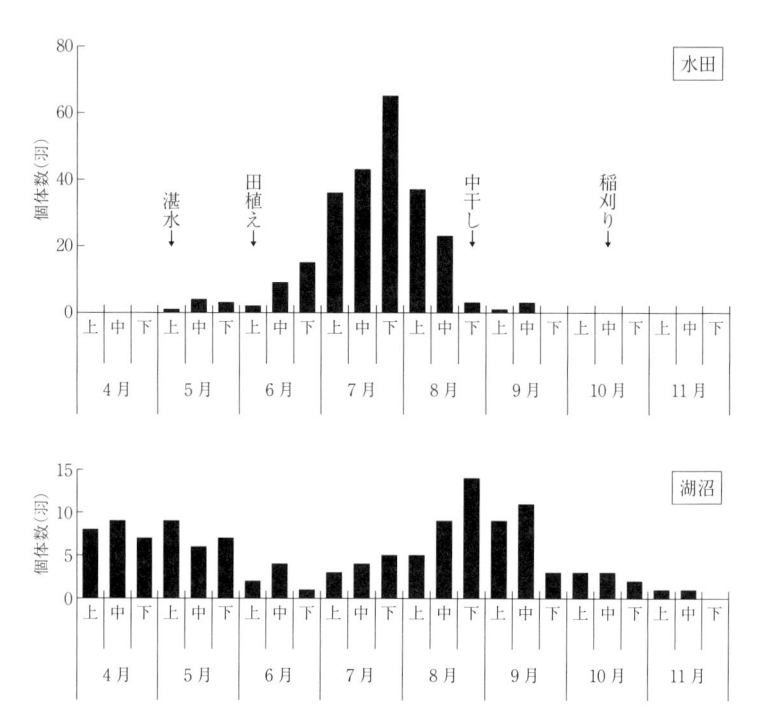

図3 水田と湖沼で観察されたアオサギの個体数変化（Tamada, 2012を一部修正）

かし，6月中旬になると田んぼではアオサギの飛来数が増加して，7月下旬にもっとも多くなった。そして8月上旬から飛来数が徐々に減少して，中干しが始まる8月下旬以降，田んぼではアオサギがほとんど見られなくなった。一方で湖沼では，6月上旬からアオサギの飛来数が減少して，8月上旬まではあまり多くなかったが，8月上旬から増加して，9月中旬まで多くのアオサギが湖沼や河川を利用していた。9月下旬以降，湖沼や河川でも観察できるアオサギの数は減少し，11月下旬には見られなくなった。

　ではアオサギは湖沼や水田で何をしているのであろうか。湖沼と田んぼで，採餌しているアオサギの行動を調べてみた。この結果，湖沼では季節に関係なく，主に魚を獲っていた。捕獲した魚は10 cm以下の小さなものが多く，1回の餌を獲るのに要する時間は5〜8分であった。これに比べて，田んぼをよく利用する6月中旬〜8月中旬に，田んぼで採餌していたのは，ほとん

どがニホンアマガエルのオタマジャクシであった。北海道ではトノサマガエルは国内外来種で，最近各地で目撃されるようになっているが，調査では，トノサマガエルは確認されなかった。1回の餌を獲るのに要する時間は平均で24秒であったが，短いときには数秒ごとに捕獲しているような場合もあった。さらに田んぼの畦を歩きながらオタマジャクシの発生状況を調べてみると，田植えの始まる6月上旬にはオタマジャクシは確認できず，6月中旬からわずかに確認できたが，それから急激に増えることが確認できた。

　この一連の調査からわかってきたことは，石狩地方のアオサギは，夏鳥として3月中下旬に飛来するが，飛来当初は，湖沼や河川を利用している。そして，田植えが始まると，ニホンアマガエルの産卵が始まると考えられる。孵化したオタマジャクシが少し大きくなる6月下旬になると，アオサギは採餌場所を湖沼から水田に移し，餌場として利用するようになる。田んぼの中干しが始まりオタマジャクシが利用できなくなると，再び湖沼や河川を利用するようになる。北海道では，アオサギは4月上旬から抱卵が始まり，6月上旬にヒナが巣立つ。石狩地方では，水田のオタマジャクシは，巣立ち前後のアオサギのヒナにとって重要な餌資源になっているものと考えられる。このように季節によって利用できる餌資源を巧みに変えながら，湖沼や水田で生活していることが明らかになった。

［参考文献］

藤巻裕蔵. 2012. 北海道鳥類目録 改訂4版. pp.78. 極東鳥類研究会. 美唄.

Kamp, J., Oppel, S., Ananin, A. A., Durnev, Y. A., Gashev, S. N., Hölzel, N., Mishchenko, A. L., Pessa, J., Smirenski, S. M., Strelnikov, E. G., Timonen, S., Wolanska, K., and Chan, S. 2015. Global population collapse in a superabundant migratory bird and illegal trapping in China. Conservation Biology, 29: 1684-1694. DOI: 10.1111/cobi.12537

川崎慎二・加藤和明・樋口広芳・高田令子. 1997. 北海道東部・春国岱の繁殖期の鳥類相の変化. Strix, 15：25-38.

Tamada, K. 2012. Seasonal change in habitat use by Grey Herons in a rural area of western Hokkaido. Ornithological Science, 11: 95-102.

Tamada, K., Tomizawa, M., Umeki, M., and Takeda, M. 2014. Population trends of grassland birds in Hokkaido, focussing on the drastic decline of the Yellow-breasted Bunting. Ornithological Science, 13: 29-40.

コラム③
湿地と外来種

桑原禎知

　北海道の湿地でも外来種が目立つようになってきた。かつては食料資源として放流される魚が中心であったが，最近は学校や家庭で飼育されていたペットの放逐が疑われる事例が増え，緑地や親水公園の池や水路でしばしば発見される。そもそも，湿地への外来魚種の導入は，元田によると1876(明治9)年に本州由来のコイやフナが水産資源として放流されたのが始まりで，今では道内各地の湖沼や河川で普通に見られる魚になってしまった。北海道にいる外来生物をまとめた「北海道ブルーリスト2010」に記載され，生態系への影響が懸念されているコイが道庁などの公共施設の池で群泳している姿には違和感を覚える。道内の湿地には，小型魚ではゲンゴロウブナ，モツゴ，タモロコ，タイリクバラタナゴなどが，大型魚では魚や両生類を食べるナマズやカムルチーが定着している。2000年代には南幌町や七飯町大沼でのブラックバスの発見と駆除が大きく報道された。その一方で，遊漁放流に混ざって入る外来の雑魚や在来種であっても離れた地域の系群の移植は野放図に行われている。魚のほかに両生類のカエル，爬虫類のカメ，甲殻類のザリガニやヌマエビの外来種が見つかっている。北海道の湿地に元々生息していた動物への影響に関心を向けられることもなく，それらは外来種にひっそりと侵食されつつある。

　　図1　左：札幌市内の公園の池は小型の外来魚ばかりだった。右：成長したコイ

［参考文献］
元田茂．1950．北海道湖沼．水産孵化場試験報告，4(3)：1-96.

13
外来生物問題
湿地の新しい住人と人間の付き合い方を考える

大澤剛士

　これまで述べられてきたように，陸域と水域の境界に形成される湿地は，さまざまな生き物を育む貴重な環境である。だが同時に，湿地は開発等により世界でもっとも急速に失われている環境であり，さらにはさまざまな外来生物による脅威にもさらされている。これまで行われてきた研究によって，一部の外来生物は湿地および周辺環境に対していろいろな問題を引き起こし，さらには湿地に成立している生態系そのものを改変する場合があることも明らかになってきた。ここでは，湿地における外来生物問題に焦点を当て，それがもたらす被害および対策の現状と管理の重要性についての解説を通し，外来生物と人間が今後どう付き合っていくかを考えたい。

外来生物とは

　外来生物は，広義には人為，自然問わず本来の生息場から移動してきた生物一般を指す。これには国外から人為的に持ち込まれた生き物全般を意味する場合や，国内に生息する種であっても，本来は生息しない場所に移動されたものを含める場合があるが，ここでは，「特定外来生物による生態系等に係る被害の防止に関する法律」(以下，「外来生物法」)という法律に従い，明治時代以降，外国から持ち込まれた生物を外来生物として扱う。「外来生物法」は，外来生物による農林水産業，自然環境，人への悪影響を防止し，国民生活の安定向上を目指した法律で，それら悪影響を及ぼすと考えられる外来生物を「特定外来生物」に指定し，その移動，飼育などを禁止し，積極的な駆除を推奨している。「外来生物法」は，2016 年 11 月現在で 132 種を特定外来生物に指定している。

何が問題なのか

　外来生物法では，外来生物がもたらす被害として農林水産業，自然環境，人への悪影響という３つをあげているが，ここでは農林水産業，自然環境への影響に絞り，どんな問題が起きているのか，いくつか具体例を紹介する。

　農林水産業への被害については，いわゆる農業雑草を思い浮かべてもらうことがもっとも理解しやすい。雑草学において「雑草」は，農作物以外の植物で，農作物に直接的，間接的な被害をもたらす植物全般を呼ぶが，これらに外来生物が含まれるようになったと考えればよい（もちろん外来生物には植物以外も含まれるが）。雑草は農作物との競争などによる収量の低下をもたらし，それらを除去するために大きな労力が必要になる農業活動の敵である。例えばウリ科のつる性植物であるアレチウリは，河川敷で大繁茂し，河川流水に従って分布を広げている。このため，河川敷の近くに存在する農地に容易に侵入し，飼料畑や大豆畑において壊滅的な被害をもたらす（図1）。ヒユ科植物であるナガエツルノゲイトウは，茎の下部が水没するような湿った環境を好み，湿地において大繁茂するため，水田に入り込むと田面を覆ってしまうこともある（図2）。収量の低下だけでなく，農業施設への悪影響といった間

図1　宮城県の河川近くにある大豆畑で大繁茂するアレチウリ

図2　水面を覆ってしまうほどに繁茂するナガエツルノゲイトウ
（西廣淳氏提供）

図3　用水路を完全に覆ってしまうオオフサモ

接的な被害をもたらすものも存在する。抽水性という生活形を示す水生植物＊のうちの一種で，茎または葉を水面上に伸ばし，根を水面下に張り巡らせるアリノトウグサ科オオフサモは，農業用水路に侵入して水面を完全に覆ってしまうため，利水上の問題を発生させるとともに，切れ端や枯れ草が取水口を詰まらせてしまうことがある（図3）。淡水生の二枚貝であるカワヒバリガイは，オオフサモ同様，その殻が農業用水路などの導水路などを詰ま

図4　管理用水路の壁面を覆ってしまうカワヒバリガイ（伊藤健二氏提供）

らせる，壁面を覆って施設の管理作業を妨げるなどの問題を引き起こしている（図4）。

　自然環境への被害は，農業被害に比べて定量的な把握や評価が難しいが，在来種の駆逐や環境の改変が主な問題となる。キク科草本植物のオオハンゴンソウは，園芸目的で持ち込まれたものが野生化したと考えられており，湿地だけでなく，道路傍，森林の林床などで大繁殖している。ヒマワリにも似た黄色い特徴的な花を咲かせ，有名なテレビドラマである「北の国から」にも登場しているため，見たことがある方も多いのではないだろうか（図5）。本種はすでに北海道〜九州まで全国各地に広く侵入し，大群落を形成して在来種の生息場を奪い，地域の生態系を脅かしている。その群落は美しいものであるが，その旺盛な繁殖力と強い生命力によって駆除が難しく，その対応に各地で苦慮している。湿地や湖沼，水路などに広く生息し，人間にとって身近な生き物であるアメリカザリガニも，近年になって在来種の捕食をはじめ，深刻な生態系被害をもたらしていることが知られるようになった（図6）。北海道，東北を中心に分布を広げているウチダザリガニは，日本固有のニホ

図5　美しい花を咲かせるオオハンゴンソウ

図6　身近な生き物であるアメリカザリガニ(佐々木宏展氏提供)

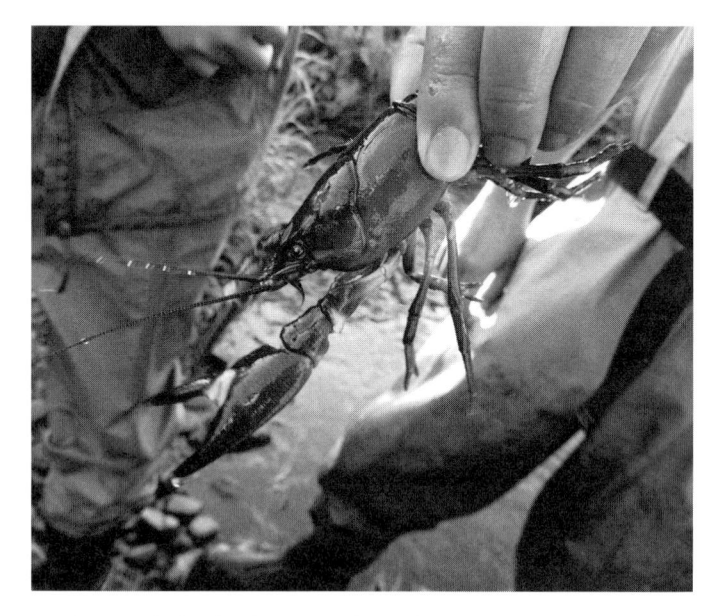

図7　北海道, 東北を中心に分布を拡大しているウチダザリガニ
　　（小泉逸郎氏提供）

ンザリガニと競争している可能性が指摘されている（図7）。これら外来ザリ
ガニは, ため池などの湿地に侵入すると, その場にある水生植物を切断し,
数年の間に消失させてしまうのだが, これは水生植物自体の消失だけが問題
ではなく, とんでもない波及効果をも引き起こす。それは, 生態系そのもの
の改変である。最近の研究によって, 水生植物の消失に続いて, それを隠れ
家や産卵場所として利用するトンボや小魚の消失を起こし, さらにそれら小
動物を餌とする中〜大型の動物に影響するというように, 階段を下り落ちる
ような波及効果が起こり, 外来ザリガニの侵入後数年で, その場所の生物相
ががらりと変化してしまうことが明らかになってきた。こういった環境その
ものを改変する外来生物をエコシステム・エンジニア（生態系改変者）と呼び,
改変された生態系をノベル・エコシステム（改変された生態系）と呼ぶ。一度ノ
ベル・エコシステムに改変された生態系は, 仮にエコシステム・エンジニア
を排除したとしても, 簡単に元には戻らないことが知られている。特定の生

物群が衰退するだけでなく，それにともない一見無関係な生物にまで影響が波及するという現象は予測が難しく，一度それが起こってしまった後の被害は深刻である。

行われている対策

　外来生物は，一度侵入・定着してしまった後にそれを排除することは極めて困難であり，もっとも効果的な対策は，侵入そのものを防ぐことである。とはいえ，国際貿易や海外旅行が活発な昨今，外国から持ち込まれる生物は，毎年数千種とも数万種ともいわれており，すべての侵入を防ぐことは現実的に不可能である。侵入した後に大きな被害をもたらすことが予想される種を事前に把握し，特に注意を払って侵入を防ぐことは，ひとつの現実的で実効性がある対応である。2015年3月に環境省と農林水産省は，生物多様性*保全に向けた具体的な取り組みを推進することを狙い，「我が国の生態系等に被害を及ぼすおそれのある外来種リスト」(以下，「生態系被害防止外来種リスト」)を公表し，幅広い注意喚起を開始した。このリスト自体に法的な強制力はないが，リストに記載されている種はそれぞれ，侵入後に甚大な悪影響を及ぼすことが予想されるものであり，警戒すべき外来生物として広く認識されることが望まれる。

　侵入そのものを防ぐ，いわゆる水際防衛と同時に，すでに侵入してしまった生物の駆除など，管理行為も各地で実施されている。侵入を防げなかった場合，可能な限り侵入初期に駆除を行うことが次善の対応となる。2015年12月に，北米原産の鳥類である特定外来生物カナダガンの根絶を達成したという報道が環境省よりなされた。これはカナダガンが定着し，その個体数や分布域が拡大した後に起こりうる被害を重く見た地域の調査グループおよび環境省が，集中的に駆除努力を投入した成果である。とはいえ，外来生物に限らず，環境への悪影響に対する対策は，何かしらの被害が確認されないと実施されない場合が多い。例えばアレチウリは，甚大な農業被害をもたらすことが明らかになった後に，研究によって有効な除草剤の種類と使用方法が確立され，農薬として利用可能になった(農耕地で利用できる除草剤は，農薬取

締法に基づき，国の審査を受けて登録されたものに限る）。オオハンゴンソウは，特定外来生物に指定された後に活発に研究が行われ，有効と思われる管理方法をまとめた駆除マニュアルが作成された。これら確立された道具や手法を利用し，各地の国立公園等の自然公園において，公園管理業務の一部としてボランティア組織や民間業者による外来植物の駆除活動も積極的に行われるようになってきた。しかし，実際に駆除等の管理労力に投入できる人的，金銭的な資源は非常に限られており，管理が対象種の増加に追いついていないのが現状である。さらに大規模な管理努力，例えば大勢の人が入り込むことによって環境に負荷を与える，あるいは靴や服に付着した植物の種子や小動物などが新たに持ち込まれるという懸念もあり，侵入・定着した後の管理活動は困難を極める。

　これまで述べてきたように，一般にすでに起こってしまった悪影響を軽減，あるいは除去することは極めて困難であり，それが起こる前の予防措置や早期対応に向けて準備をしておく方が，長い目で見ると被害を最小限にできると考えられる。予防措置や早期対応の実現に向けた対応として，外来生物が侵入しやすい場所や，侵入した後に甚大な被害が起こる場所を事前に予測し，そこに予防措置を講じるという考え方が広がりつつある。例えば先述のカワヒバリガイは，幼生のときに水中で浮遊生活を送るため，侵入した後の分布拡大は流水に従うと考えられる。この性質を利用し，河川の流水方向から同種の分布拡大を予測し，今後侵入する可能性が高い場所を地図化して警戒を強めるという研究がなされている（図8）。同様の考え方は近い生態をもつ水生生物はもちろん，河川敷に繁茂するアレチウリなど，流水で分布を拡大する外来植物にも適用できるため，現在も関連研究が進められている。

　他方，すでに侵入・定着してしまった地域において，どの場所に管理労力を集中すべきかを検討する取り組みも増えてきた。例えば保全上重要な場所を事前に決定し，その周辺において集中的な駆除を行う，または現在の分布域を起点に，ほかの場所へ分布を拡大しやすい場所や分布拡大の最前線である場所を優先的に駆除するなど，管理労力を効果的に配分する計画の立案に関する研究がこれに該当する。こういった事前予測や計画立案と，管理活動の実践をワンセットで進めることによって，被害を最小限に抑えられるよう

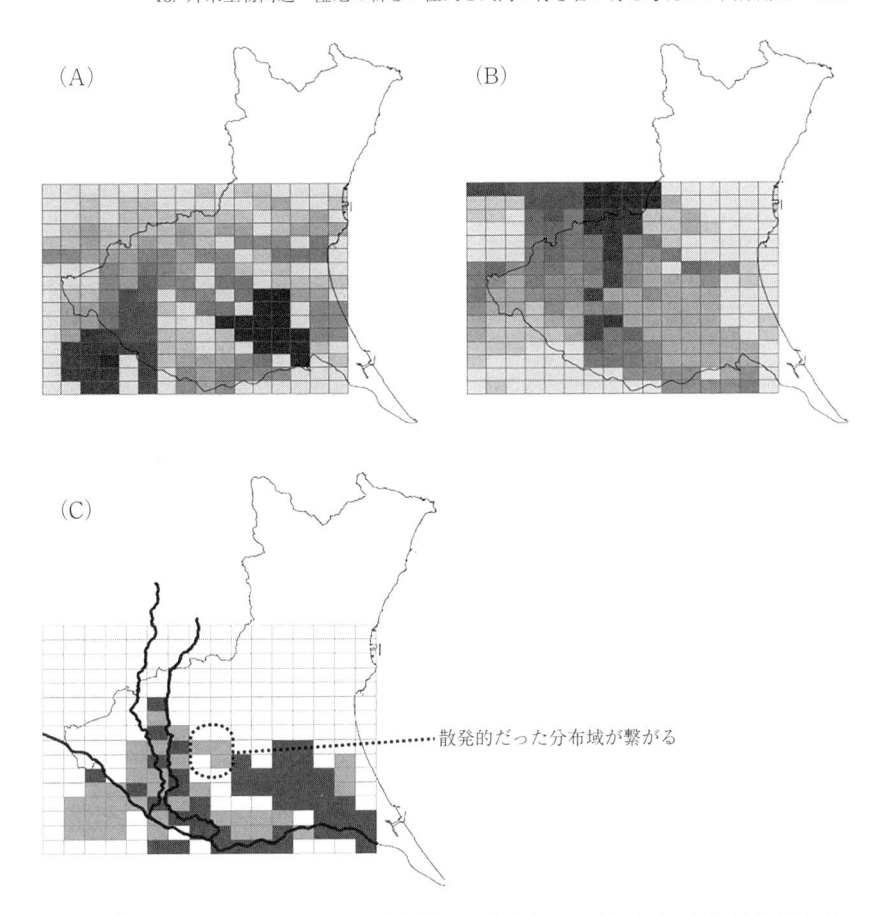

図8　数値シミュレーションによって茨城県におけるカワヒバリガイの分布拡大を予測したもの（Osawa and Ito, 2015 を改変）。(A)色が濃いほど侵入されやすいことを意味する。(B)色が濃いほど，その場所から拡大できる範囲が広いことを意味する。(C)現在分布からの拡大を予測した結果。濃い色が現在の分布範囲を，薄い色がシミュレーションにより侵入が予測された範囲を示す。

になると期待されている。

利益と被害のバランス

　ここまで外来生物による悪影響と対策を中心に述べてきたが，ここでひと

図9 牧草の多くは外国から持ち込まれた種が使われている(江川知花氏提供)。

図10 外来牧草は利用している間は有用資源だが,管理放棄されると問題生物になる場合がある(江川知花氏提供)。

つ立ち止まって考えてもらいたい。外来生物は，「人の手によって持ち込まれた」生物である。つまり，一部の外来生物は，人間生活を豊かにすることを目的に，意図的に持ち込まれたという過去をもつ。オオハンゴンソウは園芸目的で持ち込まれたものであるし，我々が日常的に食している野菜や果物の多くも，もともとは外来生物であったといってもよい。もちろん近年の国際貿易などの影響により，意図せず多くの外来生物が侵入してきてさまざまな悪影響をもたらしていることは事実だが，外来生物＝悪と短絡的に考え，常に駆除を考えるのではなく，得られる利益と被る被害を勘案し，「うまい」つき合い方を考えていくことも必要である。

　北海道では，ケンタッキーブルーグラスやチモシーなどの外来牧草が酪農や畜産に多大な貢献をしているが，同時に放棄された放牧地からこれらが逸脱し，湿地に侵入して在来種に悪影響をもたらす可能性も指摘されている。しかし，これら外来牧草の利用を禁止してしまったら，酪農や畜産に大打撃を与えることはいうまでもない。湿地の生き物ではないが，セイヨウオオマルハナバチが在来のマルハナバチ類に悪影響を及ぼしていることは広く知られるようになったが，トマトの栽培における労力削減に多大なる貢献をしていることは無視できない。これら有用な面は最大限に発揮し，負の側面を最小限にできるような管理手法を確立し，それを徹底することが外来生物との正しいつき合い方のひとつであろう。実際，先述の生態系被害防止外来種リストにおいても「産業管理外来種」という，産業上重要で，適切な管理下で利用していくべき種が複数挙げられている。繰り返しになるが，重要なのは，利益と不利益を勘案し，実現可能性が担保された利用方法，管理手法およびそれらを包含した全体計画を確立し，それを実行に移すことである。ただし，先述した生態系への波及効果などのように，予想できない事態が起こる可能性を考慮し，柔軟に対応できる体制を保険的に確立しておくことも必要である。

今後の展望

　ここでは，外来生物がもたらす問題と，管理の重要性について述べてきた。

外来生物は生態系や産業に様々な悪影響をもたらすと同時に，人間生活を快適にしてくれる面ももつという，正負両面をもった存在である。これと将来にわたり，どう「うまく」付き合っていくかは，生物学や環境科学のみの視点ではなく，さまざまな研究分野，社会経済など，皆で考えていくべき課題である。湿地と人間のつき合い方は時代とともに変わってきたが，生き物と人間のつき合い方の変化も大きな要素のひとつである。外来生物と人間のつき合いは，生き物と人間の関係が変化したひとつの顕著な例といってよいだろう。現在では重要な生態系と呼ばれている湿地も，かつては利用価値がない土地と呼ばれていた時代があった。本章が外来生物の問題を考える機会となり，湿地と人間のこれまでとこれからのつき合い方について再考するきっかけとなれば幸いである。

［参考文献］

赤坂宗光・五箇公一. 2012. 外来種のマネジメント. エコシステムマネジメント（森　章編）, pp. 98-123. 共立出版.

環境省外来生物法. https://www.env.go.jp/nature/intro/1outline/list.html

大澤剛士・赤坂宗光. 2013. 現場で使える研究成果とは？　研究成果を現場に届けるために必要なことを考える. 雑草研究, 58(1)：22-28.

Osawa, T. and Ito, K. 2015. A rapid method for constructing precaution maps based on a simple virtual ecology model: a case study on the range expansion of the invasive aquatic species *Limnoperna fortunei*. *Population Ecology*, 57(3): 529-538.

Osawa, T., Okawa, S., Kurokawa, S., and Ando, S. 2016. Generating an agricultural risk map based on limited ecological information: a case study using *Sicyos angulatus*. 45(8): 895-903.

コラム④
石狩平野で起こったトノサマガエルの反乱

高井孝太郎

　石狩平野では今，トノサマガエルが反乱を起こしている。北海道にはもともといないトノサマガエルが侵入し，分布を広げ，在来の生態系に影響を与えている。一方で故郷では数を減らし，絶滅の危機にある。増えてほしいところでは減り続け，減ってほしいところでは増え続ける。ここではそんなトノサマガエルの悩ましい現状について紹介する。

　本来，トノサマガエルは関東地方から仙台平野を除いた本州一帯，九州，四国（海外では中国，朝鮮半島，ロシア沿海州）に分布しているカエルである。日本最古の漫画といわれている鳥獣戯画にはトノサマガエルが相撲をとったり，踊ったりしている姿が描かれており，水田を代表するカエルとしてもなじみのあるカエルである。

　しかし近年，トノサマガエルはその数を減らしている。国際自然保護連合では準絶滅危惧種に指定されており，国内のレッドリストでも 2004 年に準絶滅危惧種に指定されてしまった。都道府県ごとのレッドリストでも多くの県で名があがっている。特に神奈川県や長崎県，福岡県では絶滅危惧Ⅰ類に指定されている（2016 年現在）。絶滅危惧Ⅰ類といえば，イリオモテヤマネコやヤンバルクイナと同じランクである。

　このように，トノサマガエルは多くの地域で勢力を縮小しているが，世界で唯一，石狩平野で勢力を拡大させているのである。

　石狩平野は彼らの本来の生息地ではない。石狩平野のトノサマガエルは何者かの手によって放たれてしまった外来種である。本来の生息域の DNA と北海道の個体の DNA を比較したところ，北海道のトノサマガエルは中部，近畿，山陰・山陽地方が由来であることがわかった。1997 年に北広島市にて報告されたトノサマガエルの分布域は 10 年後には周辺市町村に広がり，今も勢力を拡大させている（図1）。いまや北海道大学構内や札幌市近隣の自然公園，さらにはラムサール条約（25 章参照）に登録されている宮島沼周辺の水田でも見つかっている。トノサマガエルの侵入によって，同じ場所に住む在来種のニホンアマガエルや餌となっている生物が減るなど，石狩平野に元からあった生態系に影響を与えている可能性もある。

　北海道では外来種として猛威を振るうトノサマガエルだが，元の生息地では前述のように数が減っている。石狩平野でトノサマガエルがどのようにして勢力を拡大しているのか。この反乱のメカニズムを理解することができれば，石狩平野での反乱の平定のみならず，数を減らしている元の生息地へ適用することにより，元の生息地で追いやられているトノサマガエルの救いになる。

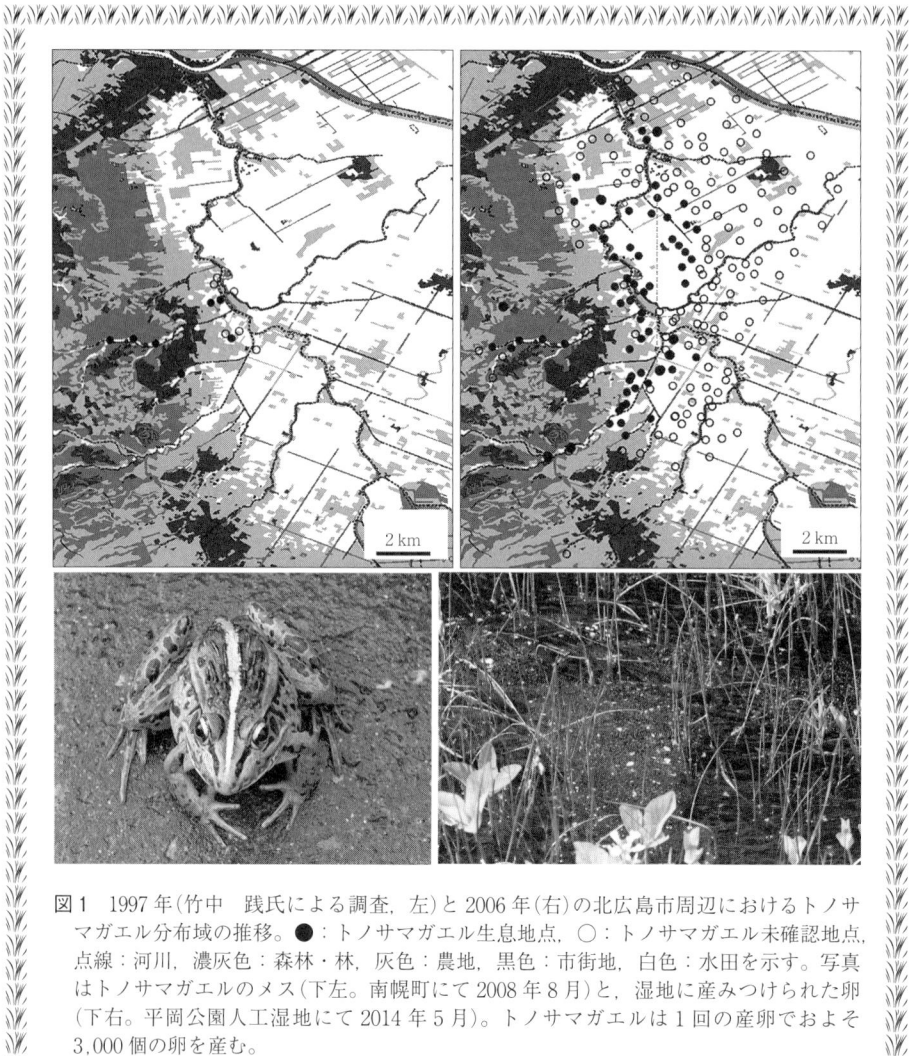

図1　1997 年(竹中　践氏による調査，左)と 2006 年(右)の北広島市周辺におけるトノサマガエル分布域の推移。●：トノサマガエル生息地点，〇：トノサマガエル未確認地点，点線：河川，濃灰色：森林・林，灰色：農地，黒色：市街地，白色：水田を示す。写真はトノサマガエルのメス(下左。南幌町にて 2008 年 8 月)と，湿地に産みつけられた卵(下右。平岡公園人工湿地にて 2014 年 5 月)。トノサマガエルは 1 回の産卵でおよそ 3,000 個の卵を産む。

コラム⑤
ハスカップ——湿原の利用の一例として

小玉愛子

　石狩低地帯南部に広がる，いわゆる勇払平野には，「ハスカップ」と呼ばれる木が多く自生している。「ハスカップ」の正しい植物名は，ケヨノミ（*Lonisera caerulea* ssp. *edulis*）と，ケヨノミの変種のクロミノウグイスカグラ（*L.c.* var. *emphyllocalyx*）である。スイカズラ科の低木で，千島，サハリン，シベリア東部，朝鮮半島北部，中国北部，モンゴル，ヨーロッパ北部に生育している。日本では，一部地域を除いて北海道の太平洋沿岸部や高山に生育し，特に勇払平野には広い自生地があり，湿原のミズゴケ群落や，ヤチヤナギやハンノキの低木林などでイソツツジ，ツルコケモモ，ヤチヤナギ，ヒメシロネ，ハンノキ，ヒメシダなどと一緒に生育している。春には 1 cm 程度のクリーム色の花をつけ，初夏になると小指の先ほどの大きさのやわらかい果実が青紫色に熟する。勇払平野や周辺地域に位置する苫小牧や厚真，千歳，遠浅などでは，この実を食べる風習が昔から残っている。「学校から帰ると，空き缶やアルマイトの弁当箱をもってハスカップを採りに行った」「子供の背丈と同じくらいの木の枝をのぞきこみ，宝探しのように実を探した」という思い出話も多くの方から聞くことができる。

　やがて，昭和 30〜40 年代（1955〜65 年）にかけて苫小牧港の掘削，東部地区の工

図1　ハスカップの花。2015 年 6 月 2 日

図2　ハスカップの自生地。勇払平野の一角にて 2016 年 7 月 8 日

場用地への転換・造成などの影響で，勇払平野の湿原や低木林は減少し，ハスカップの自生地のほとんどが消えていった。その一方で「ハスカップを残そう」という動きが起こり始め，移植や分譲，試験栽培が個人や企業の努力により行われている。やがて，昭和 50(1975)年代に入り，減反政策が積極的に推し進められると，千歳，厚真，美唄などでもハスカップの栽培や加工を積極的に進め，流通経路も次第に確立されていった。

今では「北海道のシンボル」として広く知られ，流通しているハスカップだが，そのルーツをたどると「生活のすぐ隣にあった，野生の果実」であった様子が浮かび上がってくる。

1986 年 9 月に「苫小牧市の木の花」として登録された「ハスカップ」だが，わずかに残されている湿原も生活圏から遠くなった今，「自生のハスカップ」を知る人は，これからも減っていくだろう。しかし，湿原のハスカップを利用し，移植し，栽培してきた人々の知恵と記憶は，我々に「湿原の潜在的な価値」の一例を示してくれているのではないだろうか。

湿地の環境

14
泥炭地の水文と形成プロセス

山田浩之

　先人の努力によって泥炭地は開拓され，私たちは泥炭地を農地や宅地といった土地として利用してきた。最近では，24章で解説されているように，炭素貯蓄，水量調節などの調整サービス，野生生物の生息・生育地サービスといった泥炭地のもつさまざまな生態系サービスが認識されつつある。これを背景に，世界的に泥炭地を保全あるいは再生しようという取り組みがなされるようになったが，どのようにして保全し再生すればよいのだろうか。簡単なように思えるが，実は難しい。それは，泥炭地自体が独特の水の調整機能をもっているためである。

　ここでは，地球スケール，流域スケール（川の源流から海域に出るまでのその川へと水を集める地域），その流域のなかの泥炭地といった地域スケール，そして植物遺体でできた泥炭の隙間というミクロスケールの視点から，泥炭地特有の水の流れと泥炭地の形成過程について解説する。

地球スケールの水の流れと泥炭地

　泥炭は，水，栄養塩類*，気温の絶妙なバランスにより形成されていることは第 I 部ですでに述べられている。泥炭地の形成過程を理解するためには，その絶妙なバランスという条件が揃う場がどのようにしてできたかをまず知る必要があるだろう。この泥炭地のでき方はさまざまであり，谷や湖沼の跡地にできた泥炭地と山腹斜面にできた泥炭地では，その形成プロセスは異なる。それらの解説については，湿地の生態学や生物学の専門書，例えば"Wetland"(Mitsch and Gosselink)，"Wetland Ecology"(Keddy)，"The Biology of Peatlands"(Rydin and Jeglum)の書籍に譲る。ここでは，北海道で多くを占める沖積平野（縄文時代の海底や沿岸域のことを指す）* の泥炭地を例に，さまざまな地域のなかで共通している水の流れと泥炭地の形成を中心に解説する。地表より上の大気との間でも水のバランスが保たれているが，これについて

は 15 章を参照されたい。

　泥炭地は昔から泥炭地であり続けているわけではなく，沖積平野の泥炭地は，かつて浅い海，谷地(谷状の地形)や湖沼であった場所がほとんどである。泥炭地は氷河期の始まりに生じた海退や，地殻変動にともなう隆起などの地形の変化により生じた湖沼などの水が排水された場であることが知られている。例えば，釧路湿原は，昔は海の湾で，海退とともにできた泥炭地である。その証拠として，泥炭地のコア試料(泥炭などの土試料を筒状に採取したもの)を調べると，泥炭の下の地層に海底であった頃の貝殻の混じりの砂の層がしばしば現れる。これまでの章で解説されているように，約 7,000 年前(縄文時代)には海面がもっとも高く，現在の内陸部まで海水が浸入していた。その後，北半球の巨大な氷床の融解とともに海面は相対的に低下し，泥炭が形成されやすい陸域ができた。このことを海退と呼ぶ。その海退は，氷床の融解で，荷重となる氷が減少し，陸自体が軽くなり生じた陸域の隆起の結果であると考えられている。つまり，泥炭地となりうる陸域は氷や水といった地球上の水の存在形態が変化した結果としてできた産物といえる。

　国連の IPCC(気候変動に関する政府間パネル)＊では，将来海面は気温とともに上昇すると報告している。また，降水量が極端に増加，あるいは減少する地域があると予測されている。それらが現実となった場合，今の沖積平野に分布する泥炭地はどうなるのだろうか。理由は後に述べるが，陸域の水，特に地下水は海面と連動し，泥炭地の地下水面は上昇，下降する。IPCC の報告の海面上昇が現実となったとき，我々の生活のために乾燥させた泥炭地では，再び地下水面が上昇し，過湿な泥炭地となる可能性もある。海面がさらに上昇した場合は元の海底となるかもしれない。また，降水量が極端に増加，例えば集中的な豪雨の回数(頻度)が増加した場合，これまで冠水していなかった泥炭地が冠水するようになり，湖とまではいかずとも沼地のような状態になるかもしれない。これについては，現在の知見を基に行った予測であるため，今後の研究によって予測が変わる可能性もあるが，地球規模の水の動きは，泥炭地の環境に影響を及ぼす可能性があることを忘れないで欲しい。

流域スケールの水の流れと泥炭地

　先に述べた地球規模の水の動きによって形成された陸域では，降り注いだ雪や雨の水が流れ，その水はやがて海に流れ出る。この作用も泥炭地の形成に深くかかわっている。その理解のために，陸域の地表面上を流れる水の物理則について説明したい。雨として，地面，植物，建物，道路などに供給された水の一部は，蒸発や植物の蒸散により再び大気に戻る。戻らなかった水は地面を流れるか，地下に浸透する。地面の水は標高の高いところから低いところへ向けて流れる。その流れる水の速さは地形の勾配に比例する。これは斜面を転がり落ちる球の動きと同じで容易に想像できるだろう。正確には，その速さはその水面の勾配の1/2乗の値に比例し，水の流れを阻害する地面での障害物(例えば植生の有無)，ざらざらしているなど地面の状態に影響を受ける粗度(マニング粗度係数)に反比例する。この関係はマニング公式として知られている。その流域に降った水が海に流れ出る過程で，水流によって削られた地面の土やさまざまなものから溶け出した物質を運搬する。標高の低い部分は川となり，川は流域から集められた水，土，物質を海まで流す。地面を流れる水は，勾配の緩やかな場所や水の流れが堰き止められる窪地でたまることもある。その水深が深い場所は湖沼となり，浅い場所は湿地となる(ラムサール条約(25 章参照)では湿地を水深6 m を超えない場所と定義している)(図1)。

　一方，川を流れる土砂は，水の流れの速さや強さに応じて，大きな岩から粒径の小さい粘土にふるい分けられて堆積する。このことは分級作用と呼ばれる。この作用によって水の流れが遅い場では砂，シルトや粘土といった土砂がたまりやすくなる。かつての海退によってできた沿岸域の砂浜では，降り注いだ雨はすぐに浸透してしまう。これは砂場に水を撒いた場合，またたく間に浸透してなくなってしまうことからも想像できるだろう。そのような環境は，湿潤と乾燥を繰り返す非常に変化が激しい場所である。このような不安定な場所に常に湿った環境を好む湿生植物* が育つためには，その場が乾燥し難い環境となる必要がある。それに一役買っているのは，先の分級作用によって堆積した細かい粘土やシルトといった土砂である。砂の上にこの

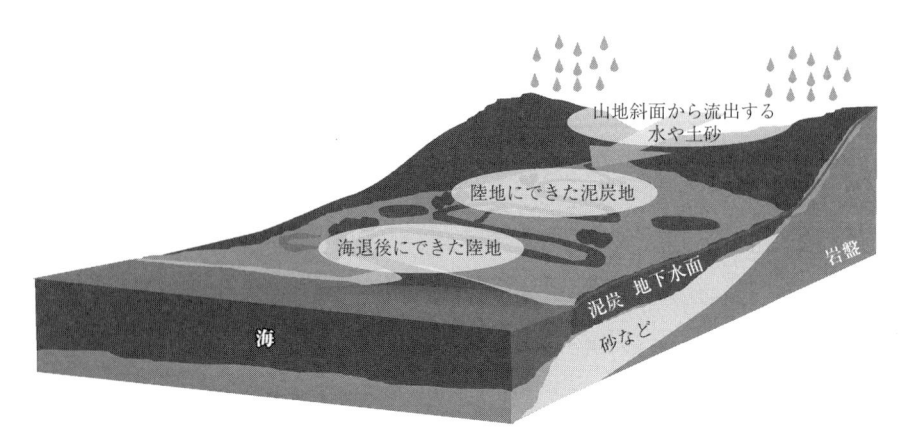

図1　流域から流出する水・土砂と泥炭地

細かい土砂が覆うか，あるいは砂と混ざることで，砂地だけではあり得なかった遮水性と保水性が生まれ，完全な乾燥は妨げられるようになる。泥炭地形成の下地となる地質ができあがるのである。

　こうした時折冠水するものの完全に乾燥しない環境，さらに海水の塩分の影響を受けない環境ができあがると，ヨシなどの大型の植物の侵入と定着が始まる。さらに，その場が冷涼で植物が枯死しても完全に分解されにくいという条件が揃った場合に，徐々に泥炭地がつくりあげられてゆく。冷涼でない熱帯でも泥炭地が形成されるが，そのメカニズムや泥炭の堆積速度については4章を参照して欲しい。

　まだ泥炭地ではなかった時代に，地上や地中を流れていた雨由来(雪も含む)の水は，泥炭が形成された後には，泥炭の上や中を流れることとなる。この水の流れとそこに降る雨によって，泥炭地の過湿な環境が維持されている。

地域スケールの水の動きと泥炭地

　泥炭の堆積の様式はさまざまで，ドーム状に堆積するレイズドボッグ(raised bag)や，平面状に堆積するブランケットボッグと呼ばれるものがあ

る。そのいろいろなタイプの泥炭地については1章を参照して欲しい。何れにしても泥炭の堆積によって地面の標高は上昇する。ここでひとつの疑問が浮かぶ。泥炭地が変わらず泥炭地としてあり続けるためには，泥炭地に適応した植物が生育し，その枯死体が分解されにくい環境が維持される必要がある。そのためには，過湿の環境が大切であるが，泥炭地での水の流れは変わらないにもかかわらず，どうして泥炭の堆積によって地面が上昇しても過湿の環境を維持できるのかという疑問である。その環境は，地下水の水の流れやその水面の位置によって左右される。ここでは地下水とは，地面を掘ったときに現れる水面より下の水のことをいう（地下水面より下の状態を飽和と呼び，それより上の状態を不飽和として区別される）。その泥炭が維持される仕組みの理解のために，泥炭地という地域（ヒルスロープスケールという言葉もしばしば用いられる）に着目して，泥炭地の地下水の流れの物理則について解説する。

　地表面の水の流れの速さと同じ考え方で地下水の流れの速さは地下水面の勾配（動水勾配）に比例する。地上の水は地面の状態が抵抗として作用したが，地中の場合は水の流れることのできる隙間の多さ，その隙間のつながり方によって左右される。その隙間は間隙（かんげき）と呼ばれる。重なり合った石の間の隙間を想像すると，その間隙が大きいほど水が流れやすいことが理解できるだろう。泥炭の場合には，植物の枯死した遺体が絡み合ってできた間隙ができる。その水の流れやすさは透水性といい，それを数値にしたものを透水係数という。つまり，地下水が流れる速さは，動水勾配と透水係数に比例する。このことは，ダルシー則として知られている。

　先に海面が上昇した際，陸域の地下水面が上昇することを述べたが，それは，最終の排水先である海面の上昇によって，海方向に向けた泥炭地の地下水面の勾配が緩やかになり，泥炭地の水が排水され難くなるためである。逆に，この勾配を大きくすると泥炭地の排水が進むことになる。泥炭地を農地や宅地として利用するために，排水路を掘削して，泥炭地を乾燥させる事業が行われる。その排水路では，水路内の水が排水され，水位が低下する。その水位は泥炭地の地下水面より低くなるため，泥炭地から排水路方向に向けた地下水面の勾配が大きくなる。これにより地下水の排水が促進される。先のダルシー則の適用例ともいえる。

　泥炭の透水係数は，筆者がサロベツ湿原のボッグにて現地で計測した例では $2×10^{-4}$〜$1×10^{-3}$ m s^{-1} の範囲の値が得られている。釧路湿原のフェンでは $8×10^{-7}$〜$1.7×10^{-6}$ m s^{-1} の値が得られている。このように場所によって変わるが，一般的には，泥炭は砂など(10^{-2}オーダー)よりも低い値を示し，透水性が低い土と考えられている。泥炭地の過湿環境はこの透水性の低さによる作用により維持されている。

　これについてもう少し詳しく説明したい。先にもさまざまな形状の泥炭地があると述べたが，泥炭地には，しばしば数 m の高さをもつドーム状の形をした小高い丘が現れる。そのような泥炭地はレイズドボッグと呼ばれ(ドームドピートランド，ピートドームとも呼ばれる場合もある)，その地下水面の形状もドーム状をなす場合が多い。泥炭が均質で透水係数が一定の場合，先のダルシー則を適用すれば，降雨後に地下水の排水が続くと，地下水面はドーム状とはならずに平面の形に近づく。なぜ，泥炭の形だけでなく，地下水面もドーム状になるのかという疑問に，20 世紀前半から多くの研究者が取り組んでいるが，現在も統一された見解が得られないままでいる。当初はディプロテルミックモデル(diplotelmic model)と呼ばれる概念が示されていた(図2A)。それは地面から数十 cm ほどの厚さの地表面上の植物の根や未分解で圧縮されていない泥炭層(アクロテルム acrotelm と呼ばれる)と，その下層の分解

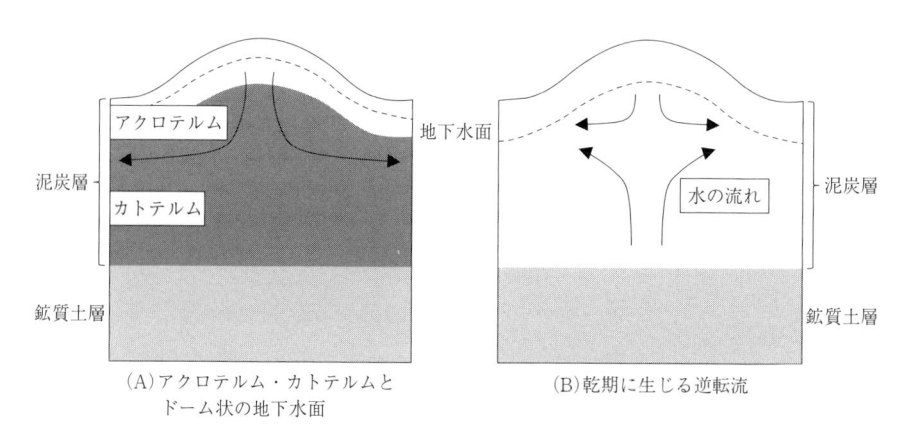

(A)アクロテルム・カトテルムと
　　ドーム状の地下水面

(B)乾期に生じる逆転流

図2　アクロテルム・カトテルムと乾期における逆転流のイメージ(Ingram, 1987; Siegel *et al.*, 1994 を参考に作成)

が進み，なおかつ圧縮された泥炭層(カトテルム catotelm と呼ばれる)のふたつの層の存在が関与しているという概念である。下層のカトテルムは，圧縮され間隙も小さいことからアクロテルムに比べて著しく透水性が低く，それによって地下方向に水が浸透し難いため，ドーム状の地下水面の形状をなすというものである。この概念は数多くの研究者が提唱したが最終的にはイングラム(Ingram)によってまとめられている。しかし，その後の多くの研究者によってさまざまなレイズドボッグで地中の深さごとの透水係数が計測され，このアクロテルムとカトテルムのふたつの明確な層が現れないことが指摘されている。これについては筆者も同様な結果を得ている。最近では，このふたつの透水性の異なる層の概念は，概ね間違ってはいないが，透水係数だけでは説明できないほかの要因があるのではないかという見解もある。

　このほか，先の概念だけでは，そもそもなぜ泥炭地がドーム状になるのかを説明できなかった。その疑問についても多くの研究者が取り組んできた。そのなかで，シーゲル(Siegel)の研究グループは，北米のある泥炭地で，雨期には浸透した雨水が地下や側方に向けて流れるが(図 2A)，乾期には泥炭の下にある鉱質土の層(砂や粘土のこと)から栄養塩類を含んだ水が供給される(図 2B)，つまり「水流が逆転(reversal)する」という概念を示した。その栄養塩類の供給される部分での植物の成長が進むため，ドーム状となるという考え方である。これは先の単純なダルシー則からは考えられない概念である。それは，地下水は水位が高いところから低いところへ向けて流れるにもかかわらず，その逆の方向に水が流れるということに矛盾があるためである。しかし，同グループは，ダルシー則を適用した数値モデルを用いて，鉱質土層から上の泥炭層に向けて，湧きあがる水流も生じうると説明している。

　筆者もサロベツ湿原で，この現象を確認している。この湿原は，先の北米の事例とは違い明確な乾期と雨期の違いのない泥炭地である。そのサロベツ湿原のレイズドボッグの頂上で鉛直方向の水の流れを調べた例を図 3 に示す。地下水の流れの速さは動水勾配で説明できると述べたが，その鉛直方向の動水勾配を縦軸に，正を上向き，負を下向きで示し，2008〜2010 年の無積雪期間での変化を示したものである。これを見ると年によって変わるが，2009年では 9 月頃，2010 年では 6〜10 月に，わずかではあるが正の値を示す期

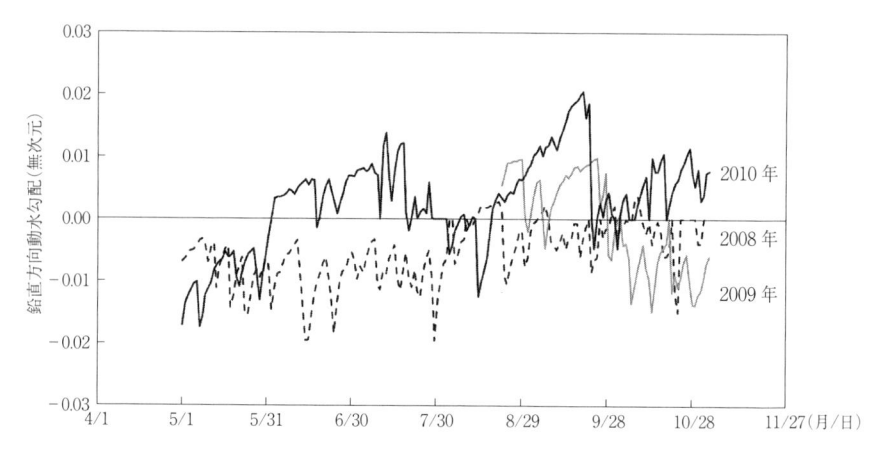

図3　サロベツ湿原のレイズドボッグで観測した 2008～2010 年の鉛直方向動水勾配の季節変化

間が観測された。これはその時期に，上向きの水の流れが生じていることを示している。乾期や雨期という明確な違いがない場所でも，地下水流の逆転現象が確認されたわけである。

　ここではディプロテルミックモデルの概念と地下水の逆転流の実例をあげた。泥炭の形成に地域スケールの水の流れが重要な役割をもつことは間違いない。しかし，いまだに見解が統一されていないことからもわかるように，この現象は複雑である。しかも，その統一した見解を得るために必要な研究事例も限られており，地域スケールの泥炭地の水の流れが，泥炭の形成や維持にどのようにかかわっているかについては，研究の余地がある。

泥炭地表面の微小な動きとミクロスケールの水の流れ

　ここまでは非常に長い時間をかけて泥炭が堆積することにより，地表面が徐々に上昇するという話をした。しかし，実は1年という短い時間スケールのなかでも泥炭の地表面は上昇，下降して動いている。この地表面の動きにも地下水の水の流れがかかわっている。前述したように泥炭は，枯死した植物の繊維が絡み合ったものであり，そのなかに間隙ができる。その間隙の多

さの指標として間隙率が用いられる。間隙率とはある体積の土に対して，どの程度の体積の間隙があるかを百分率で示したものであり，例えば泥炭で間隙率が50％であった場合，その体積の50％が空気や水が入ることのできる間隙ということを示している。泥炭の間隙率は，透水係数と同じく，これまで堆積してきた植物の種類や分解度合，圧縮度合いで変わるが，20〜80％という値を示す(筆者の未発表データ，正確には有効間隙率：重力によって排水される水が占める間隙率)。これは一般的な砂層で30〜40％であることを考えると，先の間隙率の最大値は非常に高い値であることがわかる。

　ここで，国内で最大の釧路湿原がその泥炭の間隙にどの程度の水を保持できるか考えてみよう。泥炭の間隙率を先の中央値の50％，泥炭の厚さを3mと仮定すると，現在の釧路湿原の面積は約258 km^{2}なので(釧路湿原自然再生協議会* 調べ)，3億8,700万 m^{3}の水が間隙に保持されていることになる。国土交通省によると，現在の一人一日あたりの生活用水(飲用，炊事，風呂など我々が生活を営むための水)の平均使用量がおよそ0.3 m^{3}であるので，約13億人が一日に使用する水を間隙に保持していることになる。これが，泥炭地の生態系サービスとして水量調節機能があげられている理由でもある(24章参照)。

　15章，17章でもこの間隙の機能が解説されているが，スポンジとして例えられる泥炭は，水を含めば膨らむし，乾燥すれば縮むという特徴をもつ。また，地下水位の上昇によって生まれる浮力により，泥炭が浮くこともある。

　この微小な地表面の高さの変動は，泥炭地があたかも呼吸しているようであることから，ボッグの呼吸(bog breathing あるいは mire breathing)と呼ばれる。3章で解説されるように，地球温暖化* 問題から，泥炭が保有する炭素量やその分解量の見積りが求められるようになった。このボッグの呼吸によって泥炭の厚さや分解量の推定値が変わってしまうことから，この呼吸のメカニズムに関しても多くの研究者が取り組んでいる。それらの研究に共通して，地表面標高は地下水位の動きと連動しており，地下水位の上昇・下降とともに地表面の高さも上昇・下降する結果が得られている。その動く幅は数cm〜数十cmと報告されている。

　筆者もこの研究に取り組んでおり，北海道南部の黒松内町にある歌才湿原

で，現在でもっとも精度の高いレーザ距離計を用いて地表面の動きを観測した。その結果を図4に示す。縦軸はその地表面の高さ（比高）と同地点の地下水位の高さで，それらの2014年5〜10月の変化を示したものである。先の報告例と同様に，地下水位の上昇・下降とともに地表面の高さも上昇・下降する傾向が得られており，ここでは観測期間中に約3cm動いていることがわかる。

　この地面の動きについては，間隙の水の動きが関与しており，下降する場合は，間隙から水が抜け，絡み合った繊維の支持力が小さくなり間隙が小さくなることで下降する。上昇する場合はその逆である。土質力学の分野（鉱質土の力学）では，間隙の水の排水にともなう土の変形の課題について古くから取り組まれており，その現象は圧密と呼ばれ，理論として概ね完成している。このほか，土をバネに見立てたバネの理論で説明されることもある。しかし，構造が柔らかく，構成する繊維質の材料自体が変形しやすい泥炭では，この理論のみでは説明できないことが指摘されており，地中のガスの存在やその挙動と泥炭の浮力を考慮する必要があると述べられている。泥炭の地下水面以下の層は極めて酸素の少ない嫌気的*な環境となりやすい。そのような場では嫌気性微生物の働きによって有機物*が分解されることでメタンガスが発生しやすく（これをメタン発酵と呼ぶ），小さなメタンガスの泡が泥炭の

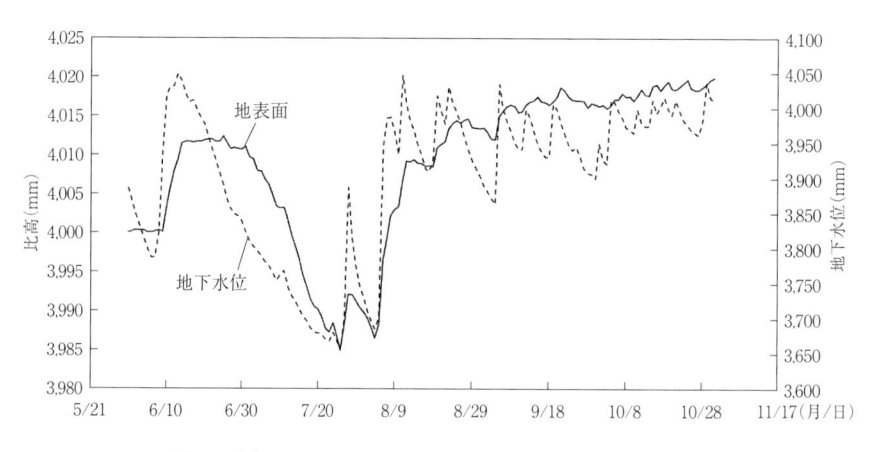

図4　歌才湿原の地表面比高，地下水位の季節変化（2014年）

間隙内に存在する。この泡が，ある場所に集まりガス溜まりを形成する。そのガスは，大気圧の影響を受け，気圧が低いときに一気に大気に向けて抜け出ることがある。つまり，泥炭地のおならである。この現象はエブリッション (ebullition) と呼ばれている。これによって北米のある泥炭地は，約 40 cm も地表面が下がったと報告されている。話は逸れたが，この間隙内のガスの存在が，浮力による地表面の上昇を補助するように作用し，また間隙からガスが抜け出し間隙が小さくなることで，全体の体積が減少し，地表面が下がるということである。これは非常に複雑なメカニズムで，泥炭の変形が間隙内の水だけでなく，大気圧などに影響を受ける地中のガスの挙動も把握しなければ，ボッグの呼吸のメカニズムを説明できないということである。これからは，泥炭地表面や地下水位の動きとともに，ガスの放出についても観測が実施されることで，この複雑なメカニズムの解明が進むだろう。

これからの泥炭地の水文学

水文学 (ハイドロロジー hydrology) とは，地球上のあらゆるスケールの水の流れ，その水の流れとヒトをはじめとする生物との関係を扱う科学であり，ここで解説した泥炭地の水の流れを対象にしたものは，泥炭地水文学 (ピートランドハイドロロジー peatland hydrology) と呼ばれる。すでに述べたように，泥炭地はその内部での水の流れに合わせて，自ら泥炭を堆積し，その環境を維持する仕組みをもっている。ボッグの呼吸に例えられるように，泥炭地はそれ自体が生き物のように振る舞っている。このテーマを扱う泥炭地水文学のなかで多くの研究が実施されているものの，さまざまな見解があることからわかるように，まだ発展途中の科学のように思う。それは泥炭地の保全や再生方法自体が確立されていないこと，地下水の流れの数値モデルでも微小な泥炭地表面の上昇下降をどのように再現すればよいかもわかっていないことからも明らかである。

この科学に挑戦する研究者は世界的にみても決して多くはなく，国内では非常に少ない。一方で，フィールドでの観測技術は日進月歩であり，今後の新たな観測技術によって，これまで明らかにされなかった現象の発見や今あ

るさまざまな見解に対して統一的な解釈をもたらす可能性もある。つまり，研究の余地があり，そしてその意義は大きいといえるだろう。泥炭の形成過程，水文現象に興味がある方には，ぜひ，この研究テーマにチャレンジしていただきたい。

[参考文献]

Ingram, H. A. P. 1982. Size and shape in raised mire ecosystems: a geophysical model. Nature, 297: 300-303.

環境省. 2013. 気候変動に関する政府間パネル（IPCC）第5次評価報告書（AR5）について. http://www.env.go.jp/earth/ipcc/5th/（2016. 1. 30閲覧）

Keddy, P. A. 2010. Wetland Ecology: Principles and Conservation. 514pp. Cambridge University Press. Cambridge.

Mitsch, W. J., Gosselink J. G. 2007. Wetlands. 600pp. John Wiley & Sons, Inc. Hoboken, New Jersey.

Morris, P. J., Waddington J. M. 2011. Groundwater residence time distributions in peatlands: Implications for peat decomposition and accumulation. Water Resource Research, 47, doi: 10.1029/2010WR009492.

中田正夫・奥野淳一. 2011. グレイシオハイドロアイソスタシー（用語解説）. 地形, 32(3)：327-331.

Rydin, H., and Jeglum J. K. 2006. The Biology of Peatlands. 360pp. Oxford University Press. New York.

Siegel D. I., Glaser P. H. 2006. The Hydrology of Peatlands. In "Boreal Peatland Ecosystems" (eds. Wieder, R. K., and Vitt, D. H.), pp. 289-311. Springer-Verlag. Berlin Heidelberg.

Siegel D. I., Reeve A. S., Glaser P. H., and Romanowicz E. A. 1994. Climate-driven flushing of pore water in peatlands. Nature, 374: 531-533.

杉田倫明（訳）. 2008. 水文学（W. ブルッツアート著）. 502pp. 共立出版.

黒松内町歌才湿原におけるボッグでの地位と水位の観測風景

15

大気・湿原生態系間の水とエネルギー

高木健太郎

湿原になる条件

　「湿原」というのは，文字通り植物が生育する湿って平坦な土地を表し，そこには主に湿生自然草原が分布する(1章参照)。一方，「泥炭地」は植物が枯れて地面に落ちた後，無機質への分解があまり進まずに長い年月堆積している土地のことをいう。植物の成長が速く，枯れ葉や枯死遺体が過剰に供給される場合も泥炭はできそうだが，そのような場所では分解も速いことが多いため，一般に泥炭地は，気温が低くて微生物の分解活動が抑えられている場所か，土地が湿っているために，微生物の分解活動に必要な酸素が少ない場所に発達している。そのため湿原と泥炭地は分布が重なることが多く，泥炭地は湿原の一形態と考えて差し支えない。

　それでは，どのような場所で水がたまりやすく，湿原になるのだろうか。降水量の多いところや河川近辺などの，外部からの水の供給が多く，土地に入ってきた水がたまりやすい(排出されにくい)，凹地形・平坦地などがその筆頭としてあげられる。地形以外にも，水が排出されにくくなる，もうひとつ重要な条件がある。それは，大気に水蒸気として放出される水の量が少ないことである。地表や海洋に存在する水は，その相当量が気体(水蒸気)になって，上空の大気に放出されている。液体の水が気体の水蒸気となって大気に放出される現象を「蒸発」という。根から吸収された水が，植物の体内を通って葉にあいている穴(気孔という)から放出される場合は「蒸散」として区別し，蒸発と蒸散を合わせて「蒸発散」という。目に見えないため実感しにくいが，この蒸発散によって大気に移動する水の量は結構無視できない。例えば，雨や雪による大気から地表面・水面への水の移動と，蒸発散による大気への移動の結果として，地球の大気中に存在するすべての水蒸気は，平均して9日程度で入れ替わっている。北海道では年間800〜1,600 mm 程の

雨や雪が降るが，その半分程度が蒸発散によって，大気に戻っているような森林や湿原も存在する。

　大気は気温が高くなると膨張し，蓄えられる水蒸気の量も増えるため，気温が低くて，水蒸気を蓄える力が弱い湿潤冷涼な環境では，蒸発散による水分消費が抑えられて，湿地や泥炭地が形成されやすくなる。低温は微生物の活動を抑える効果に加えて，このように蒸発散を抑える効果によって，湿原や泥炭地の形成に大きく貢献する。

湿原と大気との間の水とエネルギーのやりとり

　植物は生きていくのに必要な水と栄養塩類＊を根から吸収し，余剰水分を葉の気孔から蒸発させる。前述の通り，この現象を「蒸散」と呼ぶ。大気や土壌が乾燥すると，植物は過度の水を蒸散しないように，気孔を閉じる。このような乾燥ストレスがさらに大きくなると，葉の量を少なく（落葉）して乾燥ストレスを回避しようとする。個々の葉や植物の水消費の調整量はわずかであるが，植物群落の規模が大きくなると，周囲の土壌や大気の水分状態やエネルギーのやりとりに影響を与える。ここで「エネルギー」というとイメージしづらいが，簡単にいうと「熱」のことである。では，なぜ植物の水消費の微調整が「熱」のやりとりに影響を与えるのだろう。

　湿原が受けている熱は，どこからやってくるかわかるだろうか？　その起源はただひとつ太陽からである。それでは，太陽から得られる熱は何に使われるのだろうか？　気温や地温・水温の上昇？　光合成？　気温や地温・水温の上昇は正解であるが，光合成は，熱になる前の光のエネルギーが使われている。そして光合成によって使われる光エネルギーはほんのわずか（太陽から得られるすべての熱量の1％以下）である。それではほかの熱は何に使われるのであろう。残りの大部分が，液体の水を気体の水蒸気に，あるいは固体の氷や雪を水や水蒸気に変換するのに使われる。

　水は自然の温度条件下で，固体（氷・雪），液体（水，露，霧など），気体（水蒸気）と形を変える（相変化という），とても特別な物質で，その変化の際に多くの熱を吸収・放出する。水が水蒸気になるときや，氷や雪が水や水蒸気にな

るときには，多くの熱を必要とし，周囲の温度を下げる効果がある。ここで水の動きと「エネルギー」の動きが結びつく（図1）。湿原にはたくさんの水があるので，この相変化で使われる熱が，周りの温度環境に与える影響はとても大きいのである。

　空気を暖めるのに使われる熱のことを「顕熱」という。「顕」とういう字は「あきらか」とも読めるように，「わかりやすい・認識しやすい」という意味を持つ。顕熱は大気を暖めるのに使われるので，人が体感しやすい。それに比べると，水の相変化によって，熱が吸収されたり放出されたりする現象は実感しにくい熱であるため「潜熱」という。「潜」という字は「潜伏」とか「潜りの医者」のように，ひそんでいる・隠れているという意味が込められている。動物は体温が上がると汗をかいて，汗の蒸発によって体温の上昇を抑えようとするし，夏場に庭先で水をまいて，気温の上昇を防ぐ「打ち水」という習わしも潜熱の効果を利用したものである。同様に，植物が気孔を開くと蒸散量が多くなるため気温の上昇を抑える。空気を暖めるのに使われる熱と水を水蒸気に変換するのに使われる熱の分配割合が変わるので，周

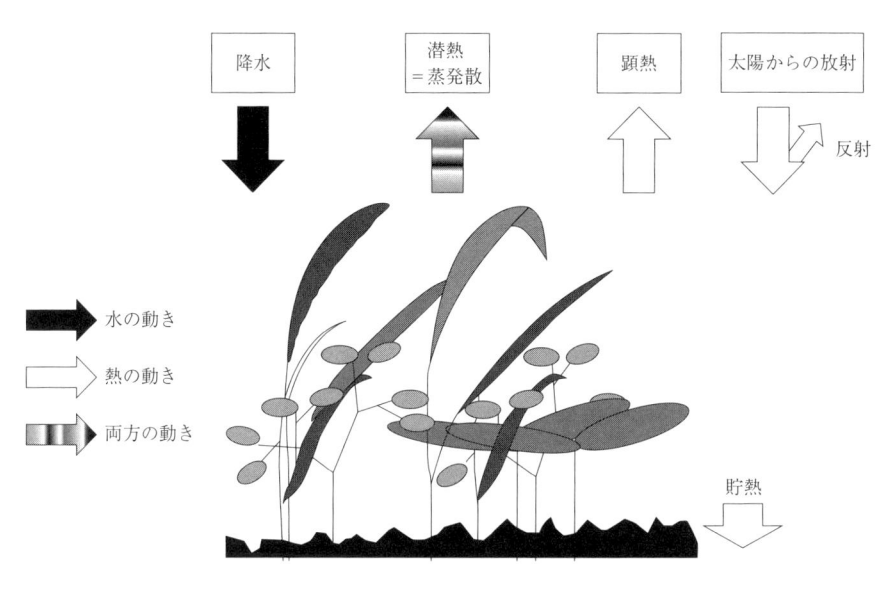

図1　湿原と大気間の水と熱の動き

囲の温度環境に影響を与えるのである。

湿原のもつ環境緩和機能

　湿原が周りの温度環境に与える影響は，大量に存在する「水」がもつ大き
な特徴である，①温めにくく，冷めにくい(専門的な表現では，熱容量* が大きい
という)ことと，②相変化によって，熱の吸収と放出を行うことのふたつが強
く影響を与える。周りの環境に与える影響が，人間の生活に快適になるよう
に作用する場合，環境を緩和させる機能をもっているといわれる。

　温めにくく，冷めにくい水が大気に接していると，周囲の温度の変化がよ
り緩やかになって，過度の低温や高温が起こりにくくなる。これは，海に近
い方が，内陸よりも寒暖差が小さくなる現象と同じである。さらには，水が
水蒸気になることによって，周りの熱を奪うので，その分気温の上昇が抑え
られる。この現象は「オアシス効果」と呼ばれている。特に水面上に植物が

図2　霧の落石湿原(矢部和夫氏提供)

繁茂しているような湿原では，太陽がかんかんに照っているときでさえも，その熱のほとんどが水を温めたり，水を水蒸気に変える熱に使われるため，気温の上昇に使われる熱がないこともある。その一方，夕方から朝方にかけて気温が下がるときには，大気が蓄えることのできる水蒸気の量が少なくなるため，液体の水(露や霧)になる。みなさんも朝霧に覆われている幻想的な湿原の写真などを見たことがあるのではないだろうか(図2)。気体の水蒸気から液体の露・霧に変わる変化は，蒸発散とは反対にまわりに熱を放出する。そのため，過剰な温度低下を抑える効果がある。

　植物遺体が堆積した泥炭には水をためることのできる隙間(間隙)がたくさんあるが，大きく分けると，主に遺体内にある小さな隙間と，遺体間にある大きな隙間の2種類に分けられる。大きな隙間と小さな隙間で水を保持する能力が違い，小さな隙間では水を保持する能力が高くなる。泥炭がもっているこの多重の隙間構造は，泥炭地の土壌水分や水位を安定させる働きがある。大雨や洪水で水が大量に泥炭地に入ってきた場合，大きな隙間から過剰の水を速やかに排水するが，小さな隙間に入った水はなかなか排水されない。もともとある程度の水が存在していることが前提であるが，そのような環境下で泥炭は過剰な乾燥を防いでいるのである。

植物の活動が環境に与える影響

　北海道では，明治時代以降に大規模な水田や牧草地が造成され，湿原面積は大きく減少した(図3)。開発の主な目的は，湿原の排水であったので，停滞していた水が周囲の環境に与えていた影響は弱まることになる。また改変を逃れた湿原においても，周辺の土地開発によって，水や熱の動きが変わり，そのために変化した植生の活動によって，さらに水や熱の動きが変わる可能性がある。

　北海道の南西部〜日本海側北部にかけての多雪地域では，土地改変後に残された湿原において，周囲からササ類が侵入して分布を広げている例が数多く報告されている(図4，5)。サロベツ湿原や石狩泥炭地のミズゴケ類が優占するボッグでは，ササ類が侵入することによって蒸発散量にどのような影響

図3 上空から見たサロベツ湿原と牧草地

図4 ササ類の侵入が見られるボッグ(サロベツ湿原)

図5　ゼンテイカやワタスゲが生育している湿原(上)でササ類(下)が増え，ボッグにも侵
　　入している。

を与えるのかについて，いくつかの研究が行われている。それらの報告によると，ササ類が侵入した湿原では，概ね蒸発散量が減少しており，ササ類の侵入は水消費を抑える方向に働いていると考えられている。ササ類が優占する群落では，大気の乾燥に対して，気孔を閉じて水分欠乏を防ぐのに対して，このような仕組みが発達していないミズゴケ類は，スポンジのように水を吸収・放出し，能動的な水分調節が行われていない。個々の植物の水調整が結果的にササ類群落全体の水消費を抑えることになるのである。サロベツ湿原の観測例では，一生育シーズンで2割程ササ類群落の蒸発散量が少なくなる年が多いが，気温が高く，降水量が多い年には，ササ類群落の葉量が増加して，ミズゴケ群落とほぼ同程度の蒸発散量となったことも報告されている。そのため，土壌の水分条件や気温，植物の生育状態によって蒸発散量も変わり，群落間の水消費の差も変わりうると考えられる。

　湿原の植物のなかでも，特に池や沼などに生えている植物のなかには，ハスやコウホネなどのように，大きな葉をつける植物も多い(図6)。葉が大きいと，葉の表面で風が弱まり，水蒸気や二酸化炭素(CO_2)，熱の交換が抑えられてしまう。そのため，気孔から二酸化炭素を取り入れにくくなり，さらには太陽の光を浴びると葉の温度が高くなって，光合成に支障をきたす。また強い風が吹けば，葉や茎などが折れる可能性が高くなる。それなのになぜ，大きな葉をつけるのだろうか？

　実はこのような植物は，あえて葉の温度を高くするために大きな葉をつけていると考えられている。葉の温度が高くなると，気孔から葉のなかに入った空気が膨張するため，圧力が高くなり，一部の空気は葉の奥の方の空間に侵入する。そして専用の通路を通って最終的に地下茎まで到達し，水面下の組織に呼吸に必要な酸素を送ることができる。地下茎の先端まで送られた空気は，呼吸や微生物活動によって生産された二酸化炭素やメタン(CH_4)などが大量に含まれる老廃空気を今度は別の通路を使って葉まで押し出す(図7)。ハスの地下茎であるレンコンには大小の孔があいているが，あの孔は空気を循環させる通路である。同様の孔は茎にもあって，そこを通って空気が循環しており，ハスの場合は最終的に，葉の中央にある「へそ」のような部分から老廃空気を大気に排出している。ひとつの葉で吸気口と排気口をもってい

図 6　ハスの葉

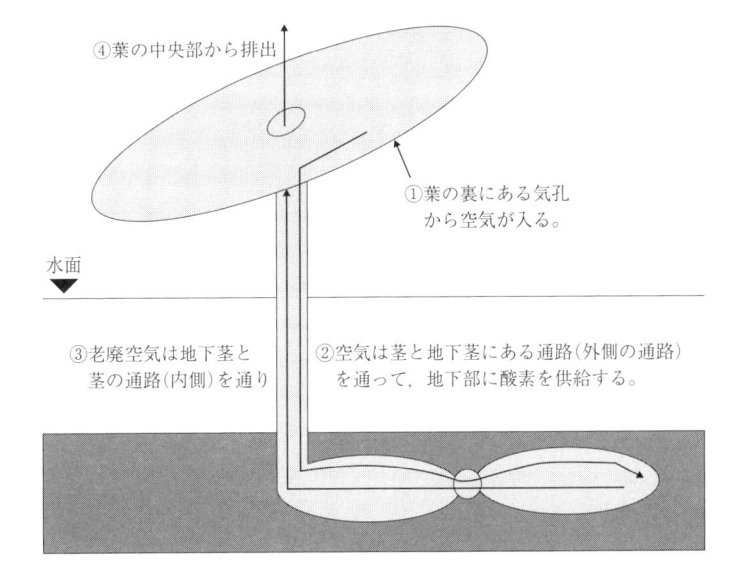

④葉の中央部から排出

①葉の裏にある気孔
　から空気が入る。

水面

③老廃空気は地下茎と
　茎の通路(内側)を通り

②空気は茎と地下茎にある通路(外側の通路)
　を通って，地下部に酸素を供給する。

図 7　ハスの空気循環システム

るハスに対して，コウホネの場合は，若い葉から空気が入り，古い葉から排気されると考えられている。どちらも吸気する通路と排気する通路は別であり，空気がぶつかって循環が滞ることを回避している。ハスやコウホネ程立派な，熱を利用した空気循環システムをもっている訳ではないが，イネやヨシ，ハンノキなど，湿った場所に生育するほかの植物にも換気通路の存在が報告されている。地下部の酸素が少ない環境で生きていくためには必要な機能なのだが，植物が呼吸器官をもっているとは驚きである。このような，空気循環システムは水やエネルギーの動きに大きな影響を与えるわけではないが，水面下と大気との，二酸化炭素やメタンの交換を促進させる働きがある。

　植物は，光合成や呼吸，蒸散などの活動を通じて，周りの環境に影響を与える。この事実は，一般的に広く知られていることであるが，その影響がどの程度なのか，あるいはそのメカニズムの詳細について取り組んでいる研究例はまだ十分ではない。このような研究に触れ，自らも取り組むことによって，植物個体から地球環境までの一連のつながりを感じ，自分なりの自然観を創ることができる。

［参考文献］

藤本敏樹・飯山一平・坂井舞・永田修・長谷川周一. 2006. 高層湿原における原植生と侵入植生の蒸発散速度の比較. 土壌の物理性, 103：39-47.

冨士田裕子. 2006. 泥炭地の特性と湿原植生. 土壌の物理性, 104：97-108.

Hirano, T., Yamada, H., Takada, M., Fujimura, Y., Fujita, H., and Takahashi, H. 2016. Effects of the expansion of vascular plants in *Sphagnum*-dominated bog on evapotranspiration. Agricultural and Forest Meteorology, 220: 90-100.

北海道総合政策部政策局土地水対策課. 2014. 北海道の水資源 平成26年版. 60pp. 北海道.

近藤純正(編著). 1994. 水環境の気象学—地表面の水収支・熱収支. 348pp. 朝倉書店.

野内勇. 2001. 湿地・水田から大気への水生植物によるメタン放出機構 2. ハス・スイレン・ヨシなどの水生植物のガス輸送：マスフロー. 大気環境学会誌, 36：A51-A57.

Takagi, K., Tsuboya, T., Takahashi, H., and Inoue, T. 1999. Effect of the invasion of vascular plants on heat and water balance in the Sarobetsu Mire, northern Japan. Wetlands, 19: 246-254.

Tsuboya, T., Takagi, K., Takahashi, H., Kurashige, Y., and Tase, N. 2001. Effect of pore structure on redistribution of subsurface water in Sarobetsu Mire, northern Japan. Journal of Hydrology, 252: 100-115.

寺島一郎. 2004. 植物と環境. 植物生態学(寺島一郎・彦坂幸毅・竹中明夫・大崎満・大原雅・可知直毅・甲山隆司・露崎史朗・北山兼弘・小池孝良編), pp. 1-41. 朝倉書店.

16

ミズゴケハンモックの形成と維持のプロセス

矢崎友嗣

ボッグは，その地表面に多数の微地形が形成されており，このために特徴的な景観や多様な生物相となっている。ここでは，ミズゴケ類が形成する微地形であるハンモック（小丘あるいは小凸地 hummock）について，その形態，構造，水環境や地域性を紹介し，ハンモック上の植物の生存環境がどのように形成・維持がなされるかを解説する。

湿原の微地形

ボッグでは，ハンモックが浅いホロウ（小凹地 hollow）または平坦な地表から隆起しており，凹凸の激しい地表面が形成される。ハンモックには，ミズゴケ類以外がつくるものも多数存在する。例えば，ハンノキやヌマヒノキなどの湿生木本の根株でできた凸地形や，鉱質土壌の凍結融解過程で形成されるアースハンモックなど，周囲より隆起した微地形もハンモックと呼ばれる。しかしここでは，ミズゴケ類の枯死体が堆積し形成した凸地形を扱う。また，スゲ類やイネ科の茎が集まってできた叢生株（tussock）も種によって隆起するが，これは谷地坊主（raised tussock）＊と呼ばれており，通常はハンモックと区別される。

平坦となっている部分をローン（lawn）またはカーペット（carpet），開水面をプール（pool）と呼称されることもあるが，ここではリディン（Rydin）らの分類に従って，周囲より隆起したところをハンモック，ハンモックより低い部分をホロウと呼ぶこととする。

ハンモックの形態

ハンモックは底面が直径数十 cm〜数 m の円形または楕円形，基底（ホロウ表面）からの高さが数〜約 50 cm であり，比較的乾燥に強いミズゴケ種やツ

図1 浅茅野湿原(上)の高さ約10 cmの扁平なハンモックと,風蓮川湿原(下)の高さ約40 cmの隆起したハンモック。ハンモックはミズゴケが集まって周囲より盛り上がった微地形であり,その場所の気候,水文条件により形態が変わる。

ツジ科の矮性低木が優占する(図1)。隆起したハンモックは，ミズゴケ類以外のコケ類やハナゴケ類などの地衣類で覆われることがある。一方ホロウは，ハンモックに比べ湿潤で，水没に強く乾燥に弱いミズゴケ種やスゲ類が分布する。ハンモックの植物種はホロウの植物種より生産性が低いが，植物遺体の分解のしやすさもハンモックの方が低いため，微地形は維持される。

　ハンモック内部はどのようになっているのだろうか？　図2は，北海道東部の風蓮川湿原で観察された高さ約45 cmのハンモックの断面の様子である。ハンモック基底より低い位置はスゲ類やヨシの泥炭となっていたが，基底面の高さ付近から上は茎が横になってつぶれたミズゴケ類の遺体からなる暗褐色の分解泥炭となっていた。その上はミズゴケ類の個体が垂直に立ったままの構造が残されたミズゴケ未分解泥炭が厚さ20〜30 cmにわたって堆

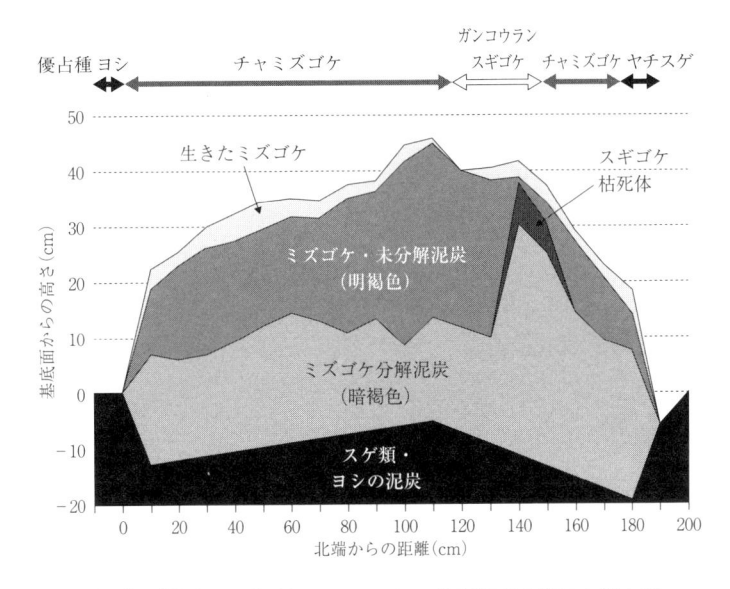

図2　風蓮川湿原のミズゴケハンモックの南北断面の様子と優占種。ハンモック基底より低い位置はスゲ類やヨシの泥炭となるが，基底面より高い位置はミズゴケ泥炭となる。構造が残されたミズゴケ泥炭が厚さ20〜30 cmにわたって堆積しており，その上には3〜5 cmの生きたミズゴケ類が生育する。種組成は，ハンモックではチャミズゴケや矮性低木が優占し，ホロウはイネ科，スゲ類が優占する。

積していた。その上の表層部は 3〜5 cm の生きたミズゴケ類の茎が垂直に
密集する層となっていた。

　ハンモックはボッグの表面からミズゴケ類が密集した集団となり毎年上方
に成長することで高くなっていく。凸部分ができると，周りの相対的に低い
ところが凹部分となり，凹部分はミズゴケ類などの植物遺体の分解が速いた
め，凹凸地形が徐々に強調されると認識されている。時間経過とともに下層
にある初期につくられたミズゴケ類の遺体から分解が進む。このためハン
モックの高さはミズゴケ類の生産と分解によって決定されると一般的に考え
られていた。しかしながらその後の我々の研究によって，後述のようにハン
モックの高さは表層のミズゴケ類の乾燥によって制限されていることが判明
した。

　こうしたハンモックの形態は，表面の水環境の形成に深くかかわってくる。
ミズゴケ類の葉には気孔がなく，維管束植物が行うような，気孔の開閉によ
る蒸散制御ができないため，一般に乾燥には弱い。そのため，水損失に耐え
るため個体どうしが密集して生育する。ハンモック内の水環境については，
次に詳しく述べる。

ミズゴケ類が形成する水環境

　ミズゴケ類は乾燥すると光合成速度が低下し，枯死してしまうが，一方で
特に高温時は水没すると腐って枯死してしまう。このように，ミズゴケ類は
晴天時も降雨時も安定した水環境が必要であるが，ハンモックではそのよう
な環境が形成されている。ここでは一例として，北海道東部の風蓮川湿原の
ハンモックの例を示す。

　この湿原では，風蓮川の氾濫原から離れた段丘近くに，基底(ホロウ)から
の高さが約 40 cm のハンモックが多数散在する。段丘上は放牧地または森
林となっている。湿原の水位は通常ホロウ表面付近にあったが，ハンモック
内部の含水率(体積含水率，17 章参照)は，水面から離れた表層付近でも極めて
安定していた(図3)。ミズゴケ類の直下に位置するハンモック表層(5 cm 深)
の含水率は，大雨が降ったときも，10 日以上晴天が続いたときもほとんど

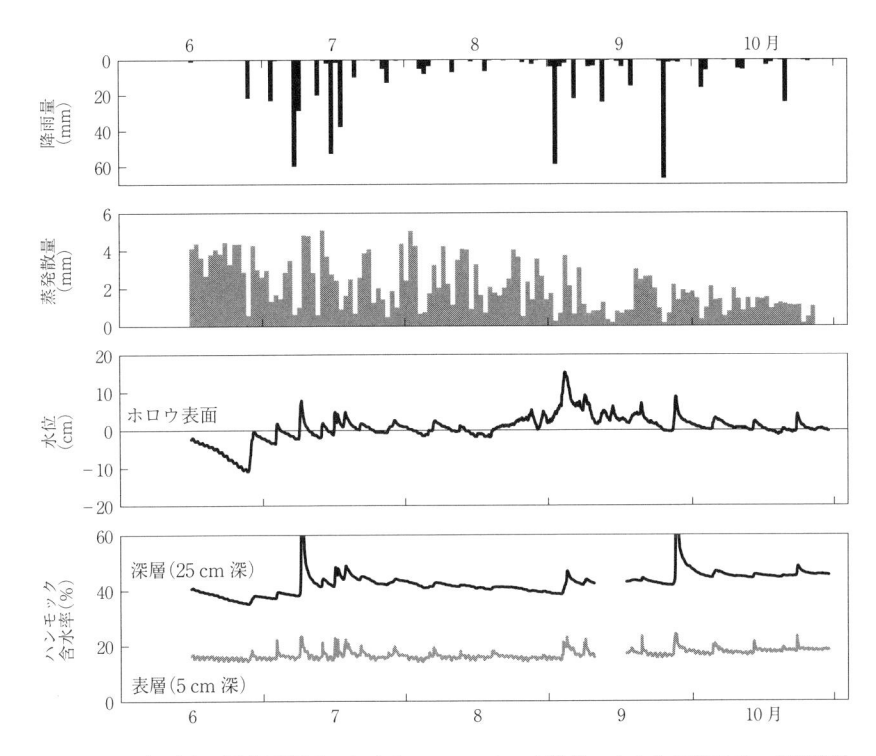

図3 2000年夏季の風蓮川湿原におけるハンモックの水環境。上から日降雨量，日蒸発散量，ホロウ表面を基準とした水位，ハンモック表層と深層の含水率の変化を示す。ハンモック表層の含水率は6月下旬の水位低下時においても，9月上旬の水位上昇時においても，ほとんど一定であった。一方，深層の含水率は地下水位と連動して変化したが，水位低下時においても大きく低下しない。

一定であった。一方，深層(25 cm深)の含水率は，表層に比べて変動が大きく，まとまった降雨の際は上昇し，晴天が続くと低下したものの，乾燥時でも大きく低下することはなかった。

　ハンモック内部の水移動量の解析によると，降雨日はハンモック表面に到達した雨水は，その一部は深層に貯留されるが，残りのほとんどが速やかに下方に浸透・排水される。一方晴天日では，蒸発散によって失われた量の水が地下水面や深層の泥炭から上方に補給された。

　このような水移動特性は，ミズゴケ類やその枯死体(泥炭)の構造による。

ミズゴケ類は，光合成を行う葉緑細胞の間に小孔のあいた貯水能力が高い透明細胞を多数もち，体内に大量の水を保持することができる。また，ミズゴケ類やその泥炭は高い空隙率(95％以上)をもちながら，隣り合う個体，または同一の個体の茎や枝(開出枝や下垂枝)の葉の間に毛管水*を保持・吸引するための微細な空隙をもつ構造となっている(図4)。このような構造により，降雨時余剰な水を速やかに排水しながら，乾燥時に下層から水を補給することができ，ハンモック表層に安定した水環境が形成される。

　このような水移動特性は，ハンモック内部の水質形成に重要な役割を果たす。ハンモックは周囲より高いため，水は降水(雨や雪)だけから供給され，

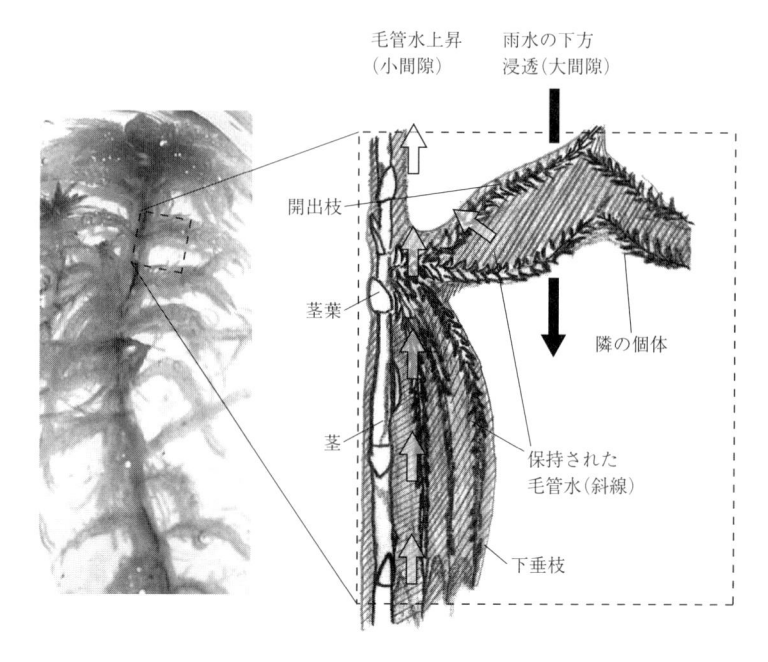

図4　ミズゴケ類の構造と水移動の模式図。左は美唄湿原で採取されたイボミズゴケ，右はミズゴケ類の構造の模式図。右図中の矢印は水の移動方向を示す。ミズゴケ類は葉の細胞や茎表面の細胞に多量の水を蓄えることができる。そしてさらに茎と下垂枝の葉群との隙間(小間隙)を通じた毛管水上昇により，下方から効率的に水を吸い上げることができる。ミズゴケ類の毛管水上昇能力は，ハンモック種の方がホロウ種より高い。一方降雨時は，余剰な水が大間隙を通じて速やかに下方浸透し，排水される。

無機塩類＊が乏しい水質となる。一方，ハンモック間のホロウは，湿原縁の段丘上や湿原内の標高の高いところから水が供給されるため，無機塩類が多い。実際に，1 m しか離れていない隣り合ったハンモック(25 cm 深)とホロウで 4 回測定された泥炭間隙水の pH と電気伝導度(水に含まれる電解質＊の総量を示す指標であり，無機塩類が多いと高くなる)を比べると，pH はハンモックで 4.48±0.10(平均±標準偏差)，ホロウで 5.86±0.30，電気伝導度はハンモックで 47.8±12.2 μS cm^{-1}，63.5±3.5 μS cm^{-1} であり，ハンモックの方がホロウより酸性で無機塩類が少なかった。電気伝導度の値は河川水や水道水で 100〜200 μS cm^{-1} であり，札幌市の雨雪水が 10〜25 μS cm^{-1} である。このことから，ハンモックの間隙は，河川水に比べて無機塩類の少ない雨水に近い水となっていることがわかる。

　ハンモック内部の水は，前述のような水移動のプロセスにより無機塩類が少なくなる。さらに，ミズゴケ類は無機塩類が水に溶けてつくられるナトリウムイオンやカルシウムイオンなどの陽イオンを吸収する際，電気的平衡を保つため水素イオンを放出する。この働きを陽イオン交換作用という。このとき植物の周りの泥炭水中に無機塩類が少ないと，放出される酸が中和されず pH が大きく低下する。このように形成された酸性，低栄養塩類という水質では，ヨシや大型のスゲ類といった生産性の高い植物は生育できない。そして，こうした水質でも生育可能なミズゴケ類やツツジ科などの矮性低木といった生産性の低い植物が優占する。一方ホロウは，ハンモックより pH が高く，栄養塩類が多く，ハンモックより大型で生産性の高い植物種が多く生育する。このようにハンモックとホロウでは異なった水分環境や水質が形成され，両者間で植物種が大きく異なるため，湿原表面は多様な植生となる。

　ハンモック上に生育する矮性低木はミズゴケ類を被陰するため，両者は競争関係にあると予想されるが，実際にハンモック上の矮性低木を除去したところ表面のミズゴケ類は乾燥し，著しく成長が抑制された。このことから，ハンモック上では，矮性低木の被陰によりミズゴケ類が過度な乾燥から守られ，矮性低木はハンモックを形成するミズゴケ類に大型競争種のいない生活の場を提供されるという共生関係があると考えられる。

気候とハンモック形状との関係

　ミズゴケハンモックは，道内各地の湿原で観察されるが，その形状には大きな地域差が見られる。サロベツ湿原，浅茅野湿原や歌才湿原など北部・日本海側の湿原ではハンモックは扁平で低く（平均20 cm 以下），キウシト湿原（登別市）や勇払湿原など太平洋側西部の湿原では山型で中程度の高さ（平均約30 cm）である。そして，霧多布湿原，風蓮川湿原，標津湿原など太平洋側東部の湿原では円筒形で著しく高い（平均約 40 cm）ハンモックが見られる。なぜハンモックの形状にはこのような地域差が生じるのだろうか？

　こうしたハンモック形態の地域差は，気候条件よって説明することができる。夏晴天が多くて乾燥する北部・日本海側では，ハンモックは主にミズゴケ類の伸長成長とともに高くなる。一方，積雪荷重から解放された泥炭が膨張し，地表面が膨らむ「リバウンド」はほとんど見られない。道南の歌才湿原のハンモックのイボミズゴケでは，年伸長量が 4 cm に対してリバウンドによる表面の上昇は 1 cm にすぎない。

　ハンモック上のミズゴケ類は水面から一定の高さまで成長し，それ以上の高さでは夏の高い蒸発散によるハンモック表面付近の乾燥により，夏以降の成長が抑制される。この結果，夏の乾燥の起こりやすさによってハンモック高の上限が決まる（図5）。夏季に強く乾燥する北部・日本海側の湿原ではハンモックは扁平で低く維持される。一方，太平洋側では，夏は曇天や霧の日が多く日射が制限され，蒸発散による乾燥が生じにくい。したがって，水面からより離れた高い位置までミズゴケ類の成長が抑制されないために，ハンモックが高くなると考えられる。

　北海道の北部・日本海側と太平洋側でもっとも大きく成長したハンモック上のミズゴケ類のみに着目してその年間生産量を比較すると，北部・日本海側の低いハンモックの方がミズゴケの生産量が高い。このメカニズムは雪の量の多少による積雪荷重によって説明される（図5）。北部・日本海側の低いハンモックは毎年積雪荷重により押しつぶされ，ハンモック表面のミズゴケ類が地下水面に近づくことで湿潤となりミズゴケ類の生産性が高められる。

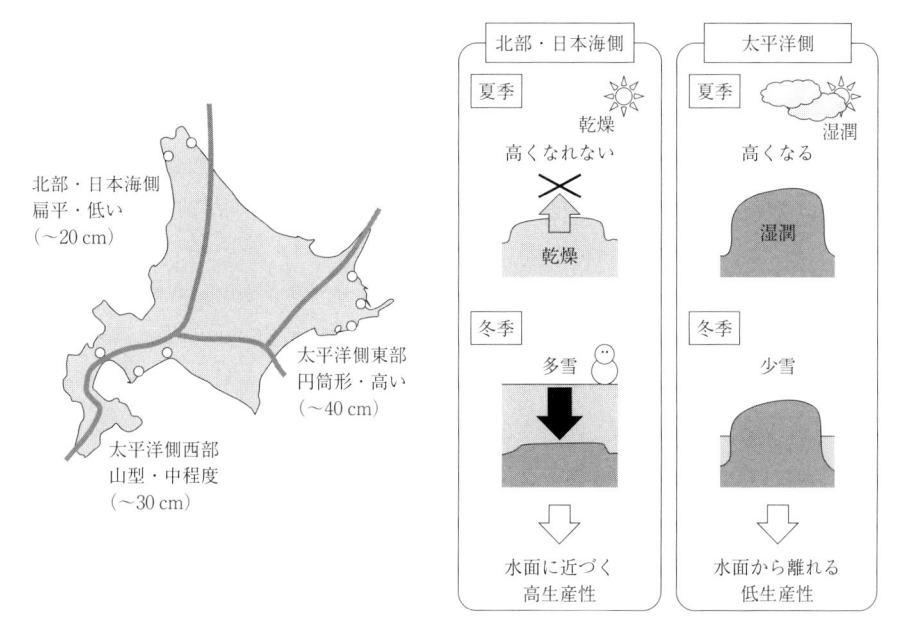

図5　ハンモック形状の地域差と気候の関係。北部・日本海側では夏季乾燥しハンモック
の高さは抑制される。一方，太平洋側では夏季は曇天や霧の日が多く乾燥しにくいため，
ハンモックは高くなることができる。また，冬季の雪圧はハンモック表面を地下水面に
近づけるため，積雪が多い北部・日本海側では太平洋側に比べてミズゴケ類の生産性が
高くなる。オホーツク海側にはボッグは分布していない。

一方，雪の少ない太平洋側ではハンモックが押しつぶされにくく，表面のミ
ズゴケ類が地下水面より高い位置に維持され，ミズゴケ類の生産は促進され
ない。1章で，北部・日本海側の湿原は太平洋側の湿原に比べてボッグの割
合が多いことが説明されているが，上記のような北部・日本海側でのミズゴ
ケ類の高い生産性が一因として考えられる。

　ハンモックの形態と内部の水環境の形成プロセス，さらに形状と気候との
関係を紹介した。ミズゴケ類は地表面を覆う植物であるため，大型の維管束
植物に覆われると衰退してしまう。しかしミズゴケ類はハンモックをつくり
降水涵養性の水質(酸性，低栄養塩類)を形成することで，大型の植物を排除す
る。さらに，ミズゴケ類は自らの枯死体を堆積させ，未分解泥炭の特殊な構

造により安定した水環境を形成する。そして，ミズゴケ類は矮性低木と共生
することで，過度な乾燥を防ぎながら生育する。そこには，ミズゴケ類が無
機環境(生き物以外の環境)の影響を受けながら生育するという「環境作用」と，
逆にミズゴケ類が無機環境を改変する「環境形成作用」からなる，湿原生態
系における無機環境と生物の働きあいが存在する。さらにハンモックとホロ
ウに異なった水環境が形成され，その形態も気候によりさまざまなバリエー
ションがあることがわかった。これは，ハンモックとホロウからなる微地形
が，湿原生態系の環境や，多様な種組成を支えることを示す。このような湿
原植生や環境の形成・維持メカニズムの理解は，湿原の保全にとって重要な
知見となるだろう。

[参考文献]

北海道泥炭地研究会. 1988. 泥炭地用語事典. 71pp. エコ・ネットワーク.

石川統・黒岩常祥・塩見正衞・松本忠夫・守隆夫・八杉貞雄・山本正幸. 2010. 生物学辞
　　典. 1615pp. 東京化学同人.

Rydin, H., Gunnarsson, U., and Sundberg, S., 2006. The role of *Sphagnum* in peatland
　　development and persistence. In "Boreal peatland ecosystems" (eds. Wieder, R. K., and
　　Vitt, D. H.), pp. 47-65. Springer. Heidelberg.

Rydin, H., and Jeglem, J. K. (eds.). 2013. The Biology of Peatlands, 382pp. Oxford University
　　Press. New York.

van Breemen, N. 1995. How *Sphagnum* bogs down other plants. Trends in Ecology &
　　Evolution, 10: 270-275.

矢部和夫. 1993. 北海道の湿原. 生態学からみた北海道(東正剛・阿部永・辻井達一編), 生態
　　学からみた北海道, pp. 40-52. 北大図書刊行会.

Yabe, K., and Uemura, S., 2001. Variation in size and shape of *Sphagnum* hummocks in
　　relation to climatic conditions in Hokkaido Island, northern Japan. Canadian Journal of
　　Botany, 79: 1318-1326.

Yazaki, T., Urano, S., and Yabe, K., 2006. Water balance and water movement in unsaturated
　　zones of *Sphagnum* hummocks in Fuhrengawa Mire, Hokkaido, Journal of Hydrology,
　　319: 312-327.

Yazaki, T., Urano, S., Yabe, K., and Kawauchi, K. 2005. Evapotranspiration rate during
　　growing season in Fuhrengawa Mire, Hokkaido, Japan. Journal of Agricultural
　　Meteorology, 60: 785-788.

Yazaki, T., and Yabe, K., 2012. Effects of snow-load and shading by vascular plants on the
　　vertical growth of hummocks formed by *Sphagnum papillosum* in a mire of northern
　　Japan. Plant Ecology, 213: 1055-1067.

Yazaki, T., Yabe, K., and Urano, S. 2010. Fog deposition measurement in a wetland
　　developed at a flat terrain in the Pacific coast of eastern Hokkaido, northern Japan.
　　Journal of Agricultural Meteorology, 60: 785-788.

17
湿原の霜害

山田雅仁

サロベツ湿原での気象・水文観測

　私がサロベツ湿原において，気象・水文観測を始めるきっかけとなったのは，大学院の博士課程在籍当時の指導教官(高橋英紀先生)から，ある論文を紹介していただいたことによる。それは米国フロリダ州南部の泥炭地にあるエバーグレーズ農業地域での人工衛星から観測した地表面温度の分布に関する論文であった。その農業地域では，周辺の排水していない地域に比べて，晴天で風が弱い夜間(以下，晴天静夜)に，冬季の早朝の地表面温度が最大で約7℃も低くなるという内容の研究論文である。その原因として，土地改良のための泥炭地の排水工事による，地下水位の低下と表層泥炭の乾燥化があげられていた。一般的に，湿原は，平坦で地下水位が高く，水が豊富であるというイメージがあるだろう。そして，その水はすべての物質のなかで，比熱(ある物質1kgの温度を1℃あげるのに必要な熱量)がもっとも大きいので，熱しにくく，冷めにくいはずである。それにもかかわらず，なぜ，湿原は，晴天静夜でそれほど冷え込むのだろうか？

　まず，研究対象としたサロベツ湿原の歴史的な背景から紹介する。サロベツ湿原周辺は，第二次世界大戦後の食糧難のため，農地開発や土地改良事業が行われてきた。サロベツ湿原を流れるサロベツ川下流域では，春先の融雪洪水で，農地の被害が頻発していたため，1960年代に放水路が施工された。その結果，地下水位が低下して，融雪洪水も発生しにくくなった。一方，隣接する農地化されていない湿原にも水位低下の影響が及ぶようになった。その証拠として，通常湿原では，生育が困難であるチマキザサの分布が拡大するようになったことから，湿原の乾燥化も指摘されるようになった。その地下水位の低下が微気象に及ぼす影響を調べるために，サロベツ湿原で気象・水文観測を2000年から2003年にかけて行った(図1)。観測項目は，気温，

図1 気象・水文観測の観察をしているようす

地温や，正味放射量(日射量とその反射量，大気からの下向き放射量と地表面からの上向き放射量を合計した量)，風速・風向，地下水位，深さごとの土壌水分量としての体積含水率である。ここで，体積含水率とは，ある一定体積に対して，水の体積がどの程度含まれているのかを表す。気象・水文観測は，観測機材を設置すれば，自動的にデータを記録することができる。ただし観測現場には商用電源が届いていないので，電池の容量の確認，データを記録するデータロガーの記憶容量の確認，荒天による観測機材への影響の確認，また，小動物にケーブルをかじられていないかの確認など，ひんぱんにメンテナンスをする必要がある。

　観測地周辺の植物は，イボミズゴケ，ムラサキミズゴケ，ホロムイスゲ，ツルコケモモ，ヌマガヤ，ヤチヤナギ，ガンコウラン，ヒメシャクナゲなどが優占しており，キスゲ亜科ワスレグサ属の多年草のゼンテイカ(北海道では，エゾカンゾウとも呼ばれる。別名，ニッコウキスゲ)は象徴種である。また，観測地周辺にはササは生育していない。ゼンテイカは，本州北部，北海道，千島列島南部，サハリン，中国東北部，朝鮮半島の湿原，山地，草原，海岸部に見られる。サロベツ湿原のゼンテイカは，おおよそ4月下旬から5月上旬頃に

図2　5月下旬頃のゼンテイカの花芽

根出葉が出て，5月下旬頃に葉の基部に花芽が形成され，3〜4週間かけて花茎を伸長し，50〜80 cm 程度伸びた後で開花する(図2)。

　観測を始めた 2000 年の暖候期に得られた気象データを整理してみると，確かに晴天静夜の条件下においては，サロベツ湿原の気温は，周辺の豊富町市街地に設置された気象庁アメダス(地域気象観測システム)観測点や日本海に面した稚咲内漁港付近と比較しても，顕著に低くなることを確認できた。この結果は，すでにサロベツ川放水路建設後の調査(当時は，手動で気象観測が行われていた)でも指摘されていたことを詳細な気象データによって確認したにすぎない。そのため，研究のデザインを決めていくのにしばらく悩んだ。それは，何か新しい発見につながる要素が少しでも入らないと研究にならないからである。

ゼンテイカの霜害

　先の微気象観測の翌年の 2001 年5月末に，サロベツ湿原で，ゼンテイカを見ていてあることに気がついた(図2)。ゼンテイカは，5月下旬頃，花芽

が確認できるようになる。その後，花茎上端に位置する花芽の高さが，一日で急激に上昇していくように見えた。試しに，花芽の高さを計測してみると，一日に2〜3 cm も上昇しているということがわかった。直感的に，花茎の伸長が速いと思った。一方で，次のことも頭に浮かんだ。晴天静夜に最低気温が出現する高さは，周辺の代表的な植生の高さ付近であるとの研究報告がある。サロベツ湿原での代表的な植生の高さは，およそ20〜30 cm である。すると，偶発的に発生する低温を避けるためには，この高さを短い時間で通過する方が安全である。そこで，ゼンテイカの花芽は，低温障害(凍霜害)を回避しながら，サロベツ湿原で，生育しているのではないかという考えが浮かんだ。そこで，気象観測地点周辺で，朝6時と夕方6時に，ゼンテイカの花芽の高さを観測することにした(図1)。

　観測を継続していると，6月14日の日没後に，晴天静夜となって，放射冷却によって気温が低下し相対湿度も上昇し，やがて放射霧も発生した(図3, 4)。そして，この霧の水滴がゼンテイカの花芽にも付着した。このときのサロベツ湿原の最低気温は，翌15日の3時過ぎに，地上30 cm で−2℃まで低下した(図4)。すると，花芽の表面に付着した水滴が凍った。それは，見た目でも細かい水滴が透明から白っぽく変化したことからわかった。また，花芽の近くに設置した温度計の結果から，それまで花芽の温度が気温の低下に追従していたのに，途中から花芽の温度が低下しなくなったため，潜熱(水が氷に相変化するときに発生する熱)を放出して凍結したのがわかった。

　北海道の6月は，4時前には朝日が差し込んでくる。明るくなるとサロベツ湿原一帯は，霜が降りて，真っ白になっているのがわかった。ゼンテイカはいったいどうなってしまったのだろうか？　凍霜害を受けた個体の花芽は，緑色から茶色に変化し，花芽の位置も高くならずに，やがて枯れた。一方，凍霜害の影響をほとんど受けなかった個体は，そのまま花茎の伸長を続けた。そして，数日後には，黄色いきれいな花を咲かせた(図5)。

　解析の結果，ゼンテイカ花芽の生死の分かれ目は，やはり低温時の花芽の高さに関係していたことがわかった。6月14〜15日の夜に，気温がもっとも低くなる高さ(20〜30 cm)付近に，たまたま花芽が位置していた場合に，枯れたのである。一方，それよりも高い位置では，気温の低下が弱くなるため，

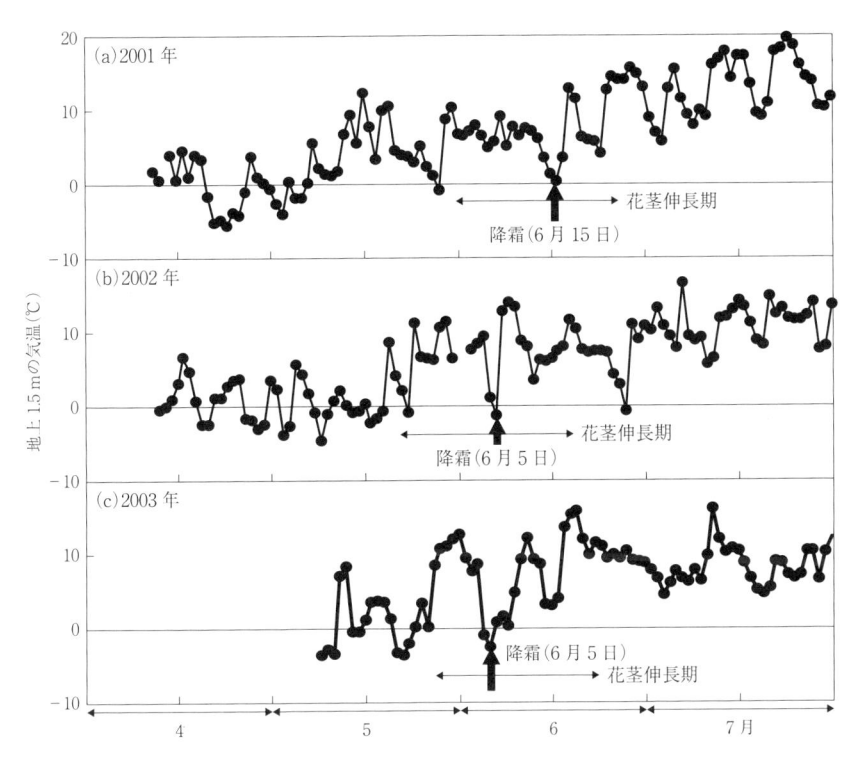

図3 2001，2002，2003年のサロベツ湿原における日最低気温。5月中旬頃までは，気温が氷点下になっても，花芽が葉に覆われているため，霜害を受けない。

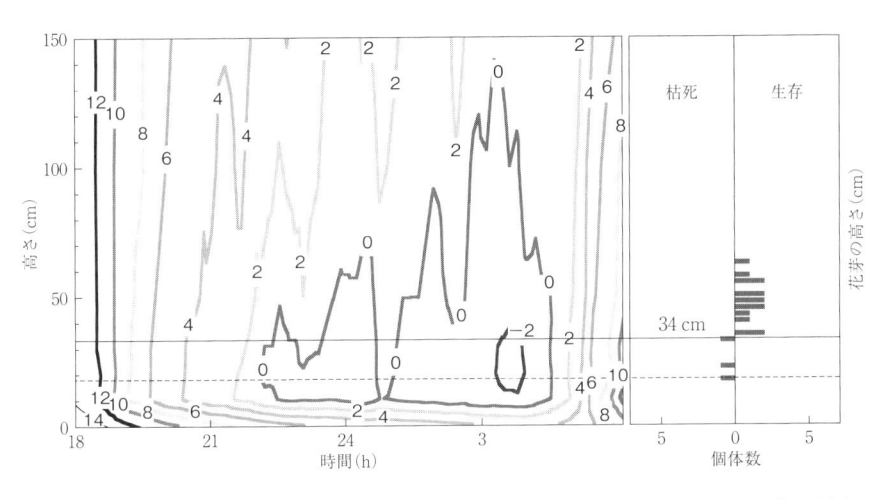

図4 2001年6月14〜15日の気温の鉛直分布（左）と当時の生存・枯死別の花芽の高さ（右）

花芽の位置が低い
個体は枯死

花芽の位置が高い個体は開花

図5　降霜後のゼンテイカの開花状況。2002 年 6 月 14 日

凍霜害に遭わずにすんだ。ただし，個体差があるので，生死が共存している
高さの範囲が存在する。また，花芽が 10 cm よりも低い位置にあった場合
は，花芽がまだ自分自身の葉に覆われていたために，直接，外気に触れず，
凍霜害にあわずにすんだ。

　ゼンテイカの凍霜害は，研究期間中，2002 年 6 月 5 日と 2003 年 6 月 5 日
の未明にも発生した。このうち 2003 年の場合は，3 回のうちでもっとも低
温となり，低温の高さの範囲が広かったため，凍霜害を受けた個体が多かっ
た。サロベツ湿原では，6 月になっても，条件さえ揃えば氷点下になること
がある。その条件としては，上空を寒気が通過するような場合である。そし
て，このような低温になる場合は，風が静穏または，東からの微風となる気
圧配置が多いようである。

　このようなゼンテイカの凍霜害は，毎年発生しているわけではないようだ。
凍霜害が発生しなければ，6 月下旬〜7 月上旬にかけてのサロベツ湿原は，
一面ゼンテイカの黄色い花で見応えがある。しかし，ゼンテイカが凍霜害に
あってしまうと，毎年 7 月上旬に開催されているサロベツ花祭りのときでさ
え，ゼンテイカの花がわずかしかないということになる。

　ゼンテイカは，決して条件が良いとはいえないサロベツ湿原で生育している。ゼンテイカは，花茎の伸長に個体差がある。ある個体は，早い時期から伸長を開始するが，また別の個体は，もう少し遅い時期に伸長を開始する。そのため，たとえ凍霜害が発生するような低温になっても，花芽がさまざまな高さにあるため，ある個体の花芽は枯れてしまうかもしれないが，別の個体の花芽は生き残ることができる。また，ゼンテイカは，多年草であるため，ある花芽がたとえ凍霜害によって枯れてしまっても，葉や地下部が生き残り，翌年には，また花茎が出てくるのである。こうして，サロベツ湿原のゼンテイカは，毎年，私たちを楽しませてくれるのである。

泥炭の熱的性質

　続いて，晴天静夜という条件のもとで湿原の気温が顕著に低くなる理由について調べた。湿原が低温になるということは，大気側だけでなく，泥炭という土壌側の要因にも注目する必要がある。ここで，泥炭の性質をごく簡単に記すと，濡れたスポンジのようである。まず，スポンジの隙間(間隙)に水が満たされると，時間とともに，重力によって，水が抜け落ちていく。すると，水があったところには，空気が入り込む。また，スポンジを押しつぶすと，さらに水が出てくるが，力を抜くと，空気が入り込む。このように濡れたスポンジは，空気と水が混在した状態であるが，泥炭もこのような性質をもっている。

　まず，サロベツ湿原の水文環境について，2002 年の地下水位と体積含水率の結果を示す(図6)。4 月のサロベツ湿原は，融雪によって地下水位が高く保持されていた。その後，5〜6 月になると，降水量が少ない時期となったため，地下水位は徐々に低下していった。それにともなって，体積含水率も低下した(図7)。その後，まとまった雨が降れば，地下水位は再び上昇する。ところが，たとえ降水後の地下水位が，降水前の地下水位と同じ高さまで上昇したとしても，泥炭の体積含水率は，降水前よりも，いくらか小さくなってしまうことがわかった。ここでは，これを乾燥履歴と呼ぶ。

　ここで，泥炭層の体積含水率の減少にともなって，空気の割合(気相率)が

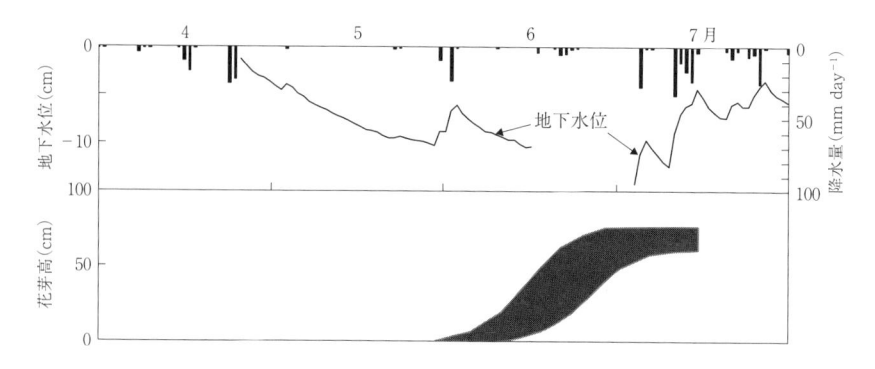

図6 2002年の日降水量，地下水位および花芽の高さの範囲(概念図)。花芽は，5月下旬までは，葉に覆われているが，それ以降は日々上昇していく。

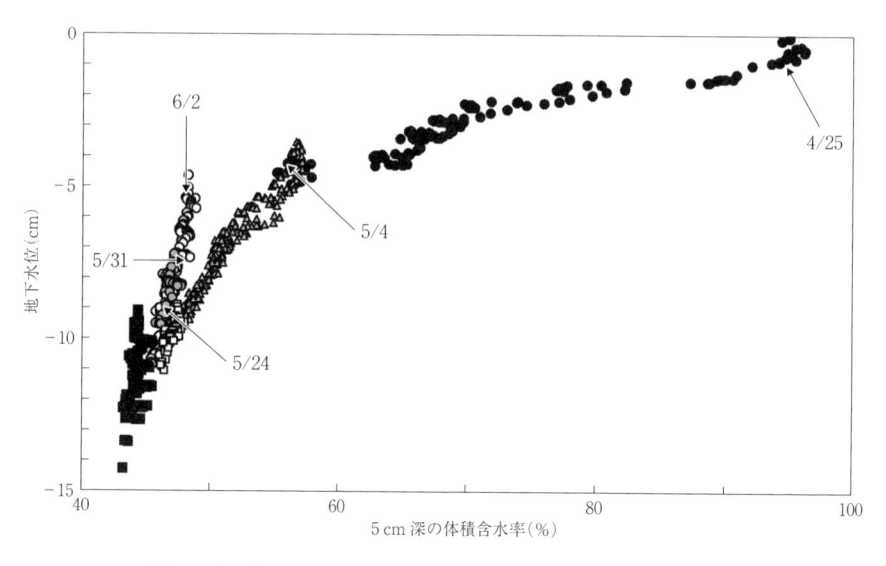

図7 地下水位と体積含水率(2002年4月26日～7月11日まで)

高くなるので，空気の熱的性質を考えてみる。例えば，北海道の住宅は，たいてい，二重窓になっている。これは，外側と内側の窓の間に，空気があるため，特に寒冷期では，家のなかの熱が寒い外気に伝わりにくくなるという性質を利用したものである。この空気はほとんど動きがないため，静止空気と呼ばれ，熱が非常に伝わりにくいという性質をもっている。泥炭層も同様

に，空隙に存在する静止空気によって，熱を伝えにくいという性質をもつ。

　実際に，サロベツ湿原の表層の泥炭では，固相率が数％と非常に低く，体積含水率が約30％だった場合でも，気相率は70％近くになる。一方，一般的な土壌の固相率は20〜40％程度であるので，体積含水率と気相率の合計が60〜80％となる。つまり，表層泥炭は，一般の土壌に比較して，空気の量が多いということを意味している。ここで，長靴を履いて泥炭地に入り込んだ場合を想定してみると，地面が沈むため容易に地下水面以下に届くことがある。そのため，湿原は水が豊富であるという印象を受ける。ところが，表層泥炭は，気相(静止空気)が多いので熱を伝えにくいのである。そのため，湿原では水が豊富であるという印象にもかかわらず，熱の伝わりやすさは大きくないのである。つまり，泥炭の地表面付近では地中の熱が地表面に伝わりにくいため，晴天静夜の条件下で放射冷却によって，気温が低くなりやすいのである。

数値モデル実験による気温低下要因の検討

　湿原の夜間冷却現象を再現するために，パソコン上でコンピュータプログラムを記述して，エネルギー収支式などの物理式に基づいた鉛直一次元の非定常(ここでは，夕刻の初期値のみを設定)の数値モデルを構築し，実験を行った。ここでは，サロベツ湿原が広い平坦面をもっているため，水平方向の気温は一様であると仮定した。気温を求めるだけだが，実際には，いろいろな項目を考慮して計算するのである。例えば，気温，地表面温度，葉温，風速，水蒸気量，長波放射(大気放射)*，泥炭層の温度，地下水位，体積含水率などである。また，効率よく計算するために，高さの間隔や時間間隔をどのようにするか，計算領域の上端や下端の処理方法なども試行錯誤しながら決めていくのである。さらに，計算結果が現場での観測結果を十分に再現しているかどうかを確認しながら進めた。このような条件下で，ゼンテイカの凍霜害が発生した2002年6月4〜5日の現象を計算で再現し，また，地下水位の条件を変えて，数値モデル実験を行った。

　まず，地下水位が地表面に位置していたと仮定した場合は，明け方のサロ

ベツ湿原の気温は，豊富町の市街地よりも1℃以上高くなるという結果が得られた。この理由として，表層泥炭まで水で満たされており，地中の熱が静止空気よりも地表面へ伝わりやすいことがあげられる。一方，地下水位が1 cm 低下すると，地上 20 cm の気温が約 0.7℃の割合で低下した。また，先ほど，地下水位がいったん低下した後に，地下水位が再び上昇しても，体積含水率が以前よりも低くなる乾燥履歴について紹介した。同じ地下水位で体積含水率が乾燥履歴を受けている場合は，受けていない場合と比較して，地上 20 cm の気温が約 1℃低くなることがわかった。

　以上のことから，サロベツ湿原の地下水位の低下と，泥炭の熱的性質によって，晴天静夜の気象条件において，気温低下が顕著になったと考えられる。また，地下水位の乾燥履歴が気温に影響を及ぼしているということもわかった。そして，地下水位と気温の低下量の関係を定量的に明らかにすることができた。今後，サロベツ湿原においてゼンテイカの霜害発生を抑制するためには，地下水位を低下させない保全対策が必要であることがわかった。またゼンテイカにとっては，サロベツ湿原が必ずしも温度条件の良い場所ではないにもかかわらず生育できるのは，花芽が周辺の植生高を速く通過し，凍霜害を避けるという戦略があるためと考えられた。

　最後に，この研究にご協力いただきましたみなさまに感謝申し上げます。

［参考文献］
Chen, E., Allen, L. H., Bartholic, J. F., Bill, R. G., and Sutherland, R. A. 1979. Satellite-sensed winter nocturnal temperature patterns of the Everglades agricultural area. Journal of Applied Meteorology, 992–1002.
Yamada, M., and Takahashi, H. 2004. Frost damage to *Hemerocallis esculenta* in a mire: relationship between flower bud height and air temperature profile during calm, clear nights. Canadian Journal of Botany, 82, 409–419.
Yamada, M., Sato, T., and Takahashi, H. 2009. A numerical simulation for the effect of water table levels on nocturnal air temperature and frost damage in mire, Japan. Wetlands, 29, 176–186.

18
泥炭地湖沼の役割

木塚俊和

湿原にできた大小の池沼——泥炭地湖沼

　北方の湿原に出かけたことのある読者なら，一面に広がる草原のなかに大小さまざまな池沼を目にしたことがあるかもしれない。池沼にたたえられた水面は湿原景観にアクセントを与え，私たちの目を楽しませてくれる。このような北方の泥炭地とその周りの湿原にできた池沼のことを「泥炭地湖沼」「泥炭地池沼」あるいは「泥炭沼」，英語では「マイアー・プール(mire pool)」と呼ぶ。特に，ボッグに形成する池沼を「池溏(池塘)*」と区別することもあるが，ここでは泥炭地湖沼と呼ぶことにしよう。

　泥炭地湖沼はどのようにして形成されるのだろうか。これには，湿原を構成する植物の成長や，それらの枯死体が泥炭として地表面に堆積していくプロセスが深くかかわっている。当然のことながら，湿原の植物の成長量はどこも一様なわけではなく，植物の種類によって，また，同じ種類の植物でも，水位や水質，気象などさまざまな環境条件によって，その成長量は異なる。ボッグの地形変化の過程をモデルにより推定した研究によれば，湿原のわずかな傾斜の違いによってできた水位変化により，植物の成長量に違いが生じ，成長の悪い場所に泥炭地湖沼の原型となる水たまりが形成されると報告されている(図1)。この研究では，各地の湿原あるいはそのなかに存在する泥炭地の微地形を再現することでモデルを検証している。ボッグの傾斜地に見られる泥炭地湖沼の湛水面とその下手側の縁の高まりがこのモデルにより再現されている。

　この他に，湖沼の底に長い年月をかけて有機物*などが堆積し，浅くなった場所に泥炭が発達してできるものもある。例えば，北米大陸やユーラシア大陸の北部などの氷河堆積物の分布する地域には，ケトルホール(kettle hole)と呼ばれる窪地にできた泥炭地湖沼が見られる。ケトルホールとは氷河後退

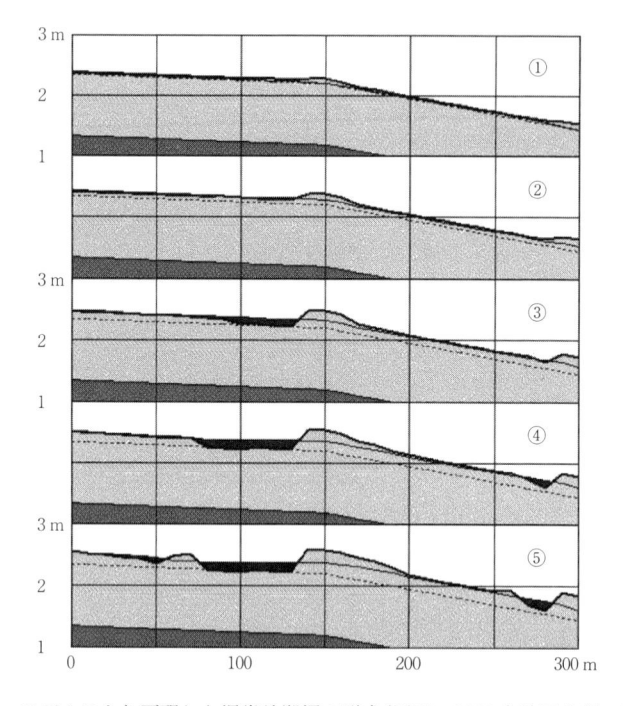

図1 モデルにより再現した泥炭地湖沼の形成（岡田, 2008 を許可を得て転載）。
上から計算開始後 100 年毎の計算結果を表し, ⑤は 500 年後の形状を示す。
各図の下位の点線は初期地形, 上位の太線は現在地形, 中の細線は現在の地
下水位を示している。勾配の変化点に高まりができ, その上手に黒く塗りつ
ぶした湛水域が形成されるのがわかる。

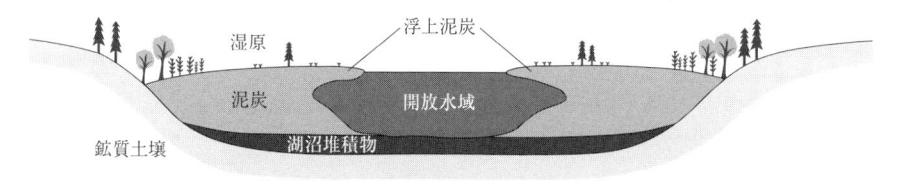

図2 陸化によってできた湿原および泥炭地湖沼の模式断面図

後に氷の塊が融解してできた窪地のことである。このように, 水面が埋めら
れながら泥炭地が形成されることを陸化と呼ぶが, 陸化によってできた湿原
では, 泥炭の堆積から取り残された開放水域が泥炭地湖沼になると考えられ
ている（図2）。

　泥炭地湖沼の形成プロセスに関する研究事例は少ないため，上記以外の形成プロセスもあるかもしれない。少なくとも上のふたつの事例に共通するのは，植物の成長や泥炭の堆積といった泥炭地の形成とともに湖沼が形づくられるという点である。このことは，次に説明する泥炭地湖沼の水文化学環境の特徴とも深くかかわっている。

泥炭地湖沼に棲む生物とその特殊な環境

　一般に，泥炭地湖沼の水質は酸性で栄養分に乏しく，また，腐植*物質が多く溶け込んでいるという特徴がある。腐植物質とは植物が枯れて微生物によって分解される過程でできる高分子の有機物のことである。なぜそのような水質になるのかは後で述べるが，こうした水質は，水生生物にとっては必ずしも棲み良い環境とはいえないようだ。例えば，米国ウィスコンシン州のボッグには，pH 4～5 の酸性の水質と冬季の溶存酸素濃度低下のために魚が全くいない泥炭地湖沼がある。これらの湖沼の実験区で pH を中性に調整した結果，pH を調整しない場合に比べて小型の動物プランクトンの個体数増加が確認された。この結果は，酸性の水質が小型の動物プランクトンの生息阻害要因のひとつとなっていることを示唆している。

　泥炭地湖沼の水の色は，豊富な腐植物質を反映してやや黒みを帯びた黄色や赤色をしている。このような水の色も湖沼の生物にとって重要な意味をもつ。スウェーデン北部の 12 の湖で，植物プランクトン，湖底の藻類，魚の量と水質との関係性を調べた研究がある。それによると，腐植物質の指標となる溶存有機炭素濃度が高く褐色の湖では水中の光量が少なくなり，湖底の藻類や魚の生産量が低下することが明らかになった。光量の低下は水中で光合成を行う水生植物*や藻類の生育も阻害する。フィンランド北東部の 21 の池でヤゴやトビケラなどの水生昆虫を調べた研究では，ボッグの池の底には水生昆虫の隠れ家となる水生植物や餌となる藻類が少ないため，森林の池に比べて水生昆虫の種類が少なかった。

　以上のように，泥炭地湖沼の特殊な水質は水生生物にとって厳しい環境のようだ。その一方で，酸性の水質に耐性を身につけた生物や，豊富に存在す

る腐植物質をエネルギー源とする生物も存在する。このように泥炭地湖沼の特殊な水質環境に適応進化してきた生物たちは，逆にほかの水域では生き残ることが難しいだろう。この点で，泥炭地湖沼は生物多様性*の維持に重要な役割を果たしているといえる。

　ところで，このような泥炭地湖沼の特殊な水質はどのようにして形成・維持されているのだろうか。これには泥炭地湖沼の形成が深くかかわっている。泥炭地湖沼は植物の成長や泥炭の堆積といった泥炭地の形成とともに形づくられることは先に述べた。泥炭地の形成過程を長い目で見ると，初期段階では地表面が水没した状態で泥炭が堆積する。このように，地表水の影響を受ける泥炭地ではヨシや大〜中型のスゲ類などが優占するフェンが発達する。その後，泥炭の堆積とともに地表面が隆起し，やがて泥炭表面は地表水の影響をほとんど受けない高さにまで達する。このように，降水によって涵養される泥炭地ではミズゴケ類や小型のスゲ類が優占するボッグが成立する。このような泥炭地の形成過程のどの段階にあるかによって，そこにできた湖沼の水質やその維持機構も変わってくる。

　例えば，米国バーモント州に位置するケトルホール泥炭地では，ドーム上に発達したボッグの中央部に湖沼が形成されている。泥炭地は主に降水によって涵養されており，泥炭地周囲の鉱質土壌から孤立した局所的な水文環境にある。このような泥炭地湖沼の水は，通常，降水と周囲の泥炭から染み出た地下水とが混ざり合ってできている（図3A）。降水のpHはそこに含まれる物質によって異なるが，大気中の二酸化炭素（CO_2）が十分溶け込んだ場合のpHは5.6である。また，泥炭から染み出た地下水もミズゴケ類のイオン交換作用（ミズゴケ類が陽イオンを吸収するときに水素イオンが放出される）や腐植物質のひとつであるフミン酸などによって酸性を示す。さらに，窒素やリンといった栄養塩類*の供給が降水を含む大気からの降下物に限られる。このような環境が，酸性で栄養分に乏しい泥炭地湖沼の水質を形成する。

　国内の泥炭地湖沼では，筆者らにより，釧路湿原の赤沼の水収支と物質収支が調べられている。赤沼はボッグの縁に位置し，地形的にみて湖の上流側をボッグ，下流側をフェンと接している。観測の結果，赤沼に流入する水の大部分は降雨時に発生したボッグ側からの地表水であることがわかった。一

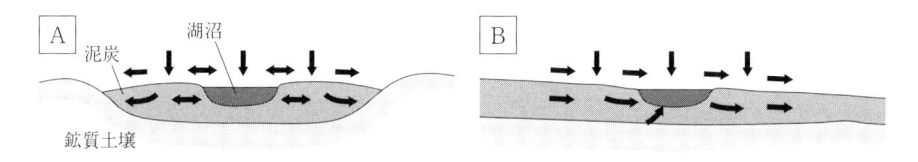

図3　泥炭地湖沼周辺の主要な水の流れと，それにともなう物質移動の模式図。A は主に降水と周囲の泥炭から染み出た地下水によって涵養される湖沼を，B は降水や泥炭地下水に加えて，鉱質土壌の影響を受けた地下水が流入する泥炭地湖沼を表している。

方で，カルシウムイオンや窒素・リンの多くは湖底から湧き出る地下水によって供給されていた(図3B)。このような水文環境を反映して，赤沼の水質は観測期間の平均でpH 7 程度と中性を示し，また，窒素やリンの濃度もこれまで報告のあった泥炭地湖沼より高い値を示した。上述のように，泥炭地湖沼の水質は酸性で栄養分に乏しいのが一般的といわれているが，湖の立地条件によっては赤沼のように中性で比較的栄養分に富む湖沼も存在するようである。赤沼は河川の堆積作用でできた沖積平野*に位置しており，泥炭の下層には粘土やシルトから成る鉱質土壌が堆積している。こうした鉱質土壌からミネラルや栄養塩類が湖沼に供給されている可能性がある。赤沼と同じように沖積平野に成立し地下水の供給を受けるほかの泥炭地湖沼でも同じような水質の特徴が見られるのか，興味深いところである。

　以上のことから，泥炭地湖沼の水質は泥炭地の遷移段階や水文環境，基盤となる地質によって異なると考えられる。実際にはさらに湖水中の生物的作用などによっても影響を受けるだろう。現在のところ，泥炭地湖沼の水収支や物質循環について調べられた事例は少ないため，泥炭地湖沼の水質維持機構については未解明な部分も多い。

泥炭地湖沼と人々とのかかわり

　北海道石狩川下流域の平野部(石狩平野)には広大な農地が広がっている。かつて，この石狩平野には釧路湿原やサロベツ湿原をしのぐ北海道最大の湿原が広がっており，数多くの泥炭地湖沼が存在していた。1/50,000 の地質図を見ると，泥炭地は蛇行する河川の間に島状に分布しており，周辺部から

中心部に向かうにつれヨシ，スゲ類，ミズゴケ類の泥炭土へと変化する。湖沼は，河川の氾濫によってもたらされた砂や粘土などが堆積する低地土から，ヨシやミズゴケ類の泥炭土まで，さまざまな場所に点在している。このことから，氾濫によって河川水が流入しやすい湖沼から，主に降水によって涵養される湖沼まで，さまざまな水文環境の泥炭地湖沼が存在していたことがうかがえる。

　かつての石狩湿原は，先人たちの英知と苦労によって豊かな農業地帯へと変貌をとげた。その一方，排水や埋め立てによって多くの泥炭地湖沼が消失したと考えられる。石狩平野北部，美唄市西美唄町大曲周辺の土地利用変遷を見ると，地図上で「荒地」として示される湿原が年代を追うごとに農地化され，それにともない湖沼も消失するか，あるいはその水面が縮小していく

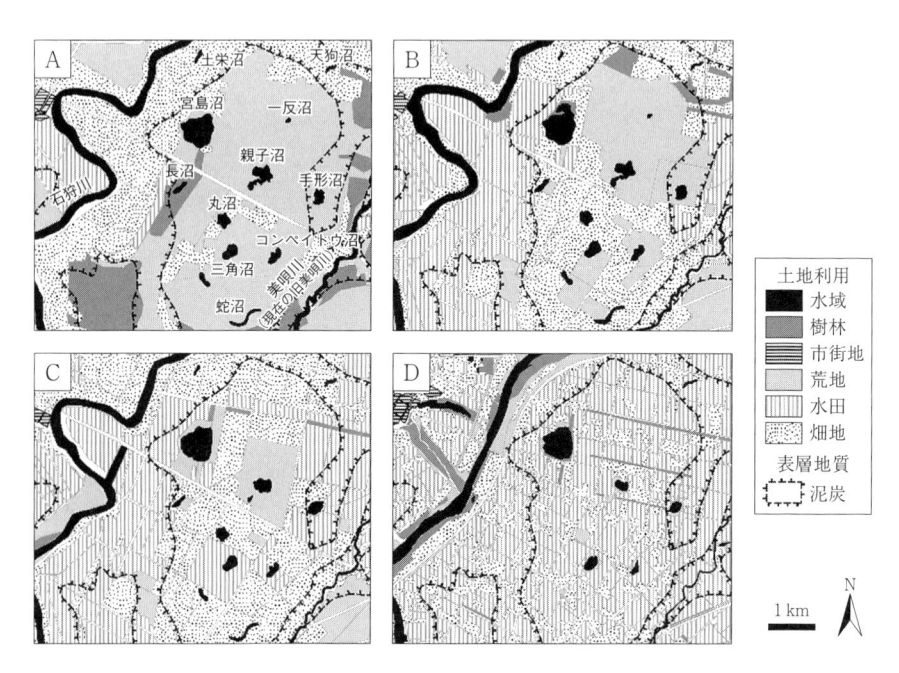

図 4　美唄市西美唄町大曲周辺の土地利用変遷と泥炭の分布域。A：1910 年代，B：1930〜40 年代，C：1950〜60 年代，D：2000 年代。土地利用図は，1/50,000 および1/25,000 の地形図を基に筆者が作成した。泥炭分布域は，国土調査による 1/200,000土地分類基本調査の GIS データ(表層地質(ポリゴン))を使用して筆者が作成した。

のが見てとれる(図4)。特に，1950〜60年代から2000年代にかけて多くの湖沼が消失し，一帯が水田化されている。美唄地区では第二次大戦後に残されていた原野の開発が進み，1950年代に始まった灌漑排水事業によって水田化がいっそう進んだ。比較的大きな湖沼は溜池として利用され，それ以外の小さな湖沼は埋め立てられ，農地などに転換されていったと考えられる。

　かろうじて開発を免れた泥炭地湖沼は，溜池としての役割のほかに，湿地に暮らす生物の貴重な生息場所にもなっている。例えば，ラムサール条約(25章参照)湿地に登録されている石狩平野北部の宮島沼は，ガンカモ類の渡りの中継地として重要であり，国の天然記念物であるマガンをはじめ多くの水鳥が飛来する。宮島沼には水鳥観察を目的とした多くの観光客が訪れ，また，子供たちが水辺の生物や環境について学ぶ教育の場にもなっている。

　残された泥炭地湖沼も一時の開発を免れたからといって安泰とはいえない。灌漑排水システムに組み込まれた泥炭地湖沼では，その水文環境は開発前の状態から大きく変わってしまっただろう。石狩川から取水された河川水は周辺の農地を潤す一方で，その農地排水や河川水が水路を通って沼に流入するようになった。通常，降雨に由来する湿原の地表水に比べ，河川水や農地排水は栄養分をより多く含むため，開発前の状態に比べて栄養分の流入量が増加したと考えられる。これにより，石狩泥炭地の湖沼では富栄養化*が生じていると指摘されている。富栄養化とは，窒素やリンといった植物プランクトンの増殖をうながす栄養塩類の濃度が上昇する現象であり，特定の植物プランクトンの増殖によって湖水の濁りの増加や悪臭の発生，さらには，水生植物の衰退や魚介類の酸欠被害をもたらすこともある。最近の研究によれば，富栄養化の要因として，河川水や農地排水の流入だけでなく，特定の湖沼に過度に集中する水鳥排せつ物の影響も指摘されている。さらに，富栄養化の問題だけでなく，農地から供給される土粒子や生物遺骸などの堆積による沼の浅底化も懸念されている。

　こうした問題を背景に，最近では，泥炭地湖沼の保全・再生に向けた取り組みも行われるようになった。宮島沼では湖底堆積物を取り除く浚渫試験が行われ，水質改善や水生植物再生への効果が検証されている。開発によって水面が消失していたサロベツ湿原の落合沼では，国による自然再生事業*に

おいて水抜き水路の埋め戻しが実施され，沼の湛水域の再形成と周囲の植生維持などがはかられている。こうした保全・再生事業を効果的に進める上でも，泥炭地湖沼の生物や，基盤となる水・物質循環に関する科学的な知見の蓄積がますます重要になると考えられる。また，石狩泥炭地のように，開発の進んだ地域においては，すでにある地域住民の暮らしや生業とバランスのとれた泥炭地湖沼の新たな保全やワイズユース＊のあり方が求められていくだろう。

［参考文献］

Arnott, S. E., and Vanni, M. J. 1993. Zooplankton assemblages in fishless bog lakes: influence of biotic and abiotic factors. Ecology, 74: 2361-2380.

冨士田裕子. 2014. 上サロベツ自然再生事業. サロベツ湿原と稚咲内砂丘林帯湖沼群―その構造と変化（冨士田裕子編）, pp. 221-227. 北海道大学出版会.

Heino, J. 2000. Lentic macroinvertebrate assemblage structure along gradients in spatial heterogeneity, habitat size and water chemistry. Hydrobiologia, 418: 229-242.

北海道開発局札幌開発建設部. 2000. 石狩川水系内水排除事業誌. 377pp. 北海道開発局札幌開発建設部.

Karlsson, J., Byström, P., Ask, J., Ask, P., Persson, L., and Jansson, M. 2009. Light limitation of nutrient-poor lake ecosystems. Nature, 460: 506-509.

木塚俊和・中村雅子・牛山克巳・山田浩之. 2016. 収支の計算残差を用いた渡り性水鳥による過栄養湖への栄養塩負荷量の推定. 湿地研究, 6：33-48.

Kizuka, T., Yamada, H., and Hirano, T. 2011. Hydrological and chemical budgets of a mire pool formed on alluvial lowland of Hokkaido, northern Japan. Journal of Hydrology, 401: 106-116.

木塚俊和・山田浩之・平野高司. 2012. 石狩泥炭地宮島沼の水・物質収支に及ぼす灌漑の影響. 応用生態工学, 15：45-59.

Kizuka, T., Yamada, H., Yazawa, M., and Chung, H-H. 2008. Effects of agricultural land use on water chemistry of mire pools in the Ishikari Peatland, northern Japan. Landscape and Ecological Engineering, 4: 27-37.

Mouser, P. J., Hession, W. C., Rizzo, D. M., and Gotelli, N. J. 2005. Hydrology and geostatistics of a Vermont, USA kettlehole peatland. Journal of Hydrology, 301: 250-266.

岡田操. 2008. カレックスモデル―植生生長関数を介した高層湿原の微地形形成モデルの提案. 地形, 29：281-300.

19
湿地としての田んぼの機能

吉田　磨

湿地と田んぼ

　1800年代後半〜1900年代初頭には全国でおよそ21万 ha 存在していた湿地が，2000年には8万2,000 ha にまで減少した。湿地は従来，洪水の緩和や水の供給源としての機能を提供してきたが，近年では野生動植物の生息地や汚染浄化等の環境的機能の重要性も見出され，湿地の保全や持続可能な利用が重要な課題となってきている。一方，2015年現在，日本の農用地は450万 ha で国土の約12%を占め，その半分以上が田んぼである。つまり日本の面積の6〜7%は田んぼということであり，人工的湿地としての田んぼの役割は大変大きい。田んぼは森でいう里山的な役割を担っており，何百年かけて維持されてきた田んぼは，人工でありながらも重要な湿地の生態系として位置づけられる。最近では水鳥のための水面の維持を目的に「ふゆみずたんぼ*」が注目を集めている。ここではその「ふゆみずたんぼ」での実際のフィールド観測例をもとに生物多様性* や地球温暖化* 問題における重要性を解説する。

田んぼによる地球温暖化

　IPCC(気候変動に関する政府間パネル)* の最新の報告書によると，直近の約130年間で地球の平均気温は0.85℃上昇している。地球温暖化の主な原因は，人間の活動により排出される二酸化炭素(CO_2)や，メタン(CH_4)，一酸化二窒素(N_2O)をはじめとする各種の温室効果気体が大気中に蓄積され，長期間滞留することにある。各気体成分の温暖化への寄与率は，IPCC(2013)によると全温室効果気体中CO_2が51%，CH_4が29%，N_2Oが5%である。

　温室効果気体世界データセンター(World Data Centre for Greenhouse Gases)に

よると，地球の大気全体でのCH_4平均濃度は2014年で1,833 ppb（Parts Per Billionの頭文字をとったもので，%同様に濃度を表す単位として用いられ，10億分のいくらかという値。つまり，大気中の10億個の分子を集めれば，そのなかの1,833個はCH_4分子。）であり，産業化以前の平均値約722 ppbに比べ2.5倍以上にも増えている。一方，N_2O平均濃度は2014年で327.1 ppbであり，産業化以前の平均値約270 ppbに比べて1.2倍に上昇している。

　CH_4の和名は「沼気（しょうき）」といわれるように，湿地からもっとも多く放出されており，その寄与率は約20%である。CH_4発生源の約70%は生物起源であり，なかでも田んぼからのCH_4放出の寄与は約15%と，田んぼは人為起源での最大の発生源である。地球温暖化係数（Global Warming Potential：GWP）は，同じ質量のCO_2を1とし，その気体分子がCO_2の何倍地球を温暖化させる能力があるかを示す値であるが，CH_4は34であり，大気中の濃度は低いながらも分子レベルでみると地球温暖化への影響は大きい。

　田んぼでは，まず水を張ったとき（湛水と呼ぶ）の酸素の少ない還元的*な環境で，メタン生成菌が酢酸（CH_3COOH）やCO_2を基質（材料物質）としてCH_4を生成する（図1）。土壌中で生成されたCH_4は水稲根内に吸収され，根の組織内で気化して通気組織を経由して葉から大気へ放出される。この稲を媒体としたCH_4放出が，田んぼにおけるCH_4放出経路の約90%を占めると考えられている。

$$CH_3COOH \rightarrow CH_4 + CO_2$$
$$CO_2 + 4H_2 \rightarrow CH_4 + 2H_2O$$

図1　CH_4の生成過程

　一方，酸化的な土壌環境に生息するメタン酸化菌はCH_4をCO_2に酸化する。田んぼの田面水のように，薄く湛水した土壌表面には酸素が存在しており，メタン酸化菌が生息できる。

　田んぼでは田植えから約1か月後に田んぼの水を抜き土壌を乾かす中干しが行われることがある。根の強化や有害気体成分の除去などのために行われているが，土壌中に酸素がゆきわたり酸化的になることでCH_4放出が抑制

される。しかし N_2O 生成は増加する。

　では次に N_2O について見ていこう。N_2O の和名は「笑気」であり，麻酔に使われる気体である。この気体を吸うと口角が上がって笑っているように見えるためそう呼ばれている。N_2O の GWP は 298 であり，1 分子当たりでは強力な温暖化能をもつ。さらに，N_2O は生物にとって有害な紫外線を吸収してくれる成層圏オゾンを破壊する物質でもあるため，生命環境への影響は大変大きい。

　環境の酸化還元状態に応じてさまざまな微生物が硝化と脱窒の両過程において N_2O を生成している（図2）。

$$硝化過程 \quad NH_4{}^+(NH_3) \rightarrow NH_2OH \longrightarrow NO_2{}^- \rightarrow NO_3{}^-$$
$$\downarrow$$
$$N_2O \quad 副生成物$$
$$脱窒過程 \quad NO_3{}^- \rightarrow NO_2{}^- \rightarrow NO \rightarrow N_2O \rightarrow N_2$$
$$中間生成物$$

図2　N_2O の生成過程

　自然起源の N_2O は主に土壌や海洋において生成されているが，地球全体の N_2O 供給源の約 40% が自然土壌からである。人為起源の N_2O 供給源は肥料を撒かれた土壌や家畜排せつ物の処理など，主に農業における硝化脱窒過程であり，全供給源の約 20% を占める。

　田んぼからの N_2O 放出はほとんどイネを媒体とせず，落水時の酸化的環境下で土壌から直接放出される。中干しによって CH_4 はほとんど生成されなくなるが，土壌が酸化的になるので N_2O が生成されて大気へ放出される。つまり，田んぼからの CH_4 と N_2O の発生はトレードオフの関係にある。

ふゆみずたんぼ

　近年，ふゆみずたんぼが環境にやさしい農法として再び各地で施されるようになった。冬から田んぼに水を張ることにより，疑似湖沼として湿地に依

存する多様な生物の生息地として利用され，特に渡り鳥にとって重要な越冬地の拡大や保全がなされるとして推奨されている。ふゆみずたんぼのように有機栽培を行う田んぼでは，化学肥料や農薬を使う通常の田んぼに比べて生物相が多様になるという結果もある。加えて，水鳥の雑草種子採食による抑草効果や水鳥の糞による肥料効果も期待できる。さらにふゆみずたんぼではイトミミズが増えるため，イトミミズが田んぼの土を食べ体内を通過するときに土が細かくなり，その糞が泥の表面にたまっていわゆる「トロトロ層」と呼ばれる微細な有機物* の層が形成される。この層は雑草の種を埋没させるため，種が飛び込んできても発芽しづらく雑草を抑制できる。このようにふゆみずたんぼには多くの有機物が堆積し，さらに抑草効果もあるので，化学肥料や農薬の使用を抑えられる人と環境にやさしい農法として注目されるようになった。しかし CH_4 や N_2O 放出など，温暖化の観点ではほとんど研究されていなかった。そこで CH_4 と N_2O の生成過程，そして大気への放出量を把握するために宮島沼周辺のふゆみずたんぼ，および対照区として化学肥料により栽培される通常の水田(以下，慣行田)にて学生とともに 2008 年よりフィールド観測を行い，水田土壌・田面水環境観測および CH_4 や N_2O 発生量の定量的評価を行った。これらの観測結果を紹介する。

フィールド観測

　北海道美唄市に位置する宮島沼は，約 0.3 km² の水面積をもち周囲を農耕地に囲まれている。春と秋には国指定天然記念物の水鳥であるマガンが数万羽飛来することにより，2002 年にラムサール条約(25 章参照)に登録された(図3・4)。近年宮島沼ではアオコの発生が確認されるなど富栄養化* が進み，また水面の縮小化も深刻化している。このため，マガンの中継地となる水面を確保し，さらなる宮島沼の環境悪化を防ぐため，2008 年より東隣の農地がふゆみずたんぼとして整備されてオーナー制水田事業が始まった。筆者の研究室もふゆみずたんぼオーナーとなり，学生とともに小作人となってフィールド観測を実施している(図 5A・B)。

　塩化ビニル製の無底箱容器を研究室で作成し水稲にかぶせて外気と遮断し，

図 3　宮島沼におけるマガン。春と秋に数万羽飛来して羽を休めている。

図 4　宮島沼にねぐら入りするマガン

そのなかの空気を 1 L 採取した後，研究室に持ち帰りガスクロマトグラフにて CH_4 濃度と N_2O 濃度を測定した。さらに単位面積から単位時間当たり放出される気体の量を表すフラックスを計算した（図 5C・D）。

観測結果の一例

　2011 年と 2012 年のふゆみずたんぼと慣行田における CH_4 フラックスを図 9 に示した。ほとんどの観測日において慣行田に比べてふゆみずたんぼからの CH_4 放出量は多かった。

　2011 年のふゆみずたんぼでは，6 月 21 日に 436 mg m^{-2} h^{-1} の極めて大きな極大値が観測され，その後 7 月初～中旬まで放出量が多い傾向が続いた

図5　(A) わが研究室のオーナー田んぼ。学生と共にここで毎年小作人になっている。(B) オーナー田んぼの最後の行事，収穫祭。研究室ポロシャツを着て学生と共にみんなでつくったお米をみんなでいただく。お米の食べ比べや餅つき大会，地域の食材を使ったおかずやお味噌汁もあり大満足。右から2番目が筆者。(C) 研究室作成のチャンバーを用いた CH_4 や N_2O フラックスの観測。(D) 土壌環境の計測。土の状態によって CH_4 や N_2O 生成環境が大きく異なる。

(図6A)。そこで，2012年より慣行田と共にふゆみずたんぼにおいても中干しをすることにし比較した。すると例年大量の CH_4 が放出していた7月においても落水した期間にはフラックスはほぼ0になり，CH_4 放出に対する中干しの効果が顕著に表れた。その後再び湛水した結果，8月21日に極大を観測したが，例年の放出量に比べて1ケタ少なかった(図6B)。このように地球温暖化防止に対する中干しの有効性が明らかになったが，酸化的環境に

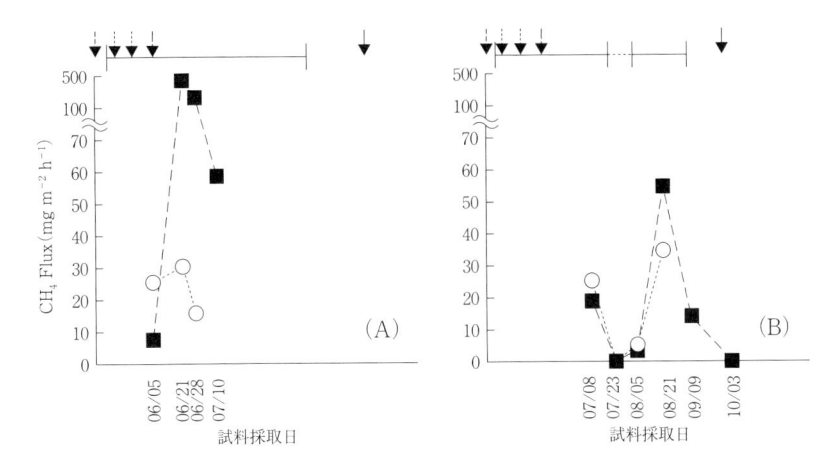

図 6　ふゆみずたんぼ(■) および慣行田(○) における CH_4 フラックス(吉田ほか，2014 を一部改変)。(A)2011 年，(B)2012 年。図の上部には実線で湛水期間を示し，矢印は左から施肥，代掻き，代掻き，田植え，稲刈りの時期を示す。なお，2011 年ではどちらの田んぼも中干しを行わず，2012 年はどちらも中干しを行った。

表 1　ふゆみずたんぼ，および慣行田における 2011 年と 2012 年の CH_4 放出量，N_2O 放出量(吉田ほか，2014 を一部改変)。CO_2 換算した CH_4 および N_2O と合計 GWP

観測年	種別	CH_4 放出量 $(g\,m^{-2}\,y^{-1})$	N_2O 放出量 $(mg\,m^{-2}\,y^{-1})$	GWP-CH_4	GWP-N_2O $(t\,CO_2\,eq\,ha^{-1}\,y^{-1})$	GWP-Total
2011	ふゆみずたんぼ	205	—	51.2	—	51.2
	慣行田	16.8	—	4.2	—	4.2
2012	ふゆみずたんぼ	18.8	77.4	4.7	230	235
	慣行田	21.2	—	5.3	—	5.3

なった土壌からの N_2O 放出はないのだろうか。

　2012 年 9 月の落水後に観測を行った結果，落水後すぐに大きな N_2O 放出が生じた。そこで地球温暖化への寄与を評価するため，CH_4 と N_2O の放出量をそれぞれ CO_2 に換算して示すことのできる GWP 値として比較した(表1)。中干しを行わなかった 2011 年の結果をふゆみずたんぼと慣行田で比較すると，GWP がそれぞれ 51.2 と 4.2 で明らかにふゆみずたんぼの方が温暖化への寄与が大きかった。それに対して中干しを行った 2012 年では，ふゆみずたんぼの CH_4 放出量は慣行田と同程度となり，GWP も 4.7 まで抑えることができたが，N_2O の GWP は 230 にもなり，CH_4 と N_2O を合わせる

と 235 と今まででもっとも高かった。中干し期の 7 月に機器が整わず N_2O データが欠損しているため，GWP はさらに高くなる可能性がある。

　イトミミズの摂食と排せつの作用によって形成されるふゆみずたんぼ特有のトロトロ層は粒子の細かい土壌からなり，隙間（間隙）も小さく保水性が高い。この保水性を利用して，土壌水分量の調整により水に浸ることもないが完全に乾いてもいない酸化還元境界領域をつくることができれば，CH_4 も N_2O の発生も減少させることができると考えた。そこで例年中干しは土壌がひび割れるまで行われるが，2014 年は完全に乾いた環境にはなっていなかったことに着目して，CH_4 と N_2O のフラックスを計算すると，中干し直後に CH_4 フラックスが急激に減少するとともに，N_2O のフラックスが増加した。しかし 2012 年に観測されたような高い値を示すことはなく，トロトロ層によって N_2O の発生も抑制された。この観測結果から GWP を算出す

表2　2014 年における CO_2 換算した CH_4 および N_2O と合計 GWP

観測年	種別	GWP-CH_4	GWP-N_2O	GWP-Total
			(t CO_2 eq ha^{-1} y^{-1})	
2014	ふゆみずたんぼ	26.7	0.02	26.7
	慣行田	22.8	—	22.8

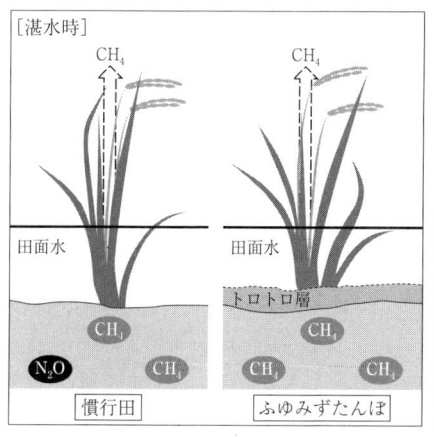
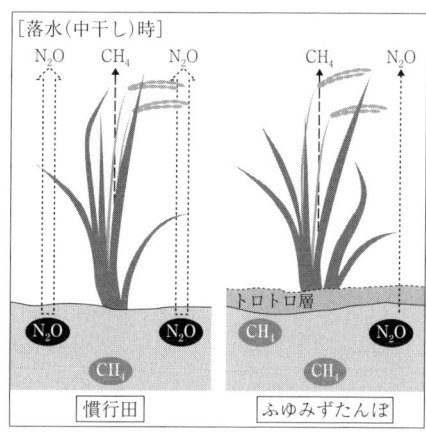

図7　田んぼからの温室効果気体放出機構

ると，CH_4 と N_2O の合計 GWP は 26.7 となり，2012 年に比べて著しく減少していた（表2）。

　湛水時と落水時の CH_4 や N_2O の放出機構の模式図を図7に示した。CH_4 や N_2O の土壌内での生成は微生物活動によるため，土壌の温度や基質の濃度によるところが大きい。

持続可能な環境を目指して

　我々の研究室では，2008 年より宮島沼周辺田んぼにおいて観測を開始し，8 年間のデータが蓄積された。田んぼは疑似湖沼として湿地に依存する多様な生物の生息地として利用されているが，CH_4 や N_2O の発生の観点からみると確実に地球を温暖化させており，気候変化の要因となっている。環境に優しいとしてふゆみずたんぼを行っているが，中干しを行わなければ慣行田に比べて CH_4 を大量に放出することが観測され，中干しによって完全に土壌を乾燥させると今度は N_2O が大量に発生する。ごく限られた田んぼの農法を変えても気候変化にはほぼ影響しないが，日本全体での取り組みとなると，環境を変えるだけのインパクトがあるかもしれない。地域の生態系を守るつもりでも，それが地球の環境を変えては持続可能な生態系保全にはつながらず，やがて地域の環境も変化してしまう。

　我々の観測によって，ふゆみずたんぼであっても保水性の高いトロトロ層をうまく活用すれば，CH_4 も N_2O も比較的発生量の少ない地球にやさしい田んぼを維持できる可能性が示唆された。これにより地球環境にも負荷を与えない農業を推進することができるが，田んぼの管理者の手間は計り知れず，営農田んぼでの導入には課題が残る。

　ラムサール条約を中心に世界各地で湿地の保全活動が繰り広げられているが，そういったコミュニティーのなかでも CH_4 や N_2O に関して湿地が気候を変化させる要因との認識はまだまだ低い。田んぼは大地の里山として貴重な湿地の一部である。今後は CO_2 のみならず，CH_4 や N_2O といった生物関連温室効果気体の動態をも考慮に入れた田んぼを含めた湿地の保全が課題である。人と生命を環境でつなぐさらなる継続的教育研究が必要不可欠である。

［参考文献］
波多野隆介. 2003. 農耕地からの亜酸化窒素，メタン放出のモニタリング. 生物の化学 遺伝, 別冊 17：69-77.

Hayatsu, M., Tago, K., and Saito, M. 2008. Various players in the nitrogen cycle: Diversity and functions of the microorganisms involved in nitrification and denitrification. Soil Science and Plant Nutrition, 54: 33-45.

IPCC. 2007. Climate Change 2007: The Physical Science Basis. Contribution of Working Group I to the Fourth Assessment Report of the Intergovernmental Panel on Climate Change. 996pp. Cambridge University Press. Cambridge.

IPCC. 2013. Climate Change 2013: The Physical Science Basis. Contribution of Working Group I to the Fifth Assessment Report of the Intergovernmental Panel on Climate Change. 1535pp. Cambridge University Press. Cambridge.

Itoh, M., Sudo, S., Mori, S., Saito, H., Yoshida, T., Shiratori, Y., Suga, S., Yoshikawa, N., Suzue, Y., Mizukami, H., Mochida, T., and Yagi, K. 2011. Mitigation of methane emissions from paddy fields by prolonging midseason drainage. Agriculture Ecosystems & Environment, 141: 359-372.

木塚俊和・山田浩之・平野高司. 2012. 石狩泥炭地宮島沼の水・物質収支に及ぼす灌漑の影響. 応用生態工学, 15：45-59.

Li, C., Qiu, J., Frolking, S., Xiao, X., Salas, W., Moore III, B., Boles, S., Huang, Y., and Sass, R. 2002. Reduced methane emissions from large-scale changes in water management of China's rice paddies during 1980-2000. Geophysical Research Letters, 29. doi: 10.1029/2002GL015370.

Wilson, A. L., Watts, R. J., and Stevens, M. M. 2008. Effect of different management regime on aquatic macroinvertebrate diversity in Australian rice fields. Ecological Research, 23: 565-572.

WMO. 2015. The state of greenhouse gases in the atmosphere based on global observations through 2014. WMO Greenhouse Gas Bulletin, 11: 1-4.

吉田磨・藤原沙弥香・牛山克巳・今井翔・窪田千穂. 2010a. 北海道美唄市宮島沼周辺の早期湛水・有機栽培水田におけるメタン放出. Journal of Rakuno Gakuen University, 34：211-221.

吉田磨・澤本卓治・藤原沙弥香・小林香雪・今井翔・窪田千穂・岡崎祐樹・荻元拓史・牛山克巳. 2010b. 北海道美唄市宮島沼周辺の早期湛水・有機栽培水田における 2008-2009 年のメタン放出. Journal of Rakuno Gakuen University, 35：93-102.

吉田磨・吉田浩平・中谷暢丈・牛山克巳. 2014. 宮島沼早期湛水水田における温室効果気体の挙動. 湿地研究(Wetland Research), 5：25-33.

コラム⑥
カナダのウェットランド——地球温暖化で変わっていく亜寒帯の湿地

林　正貴

　湿地にもいろいろな種類があるが北海道のような寒冷地の湿地はボッグ(bog)やフェン(fen)のような泥炭地であることが多い。同じような泥炭地は世界各地の寒冷地に発達し，カナダでは泥炭地の単位面積当たりの割合が 25% 以上の地域が 1,700,000 km^2 を占める(図 1a)。これは北海道の面積の約 20 倍に相当する。そのなかでも特に湿地が多いのはハドソン湾沿岸の低地(図 1A の HB)とマッケンジー川流域(MR)である。これらの地域は氷河期直後には大陸氷床が残した平坦な地形と水はけの悪い氷河堆積物で覆われていた。そこに湿生植物* が繁殖し厚さ数 m の泥炭層が 1 万年近くをかけて堆積していったのである。亜寒帯にあるこれらの地域の湿地の水循環や生態系は永久凍土に強く影響されている。

　筆者たちが 20 年近く研究を続けているスコティ川(Scotty Creek，北緯 61°18′，西経 121°18′)の流域では 3 種類の泥炭地が共存している(図 1B)。永久凍土に支えられたピートプラトー(peat plateau)はほかの湿地よりも 1 m ほど高くクロトウヒ *Picea mariana* が育つ。地下水面は毎年夏に凍土が融けるとともに下降し，蘚類や地衣類で覆われた地表面は比較的乾いている(図 1C)。一見同じように見える湿原だが，プラトーに囲まれたボッグはプラトーからの直接の流入水により涵養されているのに対しフェンは上流と下流の湿地と繋がっている。このような水の流入出過程の違いによりボッグとフェンは水文生態学的に異なった特性をもっている。

　地球温暖化による気温の上昇でピートプラトーを支える永久凍土は水平方向に融けており，ボッグやフェンが拡大するとともに湿地の連続性が増している。スコティ川では 1977 年にはプラトーが面積の 53% を占めたが 2008 年には 43% になりその後も減少を続けている。こうした変化が広域的に起こることにより水循環や生態系にさまざまな影響が出始めている。例えば湿地のネットワークが広がることにより川の流出量が増えている。比較的乾いていて歩きやすいプラトーが減ったことでカリブーなどの野生動物の移動通路が変わってきている。こうした変化は自然環境や野生動物と密接に結びついた先住民族の暮らしにも影響を与えている。

　こうした地球温暖化の影響を調べるために，筆者たちはへき地のキャンプへヘリコプターや水上飛行機で移動し，何週間もそのキャンプに泊まり込んで調査を行っている。食料は天然の冷蔵庫(永久凍土)にある程度は保存できるが，周りに熊が出没したりするのでうっかりはできない。夏の間には，蚊が大量に発生するため防蚊ネットを着用するが，暑いのでネットをはずしたりすると息と一緒に蚊が口に入ってくる。そんな苦労はあるが人間の影響から遠く離れた大自然のなかで仕事をし，

またオーロラを眺めながら仲間同士で語らいあうのは湿地研究の醍醐味である。カナダでも北海道でも大自然に根づいた湿地研究者たちの地道な活動が新しい知識を生み出していくことを期待している。

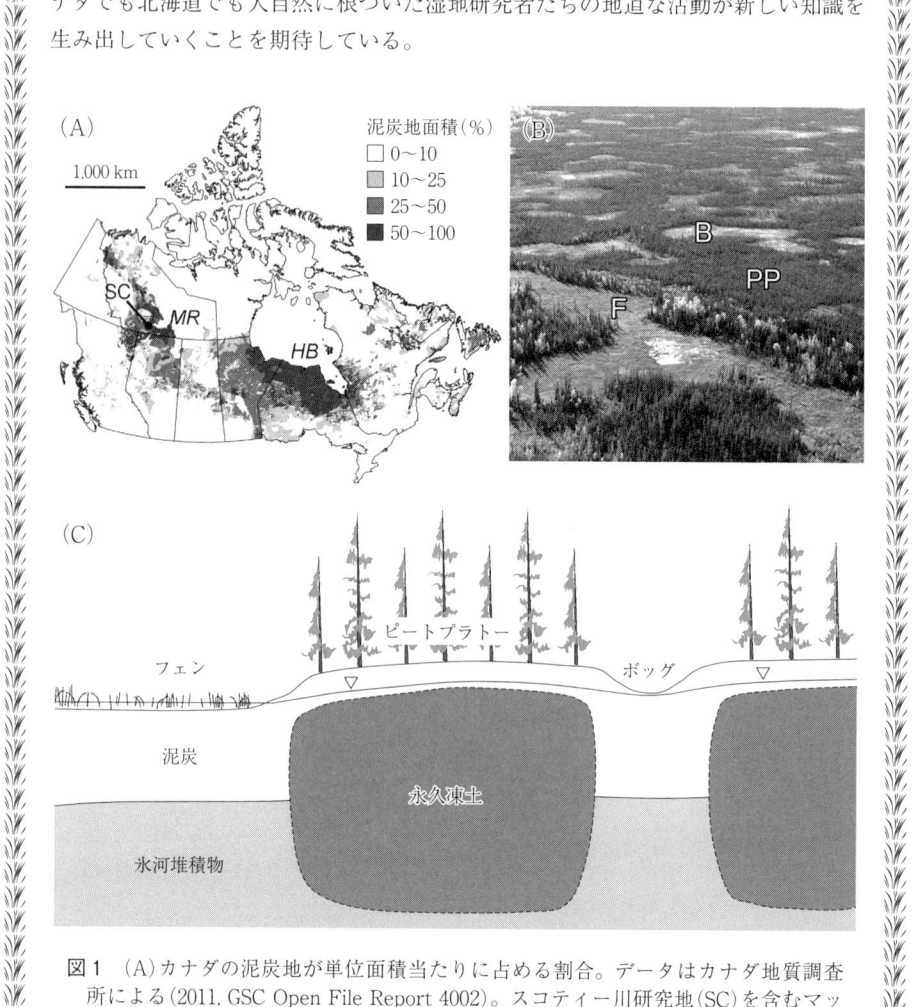

図1　(A)カナダの泥炭地が単位面積当たりに占める割合。データはカナダ地質調査所による(2011, GSC Open File Report 4002)。スコティー川研究地(SC)を含むマッケンジー川流域(MR)とハドソン湾低地(HB)には特に泥炭地が多い。(B)上空から眺めたピートプラトー(PP)，ボッグ(B)，フェン(F)。(C)湿地断面の模式図。逆三角形の印は地下水面を表す。ピートプラトーの地下水面は凍土の季節的な融解とともに下降するため地表面は乾いている。乾いた泥炭の熱伝導率は湿った泥炭よりも低く，また森林が日射を遮るためピートプラトーの下の永久凍土は融けるのが遅い。

第 IV 部

湿地の人と歴史

20
石狩平野の海牛類化石と湿原

古沢 仁

北海道の地史からみた湿原

石狩平野の地史

　北海道を地質学の視点からながめると，本州以南と同じユーラシアプレート*の一部である石狩低地帯(石狩平野～勇払平野まで)以西の北海道西部と北米プレートの一部である道東部，そして，その間に挟まれた日高山脈を中心とする北海道中軸部に分けられる。その形成過程は，中期中新世*(今からおよそ1,700万年前)以降の日本海の拡大にともない，北海道西部と本州以南が太平洋側に押し出されるとともに，オホーツク海の拡大によって道東部が南下したことによって北海道西部と道東部のプレートが衝突した。そこに太平洋プレートが北西方向に沈み込むことで，今からおよそ1,100万年前に地殻の深部をめくり上がらせて北海道中軸部の日高山脈が形成されたというのがその概略である。

　石狩平野の起源は，日高山脈の西側に形成された，南北に細く延びる「石狩トラフ*」と呼ばれた海底盆地にある。この海底盆地には，およそ1,000万年の長きにわたり，東に位置する日高山脈と西に位置する北海道西部から大量の土砂が供給され，海底に積もることで層厚1,000mを越える地層が形成された。この間に生息した生物が，地層中に埋もれることによって，後の石狩平野に大量の化石が保存されることになった。

　後期中新世(およそ600万年前)以降，札幌近郊では手稲山－藻岩山－硬石山など「札幌西部山地」の火山活動が活発化し，火山噴出物が海底に供給されることによって周辺海域が徐々に浅海化していった。鮮新世(533万年前以降)になると日高山脈を形成した活動が西へ移り，石狩平野の南部，日本海と太平洋に挟まれた石狩低地帯が東西方向に圧迫されることによって地層がうねり，その高まりが東から馬追丘陵，野幌丘陵，月寒丘陵を形成した。

　中期更新世，今からおよそ60万年前以降になると，氷期と間氷期が周期的に繰り返されるいわゆる「氷河期」に入り，寒冷化した氷期には海水面が下がり，広く露出した平野部に大雪山系を源流とし，周囲の陸域から中小の河川を集めた大河，後の石狩川が大量の土砂を下流に運搬・堆積した。また，気温が高まる間氷期には海水面が上昇し，標高の低い低地に海が進入し土砂を堆積することによって，広大な沖積平野＊が徐々に形成されていった。これが，石狩平野と石狩川水系誕生の経緯である。

　今からおよそ1万年前に氷期が明け，温暖な気候になると，山間部の雪氷を融かして水量を増した河川が平地に大量の砂礫を堆積させ，水はけの良い扇状の台地，扇状地を形成した。札幌周辺では豊平川が石狩低地帯に流れ出た所で豊平川扇状地（札幌面＊）を形成したほか，発寒川，星置川などでも小規模な扇状地がつくられた。札幌市内の扇状地は，石狩低地帯に形成されたため扇状地以遠には湿地が広がった。現在の石狩低地帯の湿原は，およそ7,000年前に訪れた海水面上昇（縄文海進）のピーク以降，冷涼気候に移行し，海水面が低下した後の4,000～5,000年の間に形成されたものである。

石狩平野の海牛化石とその進化

石狩平野の化石

　何らかの原因で死んだ生物は，生きているすべての生物にとって絶好のご馳走となる。さまざまな生物に食べられることによる急速な生物的破壊や分解，さらに波や水流などによる物理的破壊，雨水などによる酸化，溶解などの化学的破壊が加わり，水中，陸上にかかわらずその姿が長期間保たれることはない。石狩平野の化石は，生物の遺体がさまざまな破壊や分解を受ける前に日高山脈や北海道西部から供給される大量の土砂に埋まったことから，保存状態の良好な化石が数多く保存された。化石を含む地層は，その後，河川などによって化石を被う上位の地層が削られることで地表に露出，さらに，化石自体が河川によって流される前に好奇心豊かな人物に発見されることで初めて調査・研究が進められることになる。

　長期にわたり急速な堆積場となった日高山脈西側の海底盆地には，さまざ

ま環境を反映した生物が時間軸に沿って保存されたことから，それぞれの分類群の化石を系統的に研究することが可能な，化石研究にとって絶好のフィールドとなると同時に，堆積環境の最終形態として，湿原を含む平野が形成される地域となった。

海牛類の進化

海牛類とは，鯨類同様，生まれてから死ぬまでを水中で過ごす海生哺乳類の一群で，現生する物には，いずれも低緯度暖海域のインド洋・太平洋域に生息するジュゴンと大西洋域に生息するマナティーがいる。いずれも人魚に間違えられた動物として知られている。

最古の海牛類化石は，前期始新世(およそ5,300万年前)のジャマイカから発見されたプロラストムス科である。また，同じ始新世からプロトシレン科が発見されているが，いずれも丈夫な四肢をもつことから，陸上を歩くことが可能だったと考えられる。続く漸新世(3,390万〜2,303万年前)にはヨーロッパを中心にジュゴン科ハリテリウム亜科が広く生息した。ハリテリウム亜科は，痕跡的な寛骨*と大腿骨*を体内に残すのみで陸上歩行の機能を失っていることから，前肢と尾はすでに水中生活に適応し，鰭状になっていたと考えられる。

高い遊泳能力を獲得したハリテリウム亜科は，中新世(2,303万〜533万年前)になると大西洋を渡り北米大陸東海域に到達し，前期中新世(およそ2,000万年前)にはパナマ海峡から太平洋に進出した。一方，別のグループは現在の地中海からペルシャ湾を経てインド洋へと通じていたテチス海を経由し，ジャワ島にまで分布を広げていた。

北太平洋の海牛類化石

北海道にはふたつの系統の海牛類がやって来た(図1)。ひとつは，インド洋からインドネシア海路*を通過し，太平洋を北上したハリテリウム亜科(ショサンベツカイギュウ：□)であり，もうひとつは，パナマ海峡から太平洋に進出した後，ヒドロダマリス亜科(■，■)へと進化した海牛類である(図1)。

海生哺乳類では唯一の草食動物である海牛類は，海中の海藻(草)類を摂食

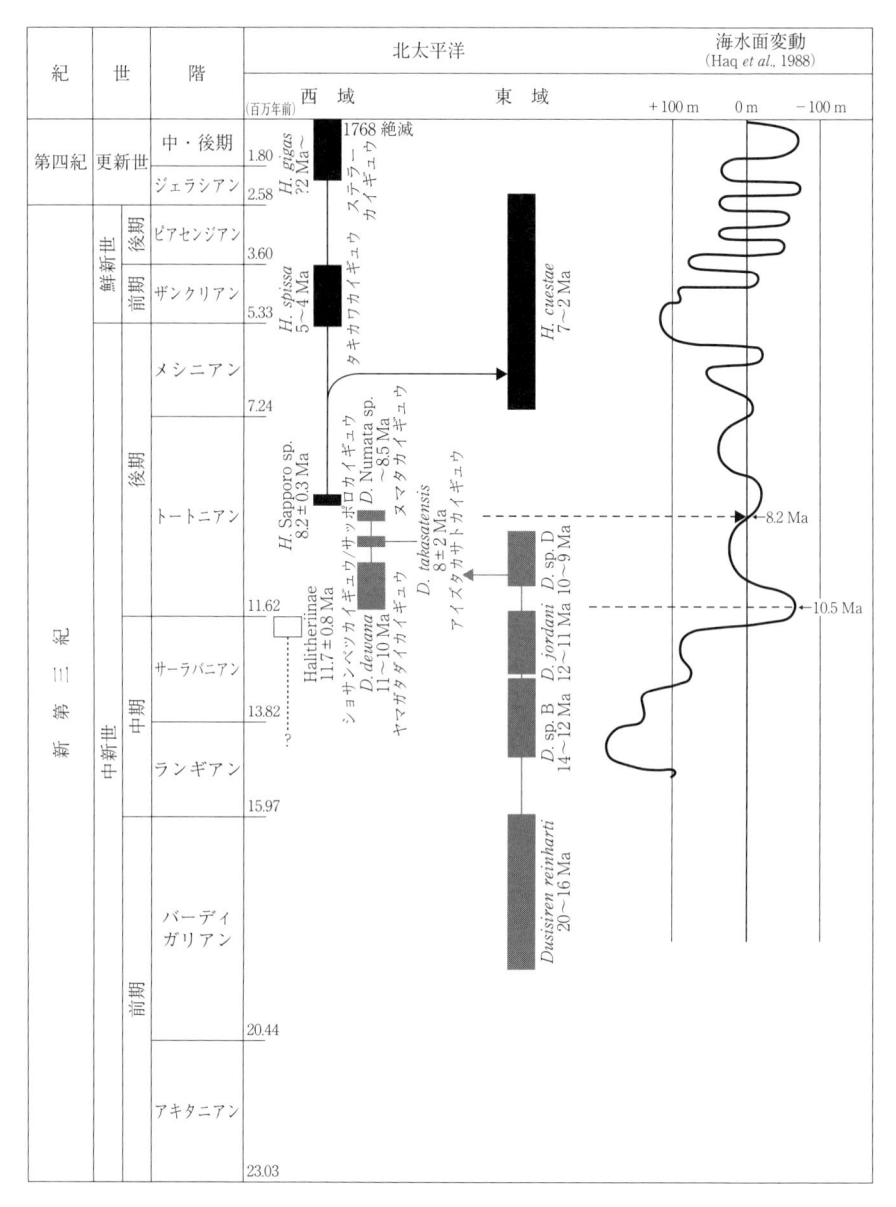

図1 北太平洋の東西におけるヒドロダマリス亜科の系統と分布。Ma：100万年前。新第三紀以降，急速に寒冷化したおよそ1,050万年前においては北太平洋ではドシシレン属のみが生息。ドシシレン属の北太平洋西域への移動は，極寒気に入る前(1,000万年前前後)に行われた。ドシシレン属からヒドロダマリス属への進化はサッポロカイギュウが登場する800万年前頃に起こった。ヒドロダマリス属は後期中新世〜鮮新世(700万〜200万年前)にかけ北太平洋の東西に広く分布するが，更新世に入ると北太平洋西域に限定的に生息し，1768年にベーリング海で絶滅している。

　　□：ハリテリウム亜科，▨：ドシシレン属，■：ヒドロダマリス属

することから，敏捷に動き回る獲物を捕らえる鯨類のような機動性や餌を求めて長距離を移動する運動能力は必要としないが，水中で一定の体温を保つための熱をつくりだす大量の食糧と，それを保証するため太陽光線が透過し，海藻(草)類が繁茂する水深およそ10mより浅い海の連続した水域が移動経路上に必要となる。

　低緯度の暖かな海域から進入し，沿岸・浅海域に沿って日本に北上したハリテリウム亜科の移動には大きな支障は生じないが，太平洋の東域に生息したヒドロダマリス亜科が，太平洋の低緯度に沿って横断することは浅海域が連続しないことから不可能である。したがって，彼らが日本に到達するためには北米大陸沿岸を北上し，アリューシャン列島，千島列島域が浅海化するタイミングで西側へ移動する必要がある。アリューシャン列島，千島列島域の浅海化には海水面の変動が大きくかかわり，海水面変動は世界的な気候変動が重要な要因となっている。海水面変動と気候に関するハック(Haq)博士らの研究によると，中期中新世までは海水面の高い暖かな時期が続くが，後期中新世に入ると急速に寒冷化し，1,050万年前には海水面が極度に低下する寒冷期のあることが知られている。

　寒冷化によって海水面が低下するおよそ1,000万年前にアリューシャン列島，千島列島域が連続する浅海域となり，ここをたどって日本に到達したのが，山形県大江町のヤマガタダイカイギュウ，福島県高郷村のアイズタカサトカイギュウ，北海道沼田町のヌマタカイギュウ(図2)などのドシシレン属である。札幌市博物館活動センターの調査によると，これらの海牛類は体長4m前後の中型の海牛類であるが，ヌマタカイギュウの産出層準のすぐ上位にあたるおよそ820万年前の地層からは，体長がおよそ7mになるサッポロカイギュウ(図3)が産出している。

　サッポロカイギュウから始まる，海牛類のなかで唯一大型化したヒドロダマリス属は，およそ700万年前には太平洋の東側，現在の米国カリフォルニア州まで分布を広げ，更新世(258万年前)以降の寒冷期には千葉県市原市，あるいは神奈川県鎌倉市まで南下している。日本からの産出報告を最後に，中期更新世(78万〜12万年前)以降の海牛化石の産出記録は世界から途絶えた。しかし1741年，ロシアの探検隊が後に隊長の名を残すことになるベーリン

図2 ヌマタカイギュウ

図3 サッポロカイギュウ（札幌市博物館活動センター提供）

図4 ステラーカイギュウ（滝川市美術自然史館提供）

グ海で偶然に，サッポロカイギュウの末裔となるステラーカイギュウ（図4）と呼ばれるヒドロダマリス属の生存を確認した。ステラーカイギュウは遭難した探検隊員の食糧となって彼らの生還を助けたが，それがあだとなり1768年に人類によって絶滅している（図1）。

海牛大型化の要因

　海牛類の大型化は，「恒温動物において，近縁な種間では大型の種ほど寒冷な地域に生息する」という「ベルクマンのルール」に起因するものと考えられてきた。しかし，体長4mのヌマタカイギュウから体長7mを超えるサッポロカイギュウへの大型化が，もし仮に「ベルクマンのルール」によるものだとすると，中期中新世におけるもっとも寒冷な時期（1,050万年前）に合わせて大型化してもよいはずであるが，実際はこの時期には北太平洋の東西域にはともに大型化する前の海牛類が生息していて，体の大型化は寒冷化の進行には直接同調していない（図1）。海牛類が大型化する，すなわちサッポロカイギュウが出現する820万年前は，1,050万年前付近に出現する極寒期からいったん温暖化した後，再び寒冷化する時期に当たる。したがって，体が大型化するのは，「ベルクマンのルール」による寒冷環境への直接的反応ではなく，極寒期からおよそ200万年をかけて大型化したことが推察される。これは，温暖環境に広く生育する硬い繊維質の海草類（アマモ類などの海中に生える草本類）に代わって，寒冷環境に適応した柔らかい海藻類（コンブ類などの藻類）の分布域が徐々に広がったことにともなう，海牛類の摂食方法の変化に要する時間ではないかと考えている。

　体の大きさを除くと，中型のドシシレン属と大型のヒドロダマリス属の大きな違いは，ドシシレン属には歯があるが，ヒドロダマリス属には歯がないことである。比較的やわらかな海藻類を食べるようになった海牛類は歯を使ったいわば点による咀嚼から，歯を失った代わりに上顎と下顎の口内に発生したケラチン質＊の硬化した板状の器官（咀嚼板）を獲得したことによって，面で効率的かつ大量に海藻類を咀嚼することで大型化をとげ，820万年前に訪れた寒冷期に大型化した個体が生息に優位に働いたことによって徐々に遺伝的に定着していき，地質学的な意味において，極めて短期間で大型化をと

げたものと考える。

北海道における海牛化石分布の時代変遷と湿原の形成

化石と湿原の関係

　日高山脈西側の海底盆地形成以降の，それぞれの地質年代における北海道の海陸分布と海牛化石産出地点とを重ね合わせると，当然ながら化石産出地は当時の海域に一致する（図5）。しかも，海牛類が10m以浅の海岸近くに繁茂する海藻類を摂食していたと考えられることから，ほとんどの化石が海岸あるいは内湾にあたる場所から産出している。さらに，各年代の海域と北海道に存在していたと想定される湿原域とを重ね合せてみると，標高の低い平野部においては，かつての海域と湿原がほぼ一致することがわかる。それは，海域が長期にわたる堆積環境にあり，地球規模の地殻変動，気候変動の影響を受けつつ，浅海からやがて汽水域，淡水域へと移り変わり，湿原化していった歴史的経緯を物語っているといえる。

中 新 世

　中新世（2,303万〜533万年前）の北海道は，日高山脈を中心とする北海道中軸帯が大きな陸域を形成し，その東西には海域が広がっていた。これまでのところ北海道最古の海牛・ショサンベツカイギュウは，北西側の海底盆地域から産出している。ショサンベツカイギュウは，放射性年代によるフィッション・トラック＊年代測定によって，寒冷化する以前のおよそ1,200万年前に生息していたことを示すことから，寒冷化以前に北海道に到達した温暖系のハリテリウム亜科の海牛と考えている。

　中期中新世，およそ1,050万年前の極寒期を乗り越えたヌマタカイギュウなどのドシシレン属は再び寒冷化する820万年前に大型化し，ヒドロダマリス属のサッポロカイギュウとなった。中新世は大きな気候変動とともに海牛類が大きく進化した時期に当たる。

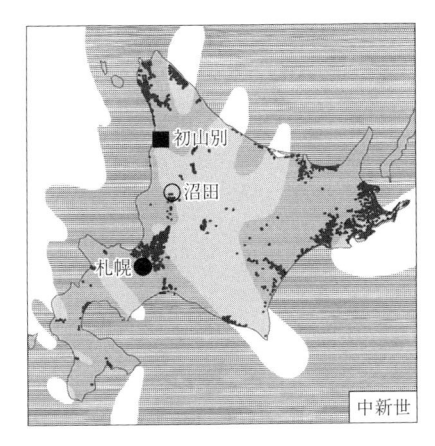

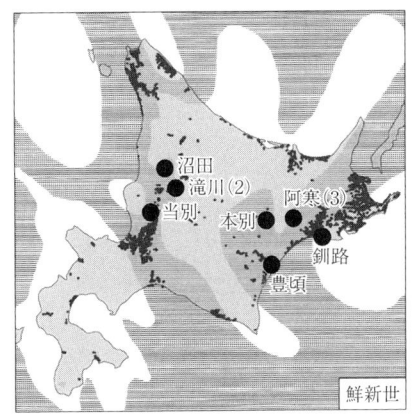

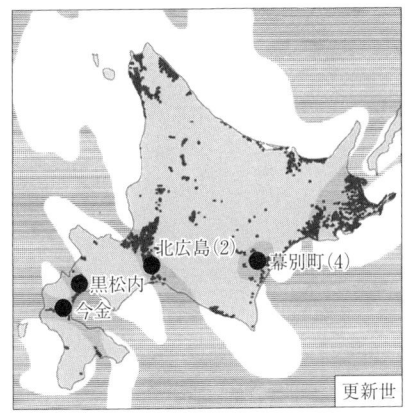

図5　中新世〜更新世の古地理と海牛類化石と湿原。海牛類化石は，各地質年代における海域から産出しており，平野部に分布する原初的湿原はかつての海域であったことがわかる。
▨：海域，□：陸域，▧：泥炭地（1918〜28年），■：ハリテリウム亜科，○：ドシシレン属，●：ヒドロダマリス属，（　）内は標本数。投稿中または未発表のものも含む。

鮮　新　世

　鮮新世になると，北海道中軸帯のほかに，網走，北見のオホーツク沿岸，釧路，根室および道南渡島半島部が広く陸化し，現在の石狩平野，サロベツ原野，十勝平野などが海域として残されている。

　この時期，日高山脈の西側で大型化したヒドロダマリス属は東側の十勝，釧路方面にも分布域を広げている。前期鮮新世の軟体動物化石＊を中心とした化石として現れる動物群を「滝川－本別動物群」呼んでいるが，海牛類化石も石狩平野〜十勝・釧路平野にかけて分布するこの化石として現れる動物群の産出地域に一致している。

更 新 世

更新世になると陸域が拡大し，海水域が縮小する傾向が見られる。石狩平野，十勝平野，釧路平野の一部，さらに黒松内低地帯，今金町付近から函館市にかけての平野部など，ほぼ現在の湿原を含む平野域に海水域が限定的に残されていた。

海牛類は，ヒドロダマリス属で最後に登場するステラーカイギュウ，あるいはそれに類する化石が今金町，黒松内町，北広島市，そして十勝の幕別町から産出している。後期更新世以降，生き残ったステラーカイギュウがベーリング海で偶然発見されるまで，世界中から海牛類化石の産出は見られなくなる。

未 来

現在の湿原は今も堆積環境にあるため，化石が露出する環境にはない(図5)。しかし，現在の湿原の下にはいまだ姿を現していない貴重な化石が大量に埋もれていることは間違いない。遠い未来において，人為的改変によってではなく，あくまでも自然の経緯のなかで，現在の湿原が侵食場となり，埋積された化石が露出したとき，そこに好奇心あふれる眼差しをもつ人類がいる限り，かつての石狩平野は，生物の進化を解明する大量かつ貴重な化石の宝庫として，古生物学に対しこれまで以上に貢献し続けるとともに，周辺の地史を解明する重要なフィールドとなっていくことであろう。

［参考文献］

Haq, B. U., Hardenbol, J., and Vail, P. R. 1988. Mesozoic and Cenozoic chronostratigraphy and cycle of sea-level change. In "Sealevel- changes: an integrated approach" (eds. Wilgus, C. K., Hastings, B. S., Kendall, G. C. St. C., Posamentier, H., Ross, C. A., and Van Wagonar, J. C.). *Society of Economic Paleontologist and Mineralogists Special Publication*, 42: 71-108.

札幌市博物館活動センター(編). 2007. 札幌市大型動物化石総合調査報告書—サッポロカイギュウとその時代の解明. 156pp. 札幌市.

21
北海道島の文化変遷と湿地の科学
アイヌ文化史の視点から

吉原秀喜

和人は舟を食う？——チプ(舟)とチェプ(魚)

　知里真志保さんはアイヌ語とアイヌ民俗のすぐれた研究者だった人だ。自身もアイヌ民族系だったその人に，「和人わ舟お食う」という1947年の興味深い随筆がある。内容は魚，とりわけサケを意味するチェプなどの語についての考察だが，文章末に大意，次のような1節を加えている。和人(和民族系の人たち)は，このチェプ(魚)をチップなどと発音するし，学者でさえそう表記する人がいる。チプであれば舟を意味する。アイヌ人は魚を食べるけれど，和人はどうも舟を食べるらしい，という批評だった。

　まさか，どんな民族・文化にだって，舟を食べる習俗があるとは考えがたい。知里さんは異文化理解の難しさを説いたのだろう。しかし，専門家であれば，チプやチェプは基礎語彙(基礎的な単語)だ。その理解もいい加減では，それが学問とか研究とか呼べるものなのかという辛辣な批判が含まれている。北のウェットランドの科学を志す身にも教訓となろう。

　知里博士の論評でキーワードとなっているチプやチェプのふたつの単語は，ウェットランドと人びとの暮らしのかかわりの歴史を語る際にも必須アイテムとなる語だ。ここではチプを舟のなかでも主に丸木舟，チェプを魚のなかでも主にサケとして，ふたつの語を鍵に日本列島北部，北海道島における文化変容の様相とウェットランドのかかわりについて考える。

　ところで，ウェットランド(湿地)は，ラムサール条約(25章参照)や環境省によれば，かなり広義にとらえられていて，河川・湖沼・水田・井戸・ダム湖などは，ためらいなく，みな湿地なのであり，この語・概念に関する巷のイメージの転換をうながすものだろう。

　湿地と人の暮らしとのかかわりを考えるに当たり，この定義の広さを積極

的にとらえると，現状だけでなく，過去の事象についての考究も，さらには将来の展望も，対象と可能性がかなり広がる。どういうことか，例をあげると，水環境が豊かな日本では，考古学的遺跡はおそらく過半が湿地に近接してか，そのなかに分布しているという理解になる。いままで以上に，湿地との関係性を意識した調査研究が必要となる。

　また，筆者が従事しているアイヌ文化環境保全対策事業は，北海道沙流川水系における河川整備にともなう環境影響評価でありミティゲーション＊でもあるという性質の取組なので，主な対象はまさに湿地なわけだ。そこでは，ダムによる人造湖も湿地の研究・保全の成果を援用しながら事業を進めていくべきで，現にそのような動きを強めている。

　沙流川流域のチプ，丸木舟の利用の現状といえば，広く知られるようになってきているのが，チプサンケ(舟おろし)と称される毎年 8 月 20 日前後の祭りだ。2016 年夏で 47 回目を迎えたイベントだが，年によっては丸木舟が新造される。チプの語自体は現代船にも用いられるが，ここでは古来の木の剋り舟こそがチプだ(図 1)。

図 1　毎年 8 月に行われるチプサンケ，舟下ろしの祭り。二風谷ダムすぐ
　下流の中州付近が会場となる。2001 年 8 月 20 日

　一方チェプについてみると，アイヌ文化環境保全対策事業のなかでとりくまれているさまざまな課題には，伝統漁法の再現の分野がある。その一環で，サケをトバと呼ばれる寒風さらしの干物にする保存法も試みている。近年，沙流川では自然遡上のサケが徐々に増えているが，中・上流部でとったサケの方が，海や下流の河口部でとったものを用いるより美味しく仕上がり，試食した人たちからは好評だ。遡上の過程で身の脂が適度に抜けているからである。加えて，このあたりの地域の人たちにとっては，脂味や塩味がうすらいだ内陸のサケの味の方がなじみ深いことも高評価の一因だろう。

　サケにかかわる同様の試みは北海道内のあちこちで行われるようになってきた。サケの採捕と利用にかかわる伝統を，現代に受けつぐ試みが広がりつつある（図2）。

図2　アイヌ文化環境保全対策事業で，試験採捕したサケを処理する調査スタッフと北海道開発局職員（平取町アイヌ文化保全対策室提供）。同じ寒風ざらしの方法でも，遡上してきた時期や，海岸でとったサケか上流へ自然遡上したのをとったサケかで風味がかなり異なる。2015年10・11月

チプ⒄にかかわる文化の系譜をたどる

　ここでチプ⒄にかかわる文化の系譜について，日本列島北部，北海道島に重点をおいて時代をさかのぼってみてみよう。近年のチプ，特に丸木舟の実用例として，前節では平取町二風谷，チプサンケの例をとりあげた。祭りや儀礼での同様な例は，阿寒，旭川，千歳，白老などで続いており，現況からは行事として急に途絶えるとは考えにくい状況だ。それ以外の，漁労や水運の用途で現役だという事例を筆者は寡聞にして知らない。でも，断定はできないので，何か情報があったらお知らせを願う。

　100 年ほど前，20 世紀前半期にはまだ，普段の生活に欠かせないものとして丸木舟があったという地域は多いだろう。チプとアイヌ語で呼ぶことが，急速に少なくなっていたとしても。この時期であれば，WEB 上でも閲覧可能な写真資料が多く残されている。

　日本列島と周辺地域を視野に，近現代の民俗例を中心とした丸木舟の包括的な調査研究の成果を，民俗学を専門としている出村晶子さんが『丸木舟』という本にまとめてある。それによれば，舟のつくり方・あやつり方に関する諸技術の分布で，北海道は北東北と共通するが，その領域はより南方ではなく，サハリンやアムール川下流周辺の北方に連なる。北海道と北東北との文化的つながりの強さを示す事象としては，土器型式（縄文式，擦文式など）やアイヌ語地名の広がりがこれまで知られていた。丸木舟の類型分布も同様に北海道・北東北でくくられる。しかし，そこからは南よりも，むしろさらに北の地域に交わりが多い圏域があったことを出村さんは示唆している。

　今から数百年前，日本史の江戸時代に当たる時期についても，舟それ自体と，関係する水辺空間の描写を含む絵画資料が各地のミュージアムや大学などに数多く保存されている。これらについても WEB 上で公開している機関があり，先達による調査研究文献の蓄積もある領域なので，とりあえずはそれらによる情報の吟味をお勧めする。この江戸幕政期より先の時代，北海道では考古学的な調査研究に依拠する比重が高まる。本州以南に比べ絵画・文字資料がかなり少なくなるからだ。

　神奈川大学の国際常民文化研究機構に所属する深澤芳樹さんが，日本列島における原始・古代の船舶関係出土資料を一覧にした仕事の成果を，2014年に発表した。その北海道編によれば，ほとんどが破片とはいえ，舟本体に関わるものが 12 遺跡から出土している。また，土器絵画 4，骨格器絵画 4，洞窟壁画 1，船形土製品 9，船形木製品 3 と関係資料が具わった総計 33 遺跡の情報が一覧になっている。そのなかでもっとも古いものは，約 4,000 年前にさかのぼると推定された舟の舳先や漕ぐ櫂である。道都札幌に近い石狩市紅葉山 49 号遺跡の低湿地域から発掘された資料群だ。植物質の資料が残りやすい湿地環境は，実は考古学的な調査研究にも大きな可能性を開いているのだ。

　さて，深澤さんの一覧にはないが，平取町を貫流する沙流川の流域が主な供給地だったすぐれた石器素材の緑色岩，通称「アオトラ石」を加工した石器類も，広義には舟と湿地の関連資料に含めるべきだ。なぜか。一例として，5,000〜4,000 年前をピークに栄えたとされる青森県の大遺跡，三内丸山では一部範囲の発掘だけも膨大に出土した石器の内，石斧など約 1,300 点を分析したところ，7 割以上がアオトラ石だったと鑑定されている。当時は温暖だったので，海岸線が今より近かった三内丸山辺りの人びとが使う舟や住居などの造作には，アオトラの石斧が用いられたはず。また，重い石材を遠くから海岸沿いや海峡をわたって運ぶにも舟はなくてはならない。さらに，アオトラの原石の採取地は，転石であっても渓流部の露頭であっても，ウェットランドとしての河川空間のただなかにあるのだ。アオトラ石についてはAOTORA プロジェクト（仮称）として，町が専門家や町民の有志の方々と協力しながら調査・保全の動きを進めているので，今後に期待していただきたい。

チェプ（サケ）にかかわる文化の系譜をたどる

　チェプ（サケ）については，チプ（舟）に比べてアクセス可能な資料・情報が，はるかに豊富だ。近年は，アイヌ民族系の人びとの伝統的生活にとって，チェプがどのように重要な位置を占めていたかを説く著述が増えてきたので，

ここでは詳述しない。そうした知見に加え，チェプにまつわる伝統文化，あるいはその基盤となっていた環境それ自体を再生・再構築するための取組への関心も高めていただきたい。例えば，前述したアイヌ文化環境保全対策事業のようなプロジェクトに対してである。

　チェプにかかわる文化の系譜をさかのぼって探るとき，チプの場合と同様，数百年前より先の時代では考古学分野の資料，なかでも低湿地部から出土する遺物・遺構が多くの情報をもたらしてくる。例えば，北海道大学札幌キャンパス構内では，7～13世紀にかけての時期の，テシあるいはウライと称される仕掛けを定置するための木杭列が3か所で発掘されている。湧水域の産卵場に遡上してきたサケを採捕するための構築物だ。

　同様な仕掛けで最古とされるものは，チプと同じく石狩市の紅葉山49号遺跡で発見されている。約4,000年前に川のなかに設置されたと考えられ，細く割った木の棒とヤマブドウのツルでつくった漁獲具を，川底に杭で支える構造になっている。これも伝世されているアイヌ古来のテシ，ウライ，つまり梁と基本の仕組は同じだ。また，どの時代の遺跡でも，住居跡の炉に残された灰や打ち込んだ焼土をふるいにかけ細かく選別すると，サケの骨が検出される場合が多い。チェプは，栄養価の高い食資源を，内陸にまで自ら届けてくれる，まさに神的存在，天恵物だったのだ。

　北海道島で一番古い土器は，いまのところ帯広市大正3遺跡出土で，約1.4万年前のものだとされる。年代は，土器についていた炭化物の分析による。同じく付着物の解析からは，魚由来の脂肪酸が検出され，サケ・マス類を煮炊きしたのではないかとの見解も提示された。チェプが食べ物として加工されたことを示す，おそらく最古の資料だ。もっとも，手づかみで採捕できる場合もあるサケの利用の始まりは，ずっとさかのぼりそうだ。

　さらに古くといえば，ナウマンゾウが日本に生息していたのは2万年ぐらい前で，土器の出現からもう少しさかのぼった時代のこと。ナウマンゾウやマンモスゾウなど大型の動物を湿地に追いこむ狩猟のイメージは広く流布している。それも太古に，かなり長期にわたり持続した湿地のワイズユース*の一種だろうと，筆者は考えている。

文化変容の様相と担い手をさぐる

　チプとチェプという北海道で湿地と暮らしのかかわりを考える場合のふたつの重要アイテムの歴史的系譜をごく簡略に紹介した。読者のなかには気づいた方もおられるだろうが，筆者は説明の対象となる時期について，約何百年前，何千年ぐらい前といった示し方をしてきた。よく使われる〇〇時代，△△文化期といった表現を避けていた。

　そうした呼称を用いる意義を否定するわけでない。図3は，アイヌ文化振興・研究推進機構が発行した啓発冊子『アイヌの人たちとともに—その歴史と文化』の図を参照している。いわゆる「続縄文時代」から後の変遷を概観するものとしては比較的お奨めである。しかし，文化変容の様相を究明するためには，既成概念からいったん離れた検討も必要だ。「湿地の科学と暮らし」の分野を新たに開拓するのであれば，なおのこと。

　特に「アイヌ文化期」との名称・概念に対しては，筆者は疑念が払拭できない。理由は主に3つ。そう称される時代と，「擦文」・「続縄文」・「縄文」と呼ばれる時代では，時期を画すための指標が異なっている。時代をくくる基準自体をいきなり変え，土器を使わなくなって以降をざっくりまとめた，ややルーズな術語なのでは，との疑問がひとつめ。ふたつめは，およそ

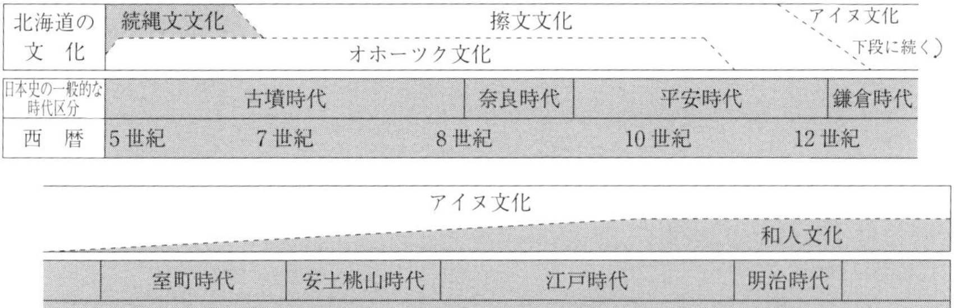

北海道の文化	続縄文文化	擦文文化			アイヌ文化
		オホーツク文化			(下段に続く)
日本史の一般的な時代区分	古墳時代		奈良時代	平安時代	鎌倉時代
西　暦	5世紀　　　7世紀		8世紀	10世紀	12世紀

アイヌ文化				
			和人文化	
室町時代	安土桃山時代	江戸時代		明治時代
		17世紀　　18世紀　　19世紀		20世紀

図3　時代・文化の変遷の表現例①。アイヌ文化振興・研究推進機構(2015)の図を一部改編した。元の図は北海道開拓記念館(1999)と田端・桑原(2000)を参考にして吉原(当時は編集の委員だった)が作成したもの。

700〜800年にも及ぶ長期間に生じた変化の過小評価につながるという問題。日本史でいうと，なんと平安時代後半〜幕末までが一括されているのだから，ちょっと乱暴かも。3つめは，「アイヌ文化」をある時期にだけ閉じ込めて固定化する負の作用が大きいこと。いまに続き，再活性化しつつ未来を展望する文化伝統を，たんなるレリック（残存物）のように見なしがちになる。にわかには決着がつかない問題と承知しつつ，以上3点をこの機会に提起しておきたい。

　自然科学分野の専門家の方が，術語が意味する概念の差異に敏感なのだろうか。実は，考古学や歴史学を専門としている人たちが，こうした時代名称の問題点を意識していないわけではない。むしろ，学史上は極めて重大な論点であり続けた。見解の異なる論者による真摯な論争は，時に格闘・暗闘と称したい場合すらある。歴史学者の谷本晃久さんは，北海道の歴史叙述に多様な時代区分・名称があることを，比較対照図にうまくまとめている。ここに提示するスペースがなく残念だが，論述の時期，研究者がよって立つ学問分野や理論・方法などにより，さまざまな区分と名称が提示されてきたことが谷本さんによってわかりやすく示されているので参考にしたい。図4は，別な試みの例で，平取町立二風谷アイヌ文化博物館にある長い壁面を使った年表展示の一部だ。筆者が発案し制作したものだが，磁石つきの小パネルを貼りつけて新着情報を補ったり，研究の成果をふまえて位置関係を変えたりできる。湿地研究の観点から知見を加え，「湿地の科学と暮らし」関係史年表としての工夫を加えることも可能で，新たな時代区分・名称の案が生まれるかもしれない。

　文化継承・変容の様相を明らかにしていく上で，いま要注目なのは人類学の分野での研究の進展である。紙幅の制約でこれも詳しく紹介できないが，ごく最近の比較的入手しやすい単行本を3冊，参考文献としてあげておこう。形質人類学の分野では百々幸雄さんの『アイヌと縄文人の骨学的研究』。分子人類学の分野では，篠田謙一さんの『DNAで語る日本人起源論』，斎藤成也さんの『日本列島人の歴史』。どれも2015年の刊行で，最新の研究成果とともに，こうした分野で問われることの多い「研究倫理」に関してや自身の思いについても率直に語られている好著だ。ウェットランド研究にひきつ

図4　時代・文化の変遷の表現例②。平取町立二風谷アイヌ文化博物館の伝承サロン壁面を使った図年表〈脈々と変わってきた文化〉。情報の入れ替え・追加などが容易なので，テーマ性をもった展示，例えば「湿地とヒトの関わりの歴史年表—北海道編」といった企画も可能だ。

けていえば，日本の土壌の性質では可能性が低いのだろうが，もしも古い時代の「湿地遺体」の発見があれば，人類学・考古学の研究が一気に深まるという展開があるかもしれない。

　ところで，平取町二風谷に生まれ育ち，アイヌ文化の調査研究，保存継承にと活躍した萱野茂さんが，前述したアオトラにもかかわる石器の問題で，次のようなユニークな考察を著している。1972 年に町内の長知内という古くからの集落で，電柱工事のために掘った直径 30 cm ほどの小さな穴から10 個もの石斧がまとまって出土した。土地の人によると，昔からコタンコロクル(村長)の住居だったところ。アイヌの風習として，新しい道具が手に入った場合，使わなくなった道具は丁寧に祀ってから，家の外に設けられた幣場(イナウと呼ばれる御幣状の祭具などを並べた儀礼の場)に置き残す。であれば，その跡なのではないか。この場合，石器にとって替わった新しい道具とは，主に鉄など金属の利器だ。

　生活・文化の変容に対し，人びとがどのように向きあったかを洞察した萱野さんによる含蓄ある仮説である。伝統に根ざしたこのような知見は，最新技術を活かした調査研究による情報とともに尊重されるべきだろう。さまざまな分野の専門家などによる多角的協働が有効で必要だと，筆者が考えるときに連想する好例のひとつが，萱野さんのこの著述だ。

　念のため言い添えるが，「アイヌ文化」と「縄文文化」とが直接につながっているとか，同じだとかを主張しようとしているわけではない。しかし大局的・客観的にみるならば，前近代の少なくとも数千年間の北海道島における文化変遷については，ヒトの集団が全体として入れ替わるとか，大きな断絶や空白期があるとかは考えにくく，変化の過程に連続性が強かったことを示す調査研究が蓄積されつつあるといえる。湿地出土資料がこの点でも重要な手がかりを与えてくれているのは，先に見た通りだ。

ワイズユースの集積としての伝統文化

　アイヌ文化史の視点から「北海道島の文化変遷と湿地の科学」の関わりについて述べてきた。

　〈北海道の歴史は深いんだな。ここで見えてくるものがある，平取町二風谷〉。これは平取町立二風谷アイヌ文化博物館が 1990 年代に作成したパンフレットのキャッチコピーだ。「北海道は歴史が浅い」という言い方を，有識者と称される人たちさえも，ためらいなくしてしまう現象へのアンチテーゼでもあった。「歴史が浅い」とされる北海道でこそ意外にも，「湿地の科学と暮らし」について，人びとの営みの深い歴史性を感じる取組ができるはず。筆者が本論で主張しようとしてきたことだ。

　日本における湿地研究をリードしてきた一人，辻井達一さんが 2012 年にラムサール湿地保全賞を受賞した際，授与者側のホームページに，辻井先生の実績の特徴は問題に対する全体論的(holistic)なアプローチだと紹介されていた。沙流川流域におけるアイヌ文化環境保全対策事業に対しても，そうした観点からのアドバイスを数多く受けた。強調されたことのひとつはワイズユースだが，そのためには当然，地域の文化や歴史と向きあわなければなら

ない。筆者としては，辻井先生のご教示を思い出しながら，チプとチェプを
キーワードにして北のウェットランド研究の可能性について一考してみた。
湿地とアイヌ民族・文化を絡めると，そこに棲む化けもののような存在につ
いての伝承が紹介されるパターンが多いように見うけられる。それらとは異
なるアプローチを，あえて試みた。

　むすびにあたって考えるに，地域・民族の伝統文化というのは，人びとが
長い歴史をかけて培ってきたワイズユースの集積とも見なせる。もちろん，
「伝統」は今日的な環境のもとで応用・発展させていくべきだろう。微力だ
が，「湿地の科学と暮らし」に関する取組を，この観点からも深めていきた
い。アイヌ文化とウェットランド，両分野における探究・活用の活動が相互
に刺激しあって拡充していく未来を私たちは志向すべきである。

［参考文献］
アイヌ文化振興・研究推進機構. 2015. アイヌの人たちとともに―その歴史と文化. 37pp.
　　公益財団法人アイヌ文化振興・研究推進機構.
平取町. 2006. アイヌ文化環境保全対策調査総括報告書. 777pp. 平取町.
知里真志保. 1986. 和人は舟を食う. 213pp. 北海道出版企画センター.
出口晶子. 2001. 丸木舟(ものと人間の文化史98), pp. 67-60. 322pp. 法政大学出版局.
出利葉浩司. 2012. 北海道の先住民族アイヌは環境とどうつきあったのだろうか. 持続可能
　　な未来のために(吉田文和・深見正仁・藤井賢彦編著), pp. 115-136. 北海道大学出版会.
百々幸雄. 2015. アイヌと縄文人の骨学的研究. 280pp. 東北大学出版会.
深澤芳樹. 2014. 日本列島における原始・古代の船舶関係出土資料一覧. 国際常民文化研究
　　叢書5 環太平洋海域における伝統的造船技術の比較研究(神奈川大学国際常民文化研
　　究機構), pp. 185-233. 神奈川大学国際常民文化研究機構.
深沢百合子. 2012. 北海道先住社会の景観とアイデンティティ形成, 現代景観との関わり. 景
　　観から未来へ(内山純蔵・カティ・リンドストロム編), pp. 173-192. 昭和堂.
埴原和郎・藤本英夫・浅井亨・吉崎昌一・河野本道・乳井洋一. 1971. シンポジウム　アイ
　　ヌ―その起源と文化形成. 298pp. 北海道大学図書刊行会.
平山裕人. 2014. アイヌの歴史　日本の先住民族を理解するための160話. 345pp. 明石書店.
北海道開拓記念館(編). 1999. アイヌ文化の成立. 51pp. 北海道開拓記念館.
北海道ラムサールネットワーク(編). 2014. 湿地への招待. 272pp. 北海道新聞社.
石附喜三男. 1986. アイヌ文化の源流. 339pp. みやま書房.
帰山雅秀・永田光博・中川大介(編著). 2013. サケ学大全. 296pp. 北海道大学出版会.
萱野茂. 1988. カツラの丸木舟―森の恵に感謝したアイヌの暮し. 森と私たち―北海道自然
　　保護読本(北海道自然保護協会編), pp. 1-16(特に pp. 3-5 参照). 北海道自然保護協会.
大塚和義. 1995. アイヌ海浜と水辺の民. 249pp. 新宿書房.
斎藤成也. 2015. 日本列島人の歴史. 224pp. 岩波書店.
瀬川拓郎. 2015. アイヌ学入門, 320pp. 講談社.
瀬川拓郎. 2016. アイヌと縄文―もうひとつの日本の歴史. 240pp. 筑摩書房.

関口明・越田賢一郎・坂梨夏代. 2015. 北海道の古代・中世がわかる本. 248pp. 亜璃西社.

篠田謙一. 2015. DNA で語る日本人起源論. 272pp. 岩波書店.

田端宏・桑原真人(監修). 2000. アイヌ民族の歴史と文化. 147pp. 山川出版社.

高田雅之(責任編集)／辻井達一・岡田操. 2014. 湿地の博物誌. 352pp. 北海道大学出版会.

谷本晃久. 2004. アイヌ史の可能性. 海外のアイヌ文化財―現状と歴史(小谷凱宣編), pp. 162-170. 南山大学人類学研究所.

辻井達一・笹川孝一(編). 2012. 湿地の文化と技術 33 選. 72pp. 日本国際湿地保全連合.

宇田川洋・野村崇(編). 2001, 2003, 2004. 新北海道の古代 1 石器・縄文文化, 2 続縄文・オホーツク文化, 3 擦文・アイヌ文化. 244pp., 240pp., 240pp. 北海道新聞社.

吉原秀喜. 2011. アイヌ民族の祈りと文化景観・環境. 遺跡学研究, 8：pp. 72-79.

このほかに，次の機関等の WEB ホームページを参照

環境省／北海道開発局室蘭開発建設部／北海道大学埋蔵文化財調査センター／石狩市(遺跡調査関係)／ラムサール条約事務局〈AWARD FOR SCIENCE〉

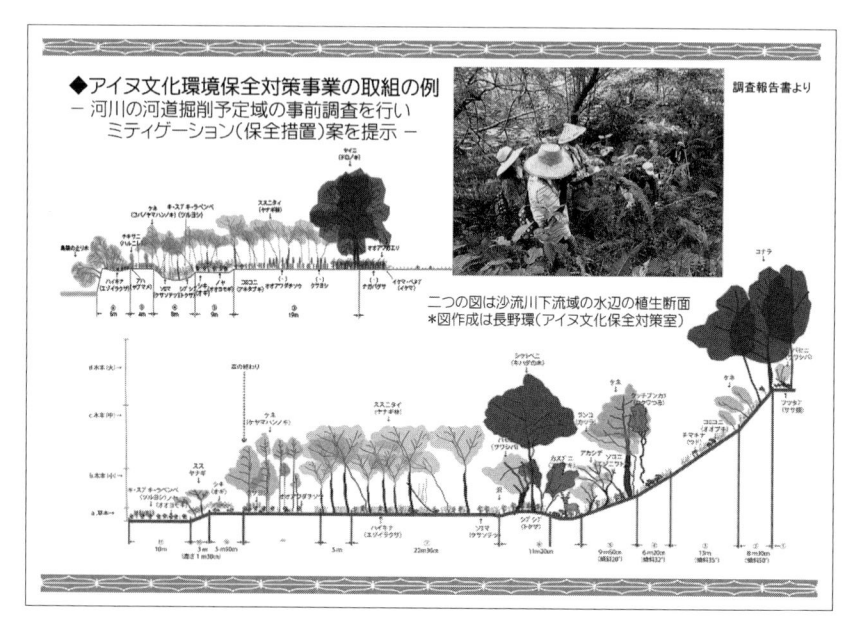

平取町アイヌ文化保全対策室より提供(2016 年制作のスライド)

22
泥炭地の分布の変遷

高田雅之

泥炭地の変貌

　北海道は 83,400 km² の面積をもつ広大な大地であるが，そこには元々どれくらいの面積の泥炭地(≒湿原：北海道の湿原はほぼ全て泥炭地といえる。ここでは主に土地を指す場合に「泥炭地」，主に風景を指す場合に「湿原」を用いた)があったのだろうか。北海道農業試験場が 1950 年代にまとめた全道(北方領土を除く)の土性調査報告を基に推定された泥炭地の面積は約 2,000 km²，また国土地理院が明治 19〜大正 13 年までの地形図を用いて推定した湿原面積が 1,772 km² であるので，北海道の面積の 1/40 くらいが泥炭地だったことになる。これは大阪府や東京都の面積に近い大きさである。ロシアやカナダのように国土の 3 割ほどが泥炭地の国と比べると割合は低いが，変化に富んだ湿原景観とそこに生息生育する多様な生き物たちを見ると，北海道は堂々たる湿原の宝庫といえる。ちなみに現在の北海道では，森林が約 6 割，農地が約 3 割を占めている。

　その約 2,000 km² (20 万 ha)あった泥炭地は，今日大きく減少している。北海道で本格的な開拓が始められたのは明治時代に入ってからである。ただし明治時代の泥炭地開発は石狩平野が中心で，全道的に泥炭地が開発されたのは戦後となってからだ。つまり明治以降の 140 年間，または戦後 70 年間という短い期間で，急速に大規模に泥炭地が大きく変貌したことになる。これは工業先進国では世界でも類を見ない速さといえる。

　国土地理院では過去と現在の地形図を比較して，「日本全国の湿地面積変化」をまとめている。それによると，北海道では大正時代の 1,772 km² から 1999 年の 709 km² に減少し，元々あった湿原の 60％が失われたことになる(図1)。この 2 時期の図を見比べると，道東と道北では比較的残されているのに対して，道央地域と十勝川下流部ではその大半が消失していることが読

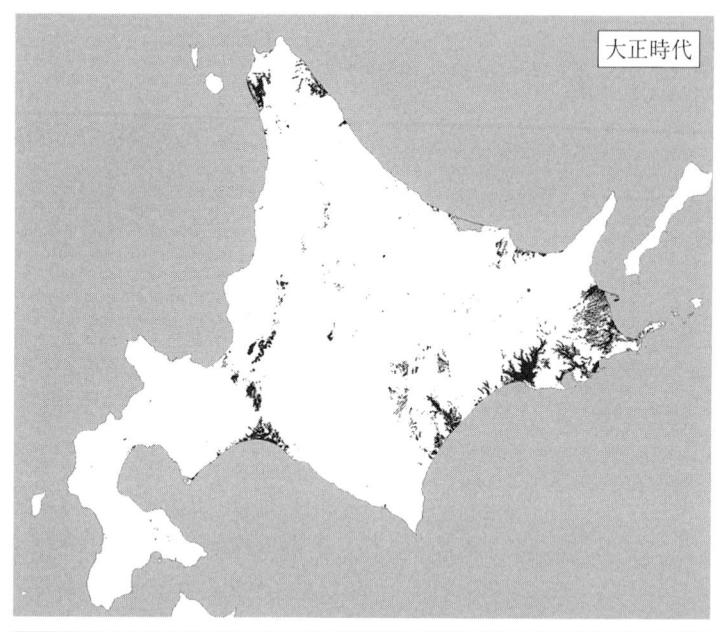

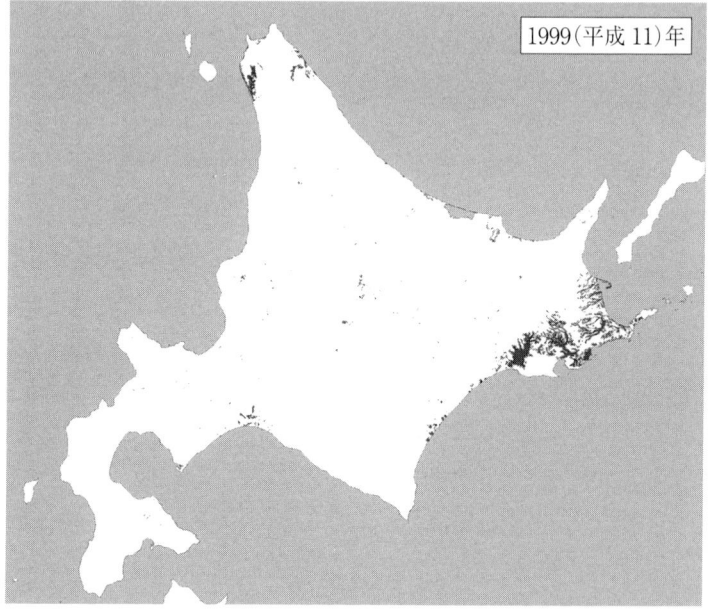

図1　北海道における湿地の分布の変化(国土地理院「日本全国の湿地面積変化の調査結果」より)

み取れる。これらの変貌は，北海道の開拓と開発の歴史とともに進んできた。今日の見方をすれば，それは自然が失われる過程だが，その時代の背景と要請を考えれば，現在までの北海道，そして日本の発展と無縁ではない。特に開拓入植から戦後の食料難の時代に北海道で展開された食料生産，つまり農業のための努力は並々ならぬものであった。そのようなことを頭におきながら，北海道を代表するいくつかの泥炭地の変化を追ってみる。

　かつてもっとも広かった泥炭地は石狩湿原である。その総面積は，北海道開発局農業水産部農業計画課が 1991 年にまとめた資料では 6 万 3,110 ha，北海道農業試験場が 1954 年にまとめた資料では 6 万 1,976 ha となっており，今日の日本最大の釧路湿原をはるかに上回る広大なものであった。その特徴はボッグの割合が高いこと(4 割以上)と，蛇行した多くの河川と河川の間にパッチ状に分布し連続していないことだ。各パッチには美唄原野，篠津原野といった名前がつけられていた。今日その名残はわずか 30 ha ほどにすぎず，かつての 0.1％以下に減少したことになる。

　明治時代からの石狩湿原の開拓は，最初は稲作に向かないと判断した外国人指導者に従って，畑作・酪農混合型の農業が行われた。しかし地形や土壌条件，乏しい畜産経験などから思うようにいかず，入植者の米に対する強い思いが実って，1890 年以降稲作が進められることになる。そして戦後の「食料増産」「引揚者の受け入れ」を目指した第 1 期および第 2 期総合計画により，1970 までに水田面積が急速に増加した。泥炭地の面積変化を見ると1910 年までに約半分に減少し，戦後の国営農地開発事業を経て 1970 年までに泥炭地はほぼ失われた(図 2 ①〜③)。石狩湿原の開発は，原野のへりにあたる川に近いフェンから始められ，戦後は中心部のボッグに向かっていった。ボッグは軟弱で栄養分に乏しく，排水だけではなく，土砂を運び込む客土を行う必要があった。初めは馬で運び，索道(ケーブルカー)，鉄道，そしてトラックと方法を変えながら，10〜35 cm に及ぶ世界に類を見ない膨大な客土がなされたのである。客土に関する初期の研究指導は新渡戸稲造が行っていたという。

　石狩湿原に次いで大きい泥炭地は釧路湿原である。元々の面積は国土交通省によると 2 万 4,570 ha(1947 年)で，現在は 1 万 9,430 ha(1996 年)なので今

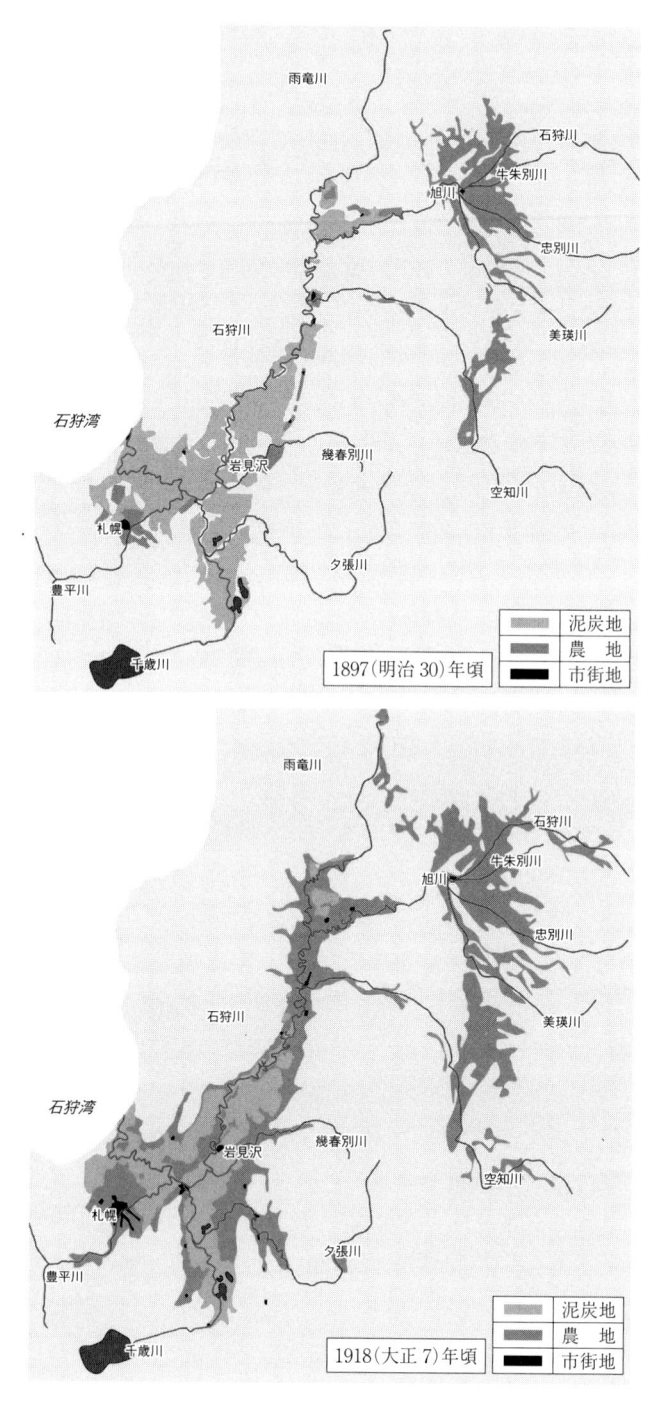

図2①　石狩川流域の土地利用変化①（北海道開発局札幌開発建設部「石狩川流域土地利用変遷図」を一部改変）

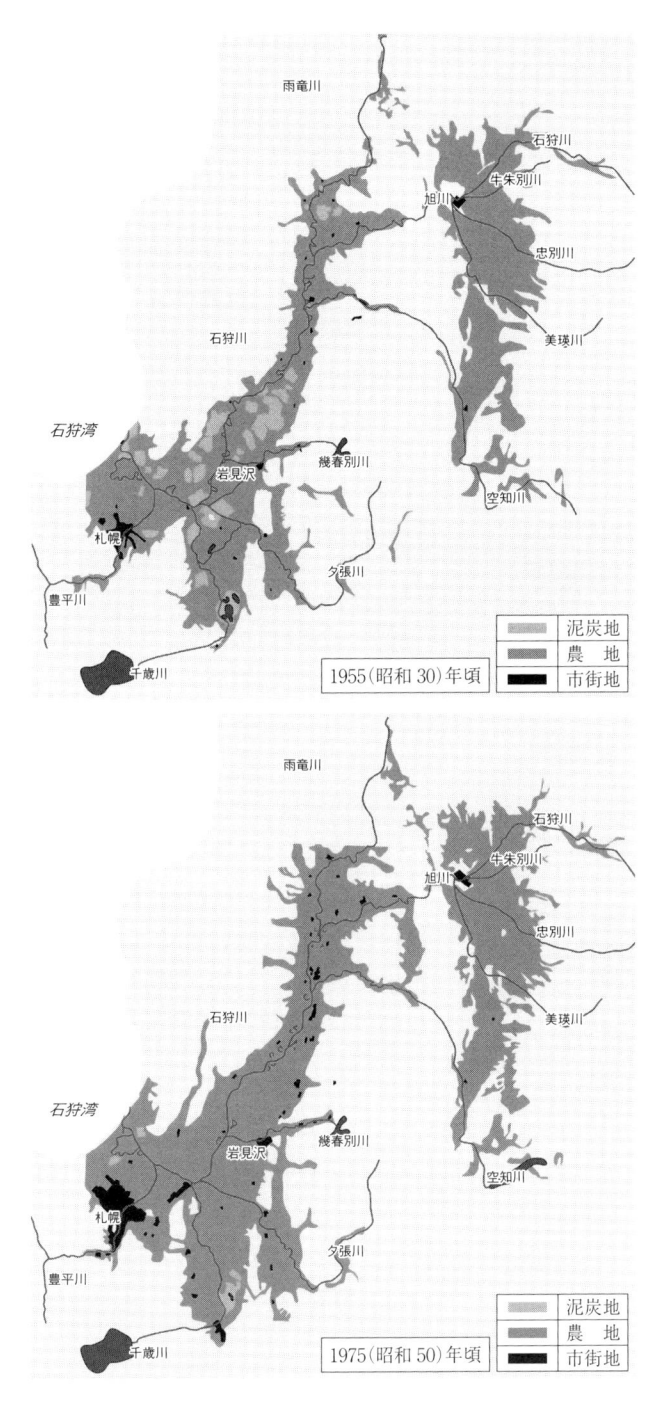

図2② 石狩川流域の土地利用変化②(北海道開発局札幌開発建設部「石狩川流域土地利用変遷図」を一部改変)

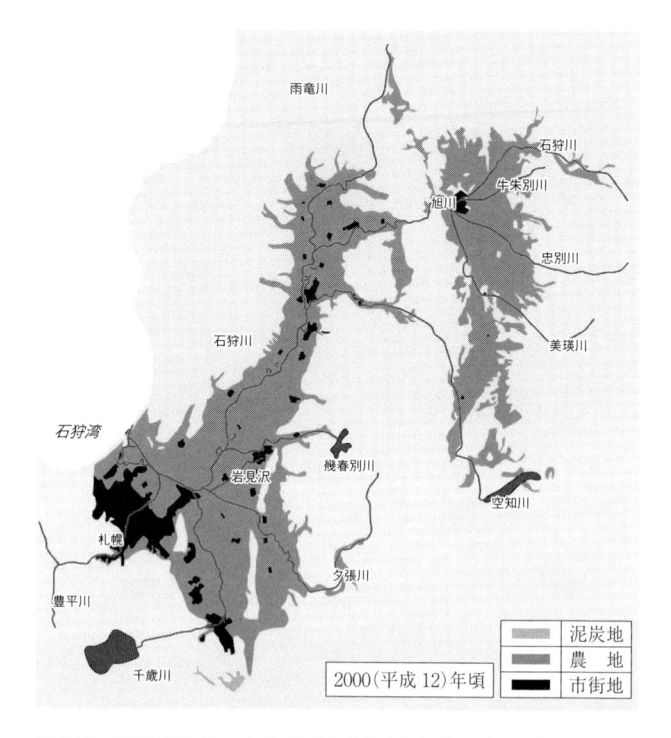

雨竜川

石狩川
牛朱別川
旭川
忠別川

石狩川

美瑛川

石狩湾

岩見沢
幾春別川

空知川

札幌

夕張川

豊平川

千歳川

2000（平成 12）年頃	
	泥炭地
	農　地
	市街地

図2③　石狩川流域の土地利用変化③（北海道開発局札幌開発建設
　　　部「石狩川流域土地利用変遷図」を一部改変）

日 80％ほどが残されていることになる。釧路湿原は流域の森林や鉱物の開
発から始まり，大正時代には馬産地として入植が進み，さらに 1960 年以降
は酪農振興策に基づく大規模農地開発や河川改修が進み，泥炭地の直接改変
だけでなく流域からの土砂の流入などが起こった。しかし 1970 年以降自然
保護への関心が高まり，1987 年には国立公園に指定されその主要部分が保
護されることになった。湿原面積の減少に一定の歯止めはかかったが，湿原
の真ん中を河川が流れる釧路湿原は流域の影響を受けやすく，ハンノキ林の
面積が 1970 年代以降急速に増加し，植生の変化が進んでいる。また，湖沼
の水質悪化も懸念されており，国立環境研究所によって水生植物＊の確認種
数が減少傾向にあるという報告もされている。
　北海道で 3 番目に広い泥炭地はサロベツ湿原である。石狩・釧路・サロベ

ツの3つを合計すると北海道の泥炭地の約半分を占める。北海道大学の冨士田裕子教授の研究によると，1923年に1万3,249 ha あった湿原面積は1990年代には2,773 ha と約20%にまで減少している。北海道開発庁のデータと合わせてみると，1960年までは約8割は未開発のままで，それ以降急速に泥炭地が農地化され，国立公園に指定された1974年以降も減少が続いた。サロベツ湿原の開発は泥炭地の周囲の比較的乾いたところから始まり，戦後，樺太(サハリン)や満州(中国東北部)からの引揚者による緊急開拓で酪農を中心に開拓が進められた。しかしこれまで湿原を潤してきた氾濫が，原野への開拓を阻むこととなる。そこで1960年代に国営明渠排水事業が進められ1966年にはサロベツ川を大きくショートカットさせる放水路が建設され，原野の農地化が進み，1970年代からの泥炭採掘と国営総合農地開発事業によってさらに泥炭地が失われていった。またペンケ沼に付け替えられた河川からの土砂流入により沼の水面面積が約半分に減少してしまった。これらの周囲の排水によって，湿原の乾燥化が進行し，現在ササ類の繁茂によって泥炭地がさらに減少している状態にあるといえる。

　そのほか，十勝川下流域では1922年に8,179 ha あった泥炭地が1989年には860 ha と約10%に，勇払原野では1953年の4,897 ha が1985年には1,033 ha と約20%に，北オホーツクの猿払地域では1923年の7,554 ha が1980年には1,589 ha と約20%に，さらに渡島半島の付け根の内浦湾に面した静狩原野では1917年の263 ha が現在は荒地も含めて34 ha(約13%)に減少しているといった報告がこれまでされている。勇払原野で「苫小牧東部大規模工業基地開発」が進められたほかは，いずれも多くは草地や畑地などの農地に変わったといえる。面積だけではなく，ウトナイ湖の周辺のように，ハンノキ林が増えるなど，本来の泥炭地の姿が変わったところも少なくない。道南の静狩原野には，かつて細長い沼があってたくさんの浮島があったと記録されている。一度は天然記念物に指定され，時代の要請で解除され耕地化されたが，もしこの泥炭地が今も残っていたら，私たちに他の泥炭地とは全く違った圧巻の景観を見せてくれていたに違いない。

　どの地域にも共通しているのは，連続的な泥炭地が分断され孤立化してきたことだ。生物多様性*の点から見ると，遺伝子の交流ができにくくなって

いるのが現状といえる。一方で泥炭地の利用が日本の経済と社会の成長を食料生産から支えてきたことも確かである。その過程で，そもそも農業に向かない泥炭地を農業ができるようにとさまざまな技術・工法・対策が検討され編み出されてきた。私たちが経験した泥炭地の変貌は，大地との格闘であり，ひとつひとつの開拓や開発に物語がある。今後，私たちはそのことを踏まえて残された貴重な自然のことを考えなければならないだろう。

泥炭地が変化した原因

　多くの泥炭地が農地や市街地に変わったことを大まかに述べたが，もう少し詳しく泥炭地の変化の過程について見てみよう。人為的要因による泥炭地の変化は，土地の利用のために直接失われる場合と，隣接地の利用の影響を間接的に受ける場合の大きくふたつに分けられる。直接失われた場合について，どんな土地利用に変わったかを国土地理院が作成した2時期の湿原分布データ（主に1920年代と1980年代）と土地利用データ（1976年）を使って分析すると，北海道の場合は農地（畑地，草地，水田）に変わったのが約半分で，残りは荒地と森林が多くを占め，乾燥化や土砂の流入などによって植生が変化したところも多いことがうかがわれる。

　一方間接的な影響については，周縁部に排水路が設けられ泥炭地水位の低下を招く，流入河川が直線化されて土砂が流入したり水位変動が大きくなる，流域の開発によって水質汚濁物質が流れ込んでくる，道路によって分断されるといったことがあげられる。これらが泥炭地の水文・水質環境，土壌環境，表面地形（地盤沈下などによる）などを変化させ，その結果乾燥に強いササ類や樹木が侵入したり外来植物が繁茂することで，本来の姿とは異なる植生や景観となっていくのである。

　石狩湿原の名残である月ヶ湖湿原（月形町）と上美唄湿原（美唄市）を例にすると，周縁農地との間や道路わきの排水路によって，湿原の縁から乾燥化が進み，ササ類や樹木，外来植物が繁茂している（図3）。月ヶ湖湿原では現在も年々ササ類が湿原内へ侵入し，四方を排水路に囲まれている上美唄湿原では，かろうじてミズゴケ類が残ってはいるが，5.6 ha の湿原全体にわたってサ

図3　排水路から外来植物・ササ類・樹木が広がっていく。月形町月ヶ湖湿原

サ類に覆われている。泥炭地そのものを保全しても周囲の影響を受けて時間とともに変化していくところがこの生態系を守る上で難しいところといえる。

泥炭地と人とのかかわり

　北海道における泥炭地の変遷の過程は，開拓のために入植した人々の苦労と努力，そしてそれをなしとげた喜びの足跡でもある。ここでは開拓時代以降の人々と泥炭地とのかかわりの姿を追ってみたい。

　石狩湿原の開拓は泥炭地の縁からなされ，もっとも利用が難しい美唄や篠津のボッグは最後まで手がつけられずにいた。そこに入植した方々の記録から暮らしの一端を垣間見ることができる。まず飲み水の確保が重要である。水道が敷かれるまでは泥炭地のコーヒー色の水を，やや臭いはあるものの健康に支障なく飲用していた。ただし洗濯物は褐色に染まるので，雨水をためて使用していたという。なお泥炭地の水を風呂に使うと湯ざめしないそうで，全く同じ話を利尻島の南浜湿原に暮らす年配の方からも聞いたことがあり，

泥炭地の水の疑いようのない効用だと考えられる。泥炭は乾かしてストーブや炊事の燃料に使われた(図4)。火力が弱く，冬に向けてはたくさんの泥炭を乾燥させて蓄える必要があったようだ。札幌の手稲では昭和30年代まで多くの家で暖房に泥炭を利用し，また燃料として販売し収入も得ていたとのことである。

　サロベツ湿原への入植では食料の不足分は豊かにあった山菜や川魚で補いつつ，コバギボウシなどの湿原の植物も食用にしていたそうだ。故・辻井達一先生も若いころのサロベツ調査では，お世話になったお宅でよくコバギボウシを食べたと述懐されていた。湿原に近いところではヤブカには昼夜を問わず悩まされ，ヨモギを燻して追い払っていたとの話も聞く。また電気が普及していなかった頃は，日本海から吹く風の強さを逆手に取ってどの家でも風車を取り付けて発電し，明かりを消してテレビを見ていたという。上サロ

図4　泥炭ストーブ(北海道博物館所有)

ベツを豊富と稚咲内を結んで東西に横断する現在の「道道稚咲内線」は雨が降るたびに冠水し，軟弱な泥炭地盤に立つ電柱は電線を支えるというよりも，倒れないように電線に吊られていたと表現する方もいる。その道路わきにはたくさんの湿原の花々が咲き，しばし足を止めて花を摘む人も多かったようで，ひとときののどかな風景が目に浮かぶ。

　道南の静狩原野では，漁師たちは池の浮島が風に吹き寄せられる位置によって，豊漁を占ったという。かつて信州から東北の山の上の湿原で見られた米の豊凶占いとも通じるエピソードである。

　戦後になると泥炭地と人との間に産業的なかかわり方が生まれてきた。次節で述べる泥炭を採掘して利用するのもそのひとつである。泥炭地を泥炭地のまま利用するエコツーリズムも魅力的な人とのかかわりといえる。カヌー，自然とのふれあい，環境教育といった泥炭地とのかかわり方は，今後ますます広がっていくと期待される。

泥炭の採掘

　世界に目を向けると，ヨーロッパやロシアなどでは古くから泥炭を産業利用している例が多く見られる。燃料用や園芸用のほか，スウェーデンでは現在も発電に使われている。麦芽乾燥に利用することで，スコッチウイスキーに独特のスモーキーフレイバーが加わることもよく知られている。過去の少し変わった使い道としては，アルコールの抽出，包装用紙やクラフト紙，ローソク，下水の浄化材や脱臭剤などがある。また泥炭のもつ殺菌力や腐敗抑制力を活かして，戦時中には包帯としても重宝されたそうだ。

　これらのうちのいくつかは，北海道でも実際に試された。石狩平野の当別町では，1942年に泥炭を乾留して石油と炭を得るための軍需工場がつくられたが，本格的に操業する前に終戦となり，現在の㈲高橋ピートモス工業がこれを買い取って今も泥炭採掘と加工販売を行っている。隣接する新篠津村にある現工場では，採掘した泥炭を使ってローソクや皮膚病の薬など，泥炭利用の可能性を広げようとさまざまな製品開発が試みられた。一時期はスコッチウイスキー向けにも出荷されたが，現在は法面緑化や植生工事，農作

物の育苗用土，花卉園芸用の培土，農地土壌改良，屋上緑化など全国の多方面に販売されている。近年は砂漠の緑化用に中国やエジプトでも使われているとのことだ。泥炭は保水性・通気性・保肥性そして抗菌性をもち，有機質に富むことから土壌用資材として大変優れているとされる。

　新篠津村の採掘現場では，かつては人力で鍬を使って1mの深さまで掘っていたそうだが，現在はパワーショベルなどを使って深さ2m程度までブロック状に掘って1か月ほど天日乾燥し，粉砕，篩い分け，袋詰めする工程をとっている（図5・6）。泥炭地の浅いところは繊維質が多く，深くなると分解が進んで繊維質が乏しくなり，ほどよい深さの泥炭を製品化しているという。泥炭地はやわらかいので，しばしば重機がぬかったという苦労話も聞いた。

　北海道では石狩湿原とサロベツ湿原でこれまで泥炭採掘が行われ，規模は小さくなったが現在もその2地域で採掘が続けられている。石狩湿原では，かつては石狩川河川敷でもとられていたが，今は新篠津村と夕張川河川敷で採掘し製品化されている。サロベツ湿原では，1970〜2002年まで東圧ピートケミカル㈱が，1979年からは日本甜菜製糖㈱が泥炭採掘を行っている。

図5　昭和30年代の泥炭採掘（㈲高橋ピートモス工業提供）。棚をつくってブロック状に切り出した泥炭を乾燥させている。

図6　現在の泥炭採掘。重機を使って泥炭を掘っている様子(新篠津村)

　サロベツ湿原の泥炭は，土砂や火山灰の混入が少ないのが特徴で，東圧ピートケミカルでは土壌改良剤のほか，蚊取り線香，漆喰の原料，油の吸着マットなども試みたそうだ。採取地は極めて軟弱であるため，ここでは特殊なロータリーカッターを装着した浚渫船を使って採掘し，水とともに輸送管で工場に送る方法をとってきた。その際ミズゴケ類の塊がパイプを詰まらせ，工場中が水浸しになって関係者を困らせたこともあったという。かつて活躍していた浚渫船は現在，サロベツ湿原センターの横に保存展示されている。また採取跡地は環境省によって現在自然再生の取り組みが進められている。もうひとつの日本甜菜製糖では，現在も重機を使って2m近くまで掘り，表面の50cmを戻しているという。約1年間かけて天日乾燥し，砂糖の原料であるビートの育苗用ポットなど，農業用資材として使用している。泥炭は園芸や農業など，私たちの身近なところで今も使われている。

　これまで述べてきたような泥炭地の変遷と人とのかかわりを受けて，私たちは新たなつき合い方を模索しなければならない時期にきていると考えられる。生態系サービスというとらえ方(24章参照)で泥炭地の価値を認識・共有し，これ以上の劣化と損失を防ぐのみならず，失われた泥炭地を再生する，あるいはシカ問題や温暖化の影響などの新たに取り巻く課題に立ち向かうのもそのひとつではないだろうか。

［参考文献］
美唄市戦後開拓三十年協賛会. 1978. 戦後開拓三十年記念誌 我が開拓の跡. 99pp.
冨士田裕子. 1997. サロベツ湿原の変遷と現状. 北海道の湿原の変遷と現状の解析（北海道湿原研究グループ編）, pp. 59-71. 財団法人自然保護助成基金.
冨士田裕子・橘ヒサ子. 1997. 元国指定天然記念物「静狩泥炭地」の変遷と現状. 北海道の湿原の変遷と現状の解析（北海道湿原研究グループ編）, pp. 93-109. 財団法人自然保護助成基金.
冨士田裕子（編著）. 2014. サロベツ湿原と稚咲内砂丘林帯湖沼群 その構造と変化. 252pp. 北海道大学出版会.
北海道開発局釧路開発建設部. 釧路湿原の自然再生.
　　http://www.ks.hkd.mlit.go.jp/kasen/nframes/13.html
北海道開発局釧路開発建設部. 釧路湿原自然再生協議会.
　　http://www.ks.hkd.mlit.go.jp/kasen/kushiro_wetland/exp/subject.html
北海道開発局農業水産部農業計画課. 1991. 石狩川流域の土地利用開発 100 年. 160pp.
北海道農業試験場. 1954. 北海道農業試験場土性調査報告 第四編 石狩國泥炭地土性調査報告. 91pp.
北海道農業試験場. 1955. 北海道農業試験場土性調査報告 第五編 天塩國泥炭地土性調査報告. 49pp.
金井紀暁・矢部和夫・金子正美. 2011. 空中写真判読による 1975 年と 2009 年の間に起こったウトナイ湖とその周辺地域の植生変動の解析. 札幌市立大学研究論文集, 5(1)：35-44.
環境省・(社)自然環境共生技術協会. 2004. 自然再生 釧路から始まる. 279pp. ぎょうせい.
環境省北海道地方環境事務所・アジア航測株式会社. 2007. 平成 18 年度サロベツ自然再生事業再生計画・技術手法検討調査業務報告書. 347pp.
国土地理院. 日本全国の湿地面積変化の調査結果.
　　http://www.gsi.go.jp/kankyochiri/shicchimenseki2.html
宮地直道・神山和則. 1997. 石狩泥炭地における湿原の消滅過程と土地利用の変遷. 北海道の湿原の変遷と現状の解析（北海道湿原研究グループ編）, pp. 49-57. 財団法人自然保護助成基金.
阪口豊. 1974. 泥炭地の地学. 329pp. 東京大学出版会.
サロベツ・エコ・ネットワーク. 2008-2012. サロベツ今昔物語. サロベツ原野だより, 2(1)-6(3).
佐藤雅俊・橘ヒサ子・大林聡. 1997. 十勝海岸地域の湿原の現状と変遷. 北海道の湿原の変遷と現状の解析（北海道湿原研究グループ編）, pp. 73-77. 財団法人自然保護助成基金.
Takamura, T., Kadono, Y., Fukushima, M., Nakagawa, M., and Kim, B.O. 2003. Effects of aquatic macrophytes on water quality and phytoplankton communities in shallow lakes. Ecological Research, 18(4): 381-395.
植村滋. 1997. 北オホーツク海岸地域の湿原の現状と変遷. 北海道の湿原の変遷と現状の解析（北海道湿原研究グループ編）, pp. 83-91. 財団法人自然保護助成基金.
稚内文庫編集委員会. 1984. 風雪に向かう自然と人と. 稚内文庫 第 5 巻. 204pp. 稚内市.
矢部和夫. 1997. 勇払平野の湿原地域の変遷. 北海道の湿原の変遷と現状の解析（北海道湿原研究グループ編）, pp. 79-81. 財団法人自然保護助成基金.

23
泥炭地と河川の治水

鈴木英一

石狩川流域への入植と湿地

　北海道最大の河川石狩川流域に人が住み始めたのは，2万年前の旧石器時代といわれている。当時大陸とは陸続きで，マンモス象を追って渡ってきたとされている。当時の遺跡は千歳市や苫小牧市などから出土している。その後の7,000年前の縄文時代には，海面水位が現在よりも2〜3m高く，千歳市や苫小牧市で貝塚が，また深川市や芦別市で集落跡などが出土している。これらの集落は，比高の高い丘陵地に形成されている。さらに縄文文化時代，続縄文文化時代，擦文文化時代を経て14世紀からのアイヌ文化時代にも住んでいた人々の生産基盤は狩猟採取であり，サケ・マス漁や鹿の狩猟，山菜の採取により生活が営まれ，集落は川沿いや海岸近くの比高の高い土地に形成され，湿地は菱や萓などの採取に利用される程度で，生活の場ではなかった。18世紀の初頭の石狩川流域を含む西蝦夷のアイヌ人口が8,944人と記録されている。

　明治時代に入り，ロシアを意識した北方の防衛と維新によって地位や職を失った武士の救済および漁業資源や木材資源の開発による国力の強化を目的として，新政府は1869(明治2)年蝦夷地を北海道と改め，全島を統括するため札幌に開拓使本府を置くことを定めた。当時の札幌は和人の家が5戸と人口もほとんどなく，全くの原野地帯であった。本庄睦夫の小説『石狩川』は，1871年家禄を失い181名で石狩川河口部の不毛地帯に入植した仙台藩岩出山伊達家の藩士と家族が，意を決して内陸に入り開拓の可能性のある当別の土地を見つけ，湿地や泥濘のなかで確かな生活を築いていった物語である。実話を元にしており，当時の入植者の困難と不屈の精神を表したものである。明治政府は，北海道の開拓には政策として開拓民を援助する必要があるとし，1874年屯田兵制度を創設した。この制度は，国土防衛と原野の開拓を同時

に行うもので，一兵村当たり 200 戸程度の集落を形成し，家長は一日中軍事訓練を行った。実際にも西南の役，日清，日露戦争にも出動したほどの厳しい訓練を行い，給与された 5,000 坪（後には 15,000 坪）の未開地の開墾は家族が負担しなければならないものであった。屯田兵村は，1895 年までに山鼻，江別，野幌，新琴似，篠路，滝川と増大された。また，一般の移民にも，一定期間内に開墾すると，土地が所有できるという土地払下規則が 1886 年に制定され，奈良県十津川村からの 576 戸の集団など，多くの移民が移住し，1900 年には，石狩川の流域人口は 33 万人となった。

　その間，三笠幌内炭鉱をはじめとする石狩炭田の開発や，鉄道の敷設などが行われ，流域の重要性も高まっていった。

　入植の始まった当初は，屯田兵や民間移民団などの入植者は人の入ることができない広大な湿地を避け，縁辺部の比較的比高の高い地域に農耕地を開いていった。しかし政府はより多くの拓殖を目指し，植民地区画整理事業として湿地内部に入植用の区画割りを設置し，さらに多くの移民の受け入れを行った。このため，石狩川の歴史の上で初めて泥炭の多い湿地の開拓が大きな課題となった。

　当時，道庁技師の内田静は「大小の河川，沢沼，深い泥炭層，この開拓の前途は容易ならざるも，排水事業を施すことによって，他日，必ずや北海道の穀倉たらん，開拓の成功は，一にも二にも排水事業の成否にかかっている」と述べ，官民あげて泥炭や軟弱粘土の湿地の排水路建設を行った。現在長沼町にある馬追運河，山根排水，零号排水などは初期に建設され，現在も役割を果たしている排水路である。

　図 1 に 1910（明治 43）年当時の石狩平野平面図を示す。石狩川は著しく蛇行し，平野の大部分は湿地であり，開拓は，平野の縁辺部から始まり，さらに排水路の建設により湿地部の地下水位を下げることにより広がってきたことがわかる。入植は，湿地を農地に変え，生産の場とすることが目的であり，そのためには排水を促進し，水のつかない土地とすることが必要であり，人知を尽くして湿地の乾燥化を行い，湿地を消滅させることが必要であった。

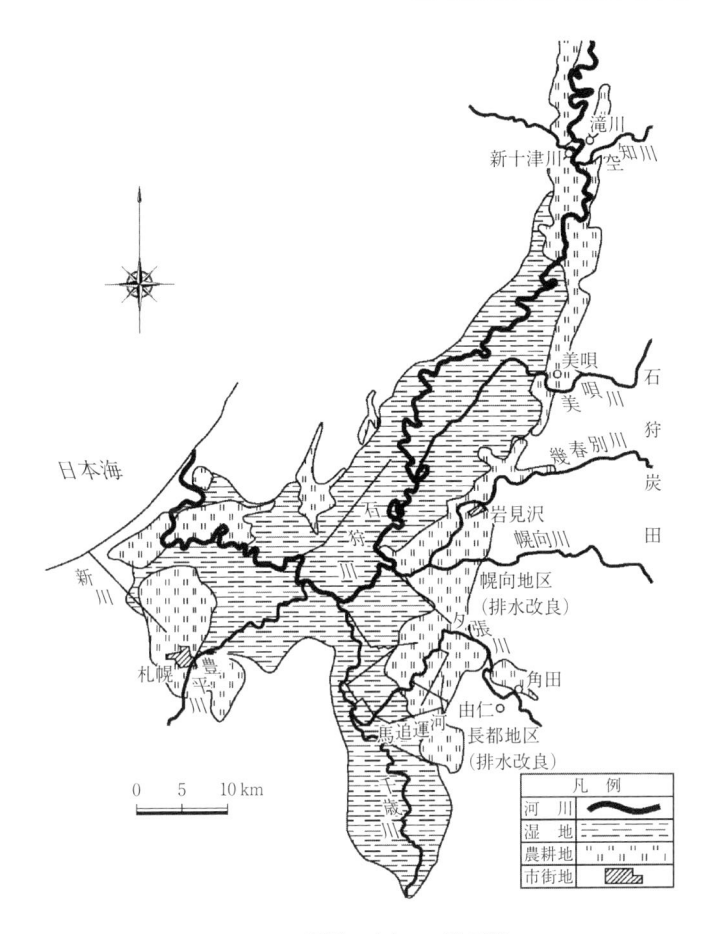

図1　1910(明治43)年の石狩平野

治水と湿地の農地化

　このような開拓の途上の1898年9月，石狩川の洪水史上最悪の大洪水が発生した。札幌管区気象台の記録では，3日間で157 mm，旭川で163 mmの降雨で，流域の浸水面積は4万1,000町歩，被災家屋1万9,000戸，死者112名の被害となった。上流の新十津川町では移民してようやく生活が安定したときに洪水にあい，1家4人畑の木に登って難を逃れていたが力尽きて

図2　1898(明治31)年洪水の砂川(石狩川振興財団提供)

流され行方不明となった。また支川夕張川では由仁町にて屋根に避難しよう
としていた一家3人が流され，対岸の角田村にてはマッチ軸工場の建物ごと
流され転覆し，屋根に上って避難していた34名が死亡するという事態が起
こっている。図2に当時の写真を示す。

　この洪水により，離散する住民も多く，また移民しようとしている本州の
人々の意欲が低下することを懸念して，国会でも取り上げられ，ただちに北
海道治水調査会が設置され，本格的な石狩川の治水のための調査が始められ
ることとなった。このことは，本来氾濫原野である石狩平野の開拓には，単
に湿地を乾燥化させるのみでは不十分であり，洪水対策が必要であることを
示しており，流域の25村からは一刻も早い治水対策を求める請願書が出さ
れた。

　調査に11年を費やし，道庁技師岡崎文吉は1909年石狩川の捷水路(ショー
トカット)＊と堤防建設を主体とする治水計画を策定し，1910年より石狩川の
治水事業は始められた。捷水路建設は1918(大正7)年から1969(昭和44)年ま
での50年間にわたって29か所で実施され，結果的に，石狩川の長さは58
km短縮された。これらの捷水路は河道の曲がっている箇所を直線化するも
ので，掘削工事が主であり，掘削した土砂は両岸に堤防の一部として利用さ
れている。捷水路により，河道の延長が短縮されることで，洪水流の流速が
早くなり，より低い水位で，短期間に洪水は流下することとなり，治水安全

図3　ショートカットされた石狩川と広がる農地（札幌開発建設部提供）

度は向上することとなる。さらに，平常時でも，河川の勾配が急になること
から河川の水位は低下することとなる。河川水位の低下にともない，合流す
る支川の水位や周囲の地下水位も低下するため，図3に示すように湿地の農
地化を促進することができた。石狩川において，捷水路工法が採用された理
由のひとつであった。

　さらにこれら捷水路の完成を受けて，氾濫を防止し，周囲の地下水位を低
下させる効果を支川にも広げるため豊平川と夕張川では新水路の建設が行わ
れた。夕張川は元来千歳川に合流しており，合流点は標高が極めて低かった
ために頻繁に洪水が発生する箇所であった。洪水のたびに夕張川両岸の住民
は堤防への土嚢積みを対岸側と争うように行う地域であった。また，夕張川
の合流点近くには木詰という箇所が地形図に載っている。これは洪水のたび
に大量の流木が堆積し氾濫被害を増大させる箇所であった。この夕張川を，
1920（大正9）〜1936（昭和11）年までの工事で，新水路により直接石狩川へ合流
させることとした。このため，千歳川の洪水被害は大きく軽減されることと
なり，住民に大きな安心を与えるとともに，農地化が進むこととなった。

　豊平川も 1941 年に新水路が完成し，洪水常襲地の雁木地区の洪水が大きく減少し，さらに厚別，野幌，角山などの湿地の開拓も可能となった。

　その後，第 2 次大戦の終戦を迎え，わが国は食料供給と人口収容の問題に直面し，北海道では石狩川流域を中心に，厚別川，長都沼川，清真布川，旧美唄川など，これまで開拓できなかった湿地地帯に対し，耕地化するため河道の掘削や築堤＊などの河川改修事業が進められた。

　また，昭和 20 年代食料増産のため重要視されたのが，石狩川右岸に残っ

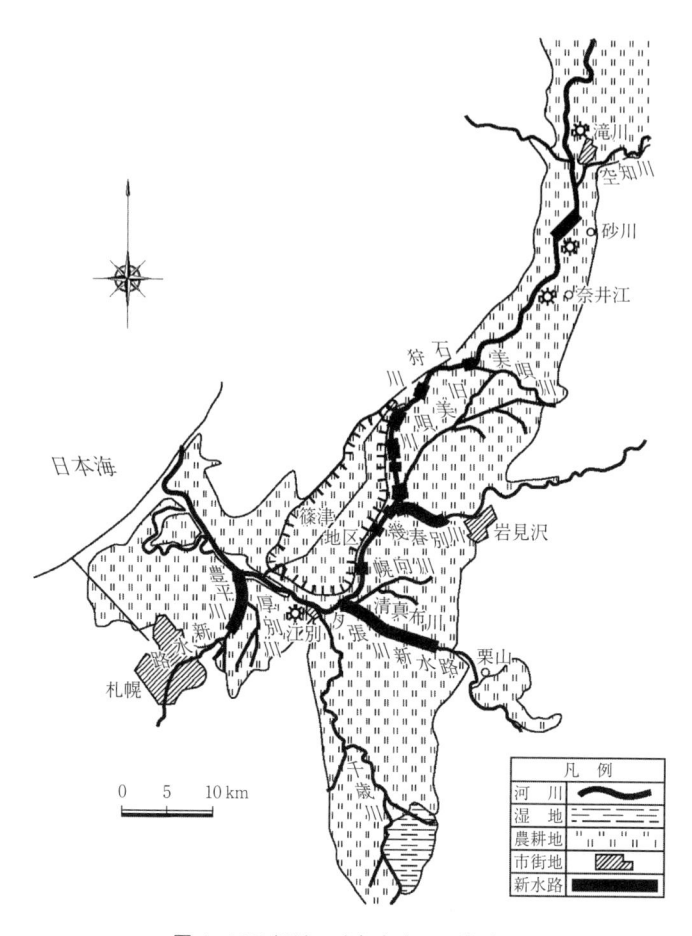

図 4　1968（昭和 43）年当時の石狩平野

ていた 1 万 6,000 ha の篠津原野であった。広大な泥炭地が広がる湿地地帯を水田地帯へ変えるべく，1951 年国営かんがい排水事業として着手され，1953 年には事業の投資効果が認められ世界銀行からの融資を受け外国の大型建設機械が購入され，1955 年からは篠津地域泥炭地開発事業として促進された。農業用水を取り入れるための石狩川頭首工* が建設され，当別川には青山ダムが建設され，地域の排水のために 81 路線の排水路網が巡らされた。泥炭地改良のため 6,300 ha に客土も行われた。1970 年，総事業費 202 億円をかけて事業は完了し肥沃な水田地帯となった。

　図 4 に 1968 年当時の石狩平野平面図を示す。この図から，本川中流部の捷水路の進展，豊平川，夕張川，幾春別川の新水路による河道付け替え，厚別川や幌向川など二次支川の改修による湿地部への耕地化拡大，篠津地区の耕地拡大が見られ，耕地面積は約 1,200 km² となっている。流域の人口も 1970 年には 244 万人となった。

近年の治水と湿地の再生

　1975 年，1981 年には，これまでにない大規模な豪雨により石狩川では大洪水が発生した。図 5 に 1981 年の洪水写真を示す。石狩平野では，地盤強度の弱い泥炭地帯が広がっているために，堤防を盛り上げると沈下や地滑りが発生するなどの現象が生じていた。そのため，50 cm 程度の高さで堤防を盛り，沈下が収まるのを待って，翌年また少し盛り上げるという時間をかけた段階的盛土工法を採用していた。当時はまだ堤防の高さが不十分で洪水時に溢水し，破堤したため被害が増大することとなった。洪水後，緊急的に堤防を完成させる必要から，泥炭層に杭を打ち込んだり，セメントを地盤に混ぜ合わせるなど，地盤の強化対策が行われた。さらに堤防の下幅を広くして荷重を分散させる方式も採用された。現在では，ダムの建設も進み，山地部で洪水を溜め込むことにより，下流への流下量を減少させ，河川水位も低下することとなった。河川では堤防工事が進み，1981 年当時よりも高い河川水位にも耐えられるようになってきている。洪水に対する安全度は着実に向上してきている。

図5 1981年洪水 石狩川と幌向川(札幌開発建設部提供)

　また，石狩川本川や支川千歳川では，遊水地の建設が進められている。遊水地は，周囲を堤防で囲まれた面積180～1,000 haの土地を有し，洪水時に下流の河川で流しきれない水量を一時的に貯留する施設であり，洪水終了後に貯留された水をゆっくり安全に川に戻すものである。石狩川に2か所，千歳川に6か所完成済みまたは建設中である。これらの遊水地内の土地は洪水時以外は農地として利用される土地が多いが，図6に示すように一部は開拓前の姿である湿地への再生が，地域住民とともに，進められている。

　さらに，かつて仙台藩岩出山支藩伊達邦直の入植に当たり立ちふさがった当別川下流の湿原は，現在石狩川の河川敷となっているが，この場所で自然再生事業* が進められ，図7に示すように170 haの広大な湿地を再生しようとしているところである。

　かつて人を寄せつけなかった石狩川の湿地地帯は，この150年間の多くの先達の努力により，図8に示すように，いまや全道農家個数の25%が営農し，米，野菜，小麦，甜菜などの生産が行われ，米収穫量だけでも570万人分の年間消費分を生み出すわが国有数の農業地域と変貌した。食料自給率が

図6　千歳川舞鶴遊水地の湿原状況(北海道河川財団提供)。
フトイ，ガマ，ヨシ，ミズアオイ，オモダカなど

図7　当別川合流点の自然再生ヨシ群落(札幌開発建設部提供)

40%と低いわが国にとって重要な農業地域である。その重要な農業地域のな
かにあって，研究者や市民，国や自治体によって湿地の再生が試みられてい
る。湿地の再生は，まだ緒についたばかりであるが，今後石狩平野に生きる
多くの人々が，地域の文化として湿地の再生に取り組み，入植以前に存在し
た原風景としての湿地を誇りをもって守っていかれることを熱望するもので
ある。

図8　現在の石狩平野(札幌開発建設部提供)

［参考文献］

小林好宏. 2010. 北海道の経済と開発. 194 pp. 北海道大学出版会.

当別町史編さん委員会. 1972. 109 pp. 当別町史.

札幌市教育委員会文化資料室. 1985. 屯田兵(さっぽろ文庫 33). 29 pp. 北海道新聞社.

農業土木学会. 1994. 石狩川水系農業水利誌. 290 pp. 留萌印刷.

石狩川治水史編集委員会. 1980. 石狩川治水史. 296 pp. 北海道開発協会.

石狩川開発建設部. 2000. 石狩川通信, 石狩川の流れ. 19 pp.

山口甲・品川守・関博之. 1996. 捷水路. 239 pp. 北海道河川防災センター.

北海道開発協会. 1971. 篠津地域泥炭地開発事業誌.

北海道開発局石狩川開発建設部. 2007. 石狩川(下流)整備計画書. 72 pp.

続石狩川治水史編集委員会. 2001. 25 pp. 続石狩川治水史.

札幌開発建設部. 2016. 石狩・空知管内農業概要. 2 pp.

鈴木英一・川村里実. 2012. 石狩川百年の治水. 6 pp, 79 pp. 中西印刷.

コラム⑦
ラムサール条約釧路会議を振り返って未来へ

小林聡史

1993 年，ラムサール条約(25 章参照)にとって 5 回目となる締約国会議が，アジア地域でも初めて開かれることになった。締約国会議とは加盟国の総会のことで，最近では COP と呼ばれることが多い。開催国は日本であったが，当初から釧路市での開催が確定していた。わが国がラムサール条約に加盟する際に，最初の登録湿地(ラムサール条約湿地)として指定された釧路湿原の存在が決定要素だった。

それから 20 年以上がたち，2015 年には南米最初のラムサール条約 COP がウルグアイで開催された。この COP 12 の最中，次回 COP 13 の開催予定地であるドバイ(アラブ首長国連邦)の政府関係者が，釧路会議の関係者に「会議を成功させるためにどんな努力をしたのか」話を伺いたいという申し出があった。いまだに語りぐさになるほど，ラムサール条約関係者が釧路での締約国会議は成功と考えていることは，関係者にとって大きな誇りだ。その後定番となる日本式のおもてなしが海外からの参加者に感銘を与えたことも大きいが，政府だけではなく一般の人々が湿地

図 1　冬の給餌場近くに集まるタンチョウ

保全に取り組もうとしている姿勢が伝わったことが釧路会議の成功に貢献している。

不毛の大地と考えられていた釧路湿原は，最後に残されたタンチョウに生息地を提供していた。厳しい冬にタンチョウ達に餌を与えようとしたのは，普通の農家の人たちだった。何よりも日本の文化のなかで，鶴はさまざまなモチーフとして長い間使われてきた。タンチョウやさまざまな水鳥，彼らの棲む湿地を守ろうとしている日本人が存在することが，それまで(特にバブル経済時代)，「日本人は環境保全に無関心」と思っていた海外の人たちにとっては目からウロコだったに違いない。

釧路会議を契機に，日本人に「湿地」という言葉，そして「湿地保全」という概念が広まった。ラムサール条約の存在を知っている人の割合の多さは，おそらく日本が世界一ではないかと言われている。当然ながら，日本以外の国々，なかでもアジアの国々は湿地保全について日本人にもっと活躍して欲しいと思っている。

気候変動と生物多様性* の時代，ラムサール条約が目指す湿地保全はいわば古典的なアプローチととらえられることもある。一方で，政府間条約であっても，ラムサール条約にとって重要なのは，地域に暮らす人々が日々の生活のなかで湿地資源のワイズユース* を考えていくことだ。地に足のついた自然環境保全として，一歩一歩着実に前に進めていくことができる。

日本国内の登録湿地の数は 50 湿地。アジアの条約加盟国では最多だ(2016 年 9 月現在)。日本の取り組みをアジアの国々が参考にすれば，世界は大きく変わる。そう考えれば湿地保全にもいっそう力を入れることができるだろう。

図 2　ラムサール条約釧路会議終了後のスタッフ写真(条約事務局提供)

人にも生物にも良い「食」を目指す，びっくりドンキーのお米の取り組み

橋部佳紀

　株式会社アレフはハンバーグレストラン「びっくりドンキー」などレストランを全国に約 340 店舗展開している。素性のわかる安全で健康に育った食材をお客さまに提供したいと考え，使用禁止農薬基準や栽培基準を定め，産地との契約栽培を拡大してきた。お米は 1996 年から取り組みを始め，2006 年には農薬の使用は栽培期間中の除草剤 1 回のみを認める「省農薬米」をびっくりドンキー全店で提供できるようになった。

　省農薬米の契約栽培を広げていく過程の 2004 年に，宮城県の蕪栗沼周辺で行われている「ふゆみずたんぼ*」を知った。渡り鳥のために冬の田んぼに水を張る取り組みである。蕪栗沼は，2005 年に周辺の水田とともにラムサール条約(25 章参照)の国際的に重要な湿地に登録された(湿地を守る条約であるラムサール条約で定義されている「湿地」には，田んぼも含まれる)。農業生産の場が生物を守る場所にもなることに感銘を受けた我々は，北海道での実証と普及を目的に，「ふゆみずたんぼ

図1　北海道恵庭市の自社敷地内につくった実証田での田植え体験。普段はびっくりドンキーのお店で働く従業員もスタッフとして盛り上げている。

プロジェクト」を 2005 年に立ち上げた。北海道恵庭市の自社敷地内に 1,000 m² の実証田をつくり，従業員自ら米づくりを行うとともに，一般の方も農作業や生物調査を体験できる場として公開している。また，興味をもたれた生産者と一緒に，北海道での「ふゆみずたんぼ」の実証を行ってきた。

　これらを発展させ，2009 年からは「生きもの豊かな田んぼ」の取り組みを始めた。田んぼの生物多様性* を，本業を通じて生産者とお客さまとともに守ることが目的である。ビオトープや魚道の設置，「ふゆみずたんぼ」，生産者による田んぼの生物調査などの取り組みを生産者に呼びかけ進めてきた。また，農薬を全く使用しない栽培にも一部の生産者には挑戦していただき，そのお米は 2016 年現在 10 店舗で提供している。農薬の使用を 1 回（またはゼロ）まで省いた生産者の田んぼには生物がたくさん見られるようになった。夏に開催する田んぼの生物調査はお客さまにも人気のイベントになっている。

　生物多様性の保全，向上に貢献する米づくりを普及するために，子供も大人も楽しく踊ったり，歌ったりしながら，親しんでいただくことを目的に「ふゆみずタンゴ」というオリジナルアニメーションも制作し公開している。

http://www.aleph-inc.co.jp/fuyumizu/index.html 　（YouTube でもご覧いただけます）

図2　生産者の田んぼでのお客さまとの田んぼの生物調査の様子。びっくりドンキーのお米の生産者の田んぼで開催する「田んぼの生きもの調査」はお客さまにも人気のイベントである。

湿地の保全

24
生態系サービスと自然再生

中村太士

　湿地はさまざまな生態系サービスを提供する。生態系サービスとは，生態系がもつ多様な機能のうち，人間の福利に寄与する機能を指す。国際連合の提唱によって2001～2005年に行われた地球規模の生態系評価である「ミレニアム生態系評価」(Millennium Ecosystem Assessment, MA)によって定義された4つの区分(供給，調整，文化，基盤)が広く世界で用いられている。一方，このMAによる区分には生物多様性*が含まれておらず(基盤に入れるときもある)，多様な生物の生息場を提供する機能を評価すべきであるという主張も多い。「生態系と生物多様性の経済学」(The Economics of Ecosystem and Biodiversity, TEEB)では，基盤サービスの代わりに生息・生育地サービスを追加している。近年の「生物多様性及び生態系サービスに関する政府間プラットフォーム」(Intergovernmental Science-policy Platform on Biodiversity and Ecosystem Services, IPBES)による議論でも，生物多様性と生態系サービスは，一体的にとらえる傾向が強い。そこで，ここでも，多様な生物に生息場所を提供する機能を，湿地の生態系サービスのひとつとして解説することにする。

　湿地生態系が提供するサービスは多様であり，ほかの生態系と比べてもその価値は非常に高い。そのため，失った湿地の再生は，世界各地で実施されている。ここでは国内外の事例の一部を，生態系サービスの観点から整理し紹介したい。

湿地の生態系サービス

生態系サービスの分類

　環境省は，日本の湿地が有する重要な生態系サービスを表1のように分類した。なかでも，調整サービスのひとつである炭素蓄積については，3章においてすでに詳しく説明されている。湿地では未分解の植物遺体が蓄積し，泥炭が形成される。つまり，湿地植生が光合成により固定した炭素が数千年

表1　湿原の生態系サービスとその経済価値評価(環境省試算)

生態系サービス		評価額(/年)	原単位(/ha/年)
調整サービス	気候調整 (二酸化炭素の吸収)	約31億円	〔高層湿原〕 約1.4万円 〔中間湿原〕 約2.2万円 〔低層湿原〕 約3.1万円
	気候調整 (炭素蓄積)	約986億円〜 約1,418億円	〔高層湿原〕 約250万円 〔中間湿原〕 約154万円〜 約177万円 〔低層湿原〕 約58万円〜 約105万円
	水量調整	約645億円	約59万円
	水質浄化 (窒素の吸収)	約3,779億円	約343万円
生息・生育地 サービス	生息・生育環境の提供	約1,800億円	約163万円
文化的サービス	自然景観の保全	約1,044億円	約95万円
	レクリエーションや 環境教育	約106億円〜 約994億円	約9.6万円〜 約90万円

注)高層湿原はボッグ，中間湿原はプアフェン，低層湿原はリッチフェンとイネ科湿原および抽水植物群落に相当。1章参照

蓄積されることによって温室効果ガスの二酸化炭素濃度が調整されてきたのである。ここで，二酸化炭素(CO_2)の吸収と炭素蓄積のふたつに分類されているのは，湿地のもつ二酸化炭素吸収機能と，これまでに蓄積された炭素のもつ機能を分けているためである。さらに，湿地がさまざまな分類群の生物種にとって，かけがえのない生息・生育環境を提供していることは，第Ⅱ部「湿地の生物」で紹介されている。以下，日本の湿地が有する重要なサービスを紹介したい。

水質浄化

　2章において説明された「泥炭地の物質循環」を賢く利用することにより，水質浄化が可能になる。特に富栄養化*の原因となる窒素の除去については，多くの研究実績があり，吸収，沈殿，脱窒の3つのプロセスが考えられている。ひとつは湿地植生による溶存態窒素の吸収である。この場合，植物を湿地生態系外へ持ち出すことにより湿地から除去することが可能になるが，そのまま放置した場合は，やがて分解され，生態系内へ再度供給されることになる。同様に，河川から懸濁態として供給された窒素が，植物体を通過することによって流速が落ち沈殿することで，窒素が物理的に除去されるプロセスがある。これも沈殿した堆積物を系外に持ち出すことにより水質浄化が可能になる。さらに湿地の脱窒機能は，極めて重要な生態系サービスである。脱窒は，脱窒菌が還元条件下で硝酸態窒素中の酸素を消費し，残りの窒素がガスとなり大気中に放出されることで窒素が除去される現象である。

　窒素以外に懸濁態の細粒土砂については，上記，沈殿プロセスによって除去され，濁度が改善される。また，細粒土砂に付着するリンについても，沈殿もしくは植物によって一時的に吸着，吸収される。この効果により，下流の水域に対して水質が改善される。

洪水防御（水量調節）

　氾濫原は洪水時，河道内に流水を貯留することにより，下流域の河川ピーク流量を低く抑え，洪水の到達時間を遅らせる機能をもっている。この機能は氾濫原が広ければ広いほど大きく，逆に湿地を取り込むことなく堤防によって洪水を制御し，より早く洪水を通過させようとすると，越水による破堤，ならびに下流域のピーク流量増加などのリスクを抱えることになる。こうした機能は，気候変動下で予測されている豪雨頻度の増加に対しても有効で，EUでは「Space for rivers」をスローガンに，生物多様性の保全と大規模洪水・海水面上昇への適応策として各国が取り入れている。

レクリエーション

　湿地景観，特に湿地の植物の開花する時期は，多くの人々が木道を歩きな

がらその景色を楽しむ(26章参照)。さらに，タンチョウやシマフクロウなど，湿地や河畔域を代表する動物種が観察できる氾濫原は，多くの訪問者を魅了する。冬季，釧路湿原には多くのアマチュアカメラマンが訪れ，雪原に舞う美しいタンチョウの姿をカメラに収めるために列をなす。また，湿地を流れる蛇行河川は，サクラマス，イトウなどのサケ科魚類を育み，多くの釣り人を楽しませるだけでなく，ゆっくりと下るカヌーからは，オジロワシ，オオワシなどの猛禽類が観察できる。このように，河川と一体化した湿地生態系は，さまざまなレクリエーションの機会を提供する。

地学，生物環境の指標

このサービスは，表1には示されていないが，貴重である。放射性同位体*(セシウム，鉛など)や植物遺体から測定される炭素同位体は，過去の地史を明らかにするのに有効である。なかでも湿地生態系は堆積環境が卓越し，嫌気的*な条件下で有機物*が分解されずに比較的良い状態で保存されるため，これまで多くの研究者が地史を明らかにするために，これらの時間指標を用いてきた(28章参照)。さらに，堆積物に残されている植物花粉は，過去の湿地生態系周辺の森林環境を知る上で極めて重要な情報であり，これまでも第四紀を中心に森林環境の再生に使われてきた。特筆すべき，文化サービスである。

貨幣価値への試み

環境省では，2013年度に国内の湿地11万325 haのうち湿原(フェン，ボッグなどの淡水生の自然草原)が有する経済的な価値を評価した(筆者が座長)。詳細は環境省のホームページを参照されたい(http://www.env.go.jp/press/press.php?serial=18162)。これまでに全国レベルで定量的な評価が行われている生態系サービスについては，適切な代替財(ダム，水質浄化施設にかかる費用など)を用いて貨幣換算を行い，定量的な評価が一部地域でしか行われていない場合には，その値を基準値として面積比率を乗じて全国に適用し評価額を計算している。各生態系サービスの評価額は，表1の原単位(ここでは年間の単位面積当りの経済価値)に湿原の面積を乗じて試算されており，国内に存在する湿原が

年間に生み出す経済価値を意味している。二酸化炭素吸収や炭素蓄積のサービスはフェンとボッグで異なるため，ここではそれらの原単位を高層湿原，中間湿原，低層湿原と分けて評価されている。それらの経済価値を単純に合計すると，年間約 8,391〜9,711 億円となった。しかし，生態系サービスを単独で評価できない場合（重複加算）もあり，合計額を用いる場合には注意を要する。

氾濫原の自然再生

キシミー川

　世界で実施された氾濫原と蛇行河川の再生事業のなかで，米国フロリダ州のキシミー川再生事業は，その規模，予算ともに世界一のプロジェクトである。キシミー川は，フロリダ州南部を流れる平均河床勾配が 0.01 % 程度という極めて緩勾配の蛇行河川である。かつてはキシミー湖とオクチョビー湖の間，約 166 km を，幅 3〜6 km の広大な氾濫原を形成しながらゆったりと流れていたが，1920 年代ならびに 1940 年代に洪水被害が多発し，洪水対策，農地開発，運河開発などを目的に直線河道の掘削が行われた。その結果，166 km あった蛇行河川は 90 km に短縮され，水深 9 m の直線河道（運河）が生まれた。

　この改修工事によって地下水位は低下し，これまで毎年氾濫し，水位や撹乱* 頻度の異なるさまざまな環境が形成されていたキシミー川氾濫原は，乾燥化とともに著しく劣化した。当然のことながら，湿地を利用していた水鳥，魚類，底生動物，両生類の種数や個体数が激減し，深刻な影響が及んだ。そのため，改修後 5 年しかたっていない 1976 年には，キシミー川再生法が制定された。その後，再湿地化の実地試験や水理模型実験などを実施し，直線河道のできるだけ多くの部分を埋め戻し，昔のキシミー川に近い地形を再生する案が最良であるとの結論に達した。米国連邦議会もこの蛇行河川と氾濫原の再生プロジェクトを 1992 年に承認し，南フロリダ水管理局と陸軍工兵部隊の共同事業として再生プロジェクトが開始されている。

　1999 年に始まった第一段階では，約 13 km の直線河道区間が埋め戻され，

約 38 km の蛇行河川が再生された。直線河道の埋め戻しには，河道横に残置されていた浚渫土砂が用いられた。また，途中にある水位調整施設も撤去されている。最終的には 64 km の蛇行河川の再生と約 120 km² にわたる氾濫原が再生される予定である(図1)。

　ボウルトン(Boulton)らによるモニタリングの結果，2001 年に終了した第一段階において，河川水の溶存酸素量増加，浮遊植物や河床堆積有機物の減少，湿地の回復，水鳥，渉禽類，バス，サンフィッシュ類の個体数増加などが認められている。

スキャーン川

　デンマークユトランド半島のほぼ中央を流れるスキャーン川は，流域面積 2,500 km² の大河川である。大河の両側には，かつて広大な氾濫原が広がっていた。1960 年代農産物の自給率の向上をめざして約 29 km の蛇行河川は直線化され，堤防が築かれるとともに，氾濫原の地下水位を下げるために排水機場が設置され，4,000 ha が干拓された。1970 年代，集約的農業によって水環境が悪化し，スキャーン川固有のサケ科魚類の漁獲数が大幅に減少した。また，泥炭地の排水を行ったため，地盤沈下が進行し，鉄や硫黄分を多く含む土壌が酸化され，黄土と呼ばれる汚染物質が生成・流出するようになった。同時に，栄養塩類* も農地から大量に流出し，下流にあるリンコウビン・フィヨルドの水質を悪化させ，藻類の大発生と海草類の絶滅を招いた。

　このような状況に対して，1980 年代，NGO や市民グループ，そして政府は改善策を模索し始めた。その結果，デンマーク国会は，1987 年にスキャーン川 19 km，氾濫原面積 2,200 ha を対象とした河川再生プロジェクトを決定した。この再生計画では，①草地に氾濫する頻度を高めることにより栄養塩類を沈殿させ，海への栄養塩類流出を防ぐ，②国際的に貴重な湿地と渡り鳥の生息環境を再生する，③河口域の漁業を促進する，④観光やレクリエーションの経済的価値を高める，という 4 つの目標を掲げている。

　結局，プロジェクト決定後，12 年の歳月をかけて地元説明会，生物・物理調査，土地整理などを実施し，1999 年に再蛇行化と氾濫原の再生を目的とした事業を開始した。この事業は，2002 年に一応，終了した。改修工事

埋め戻された直線河道

図1　キシミー川における氾濫原と蛇行河川の再生

図2　スキャーン川における氾濫原と蛇行河川の再生（日本生態系協会提供）

の具体的内容としては，直線河道に沿ってつくられた堤防の撤去，新しい蛇行流路の掘削，排水路および直線河道の埋め戻しである（図2）。

　スキャーン川のプロジェクトでは，再生事業実施後，ペダーセン（Pedersen）らによって，その効果を検証するためのモニタリングが実施されている。ここでは，特に生物群集の応答について紹介する。底生動物群集は，再生事業実施後，急速に実施前の密度や種数に戻っており，2000年と2003年を比べると，総種数は86種から95種へ増加している。また，サケ科魚類の多くが，増加したカワウやアオサギなどの鳥類に捕食されていることが明らかになっている。水生植物*については，総種数は2000年の28種から2003年には40種に増加し，優占種もドジョウツナギ類やヨシ類のイネ科草本に代表される抽水植物からコカナダモ，エゾミクリなどの水生植物に変わっている。もともと耕作地であった場所は，湿地となり，イグサ科などの湿生植物*や水生植物に置き換わっている。そのほかにも，ツルヨシ群落が，

面積比率にして 8％から 21％に顕著に拡大している。また，湿生植物は，2000 年には 1 種のみであったが，2003 年には，23 種まで増加している。両生類についても，大きくその個体数を増やし，ユーラシアカワウソも，生息数の増加が認められている。鳥類に関しては，120 種から 220 種に増加したこと，さらに重要種であるコウノトリやオオハクチョウなどの移動性の水鳥類も観察されるようになっている。

釧 路 川

　日本最大の湿地である釧路湿原においても，1930 年代から農地・牧草地開発のため，そして治水のため河道の直線化が行われてきた。その結果，周辺の農地から多量の土砂や肥料(栄養塩類)が流入し，下流の湿地中心部へと運ばれ，湿原の森林化が進行しつつある(7 章参照)。そのため，現在，釧路湿原では，流域からの土砂や栄養塩類の流入を防ぐことが喫緊の課題とされている。その課題を解決するために実施されたのが，蛇行河川の再生事業であり，旧川を利用して蛇行河川を再生し，堤防を取り除くことで，増水時に河川周囲の氾濫を促した。事業の目標は，①魚類・水生昆虫の生息環境の再生，②氾濫頻度の向上によるフェンの再生，③下流のフェン地帯への土砂・肥料由来の栄養塩類の流出防止，④自然状態に近い河川景観の再生，である。

　蛇行河川と氾濫原の再生事業は，釧路川河口から 32 km 上流に位置する 1.6 km の直線区間で行われた。2010 年 2 月，蛇行再生事業はかつての釧路川(現在は本流から孤立した旧河川)と現在の直線化された川をつなぎ直すことで行われた。2011 年，直線区間は堤防の撤去とそれにともなう土砂で埋められ，1.6 km の直線河道は，2.4 km の蛇行河川へと再生された(図 3)。

　モニタリングデータを基に筆者らが検証した結果，蛇行再生により，川の流れはさまざまな深さ，流速を有する複雑な構造へと変わり，魚類・水生昆虫はともに直線区間よりも多くの種数が確認された。また，魚類については，個体数の増加も確認できた。蛇行再生と堤防の除去によって，洪水時に川の水が周囲の氾濫原に溢れやすくなり，地下水位の上昇と，約 30 ha に及ぶフェンの増加が確認された。さらに，河川内に含まれる土砂が蛇行再生区間で捕捉されることで，下流への流出量が約 90％減った。

図3　釧路川における氾濫原と蛇行河川の再生(北海道開発局撮影)

　この再生事業地は，湿地の動植物だけでなく地域の観光資源や環境教育の場にもなっている。釧路川はカヌーのコースとして人気があり，蛇行再生区間の景観は，カヌー愛好者からも高い評価を得ている(図4)。事業後のモニタリング調査は，地元の高校生やボランティアの人々も協力して実施されている。

おわりに

　自然生態系がもつさまざまな機能を賢く利用し，社会と経済に寄与する国土形成手法をグリーンインフラストラクチャー(以降，グリーンインフラ)と呼ぶ。今，このグリーンインフラが注目されるには理由がある。日本の人口は今後急激に減少し，農林地の管理放棄が進む。高度経済成長期につくられた

河跡湖
（蛇行復元前：2004 年 11 月 7 日）

蛇行復元区間
（蛇行復元後：2010 年 8 月 11 日）

自然区間
（2010 年 8 月 11 日）

図 4　河跡湖，蛇行復元区間，自然区間の景観

道路や鉄道などの社会資本(グレーインフラ)は老朽化し，2037 年には維持管理・更新費が投資総額を上回る。さらに，地球温暖化* にともなう異常気象で生じる大規模な水害も懸念されている。税収も減るなかで新規のグレーインフラを建設することは無理があるため，耕作放棄地など河川周囲の未利用地をグリーンインフラとして利用し，湿地生態系に戻すことも検討する必要があるだろう。こうした土地利用変化の流れを活かしながら，洪水氾濫区域からのヒトの撤退が可能になれば，その場所は，現在急激に姿を消している湿生の撹乱依存種を保全できる自然再生区域になるだろう。そして同時に，地球温暖化にともなう洪水規模の増加に対応した緩衝空間として，防災的にも機能すると思われる。こうした視点から考えると，経済的な豊かさを目指した高度経済成長期には見えなかった新たな価値観と可能性が，人口減少によって今後見えてくるかもしれない。日本の湿地再生の未来像は，自然・社会システムの大きな変化を見据えながら検討すべき時期に来ている。

[参考文献]

Boulton, A., Dahm, C., Correa, L., Kingsford, R., Jenkins, K., Negishi, J. N., Nakamura, F., Wijsman, P., Sheldon, F., and Goodwin, P. 2013. Good News: Progress in successful river conservation and rstoration. In "River Conservation: Challenges and Opportunities" (Sabater, S. and Elosegi, A. eds.), Chapter 13 (pp. 331–358). BBVA fonudation. Bilbao, Spain.

中村太士(編). 2011. 川の蛇行復元―水理・物質循環・生態系からの評価. 260pp. 技報堂出版.

Nakamura, F., Ishiyama, N., Sueyoshi, M., Negishi, J., and Akasaka, T. 2014. The significance of meander restoration for the hydrogeomorphology and recovery of wetland organisms in the Kushiro River, a lowland river in Japan. Restoration Ecology, 22: 544–554.

Pedersen, M. L., Andersen, J. M., Nielsen, K., and Linnemann, M. 2007. Restoration of Skjern River and its valley: project description and general ecological changes in the project area. Ecological Engineering, 30: 131–144.

25
湿地保全の社会システム

牛山克巳

湿地と人・社会

　古来より人々はさまざまな形で湿地を利用し，その恵みを享受してきた。例えば，アイヌの集落(コタン)は河岸段丘＊や自然堤防＊の上，特に河川の合流点に多かったというが，それは飲料水の確保やサケ類の捕獲だけでなく，オオウバユリやマコモなど食料や生活道具となる植物の採取，川辺に堆積した土砂を利用した畑作(川洲畑)，舟による交通，要害として眺望などに適していたからとされている。湿地はアイヌにとって必要な資源を得る主要な場であったが，そのかかわりは密接かつ多様で，湿地はアイヌの世界観や信仰をも定義する重要な存在であったとされている(図1)。湿地は現在に至るまで多くの人々にとって水や食料の供給源以上の存在であり，湿地と人，湿地と社会の関係性を考える際，そのかかわり方の多様性を理解することが重要といえるだろう。

　人々は湿地を利用するなかで，湿地の恵みを持続的に受けるため，さまざまな知恵と技術を培ってきた。今でこそ森・川・海のつながりが水産資源の保全に重要であることは科学的にもよく理解されるようになり，道東の別海町と根室市にまたがる風蓮湖などでは流域における植林活動が行われているが，和人によって森が切り開かれるのを見たアイヌの古老が海の魚がいなくなると嘆いたという逸話から，このことはアイヌにおいても古くからよく知られていたことだったのだろう。こうした伝統的な知恵に関する事例は数多くあるが，根室半島の付け根にある温根沼のオオノガイについて，現在資源保護のため決められている漁獲サイズと近くの貝塚から出土する貝のサイズがほぼ同一という事例もあり，乱獲による資源の枯渇を防ぐ知恵が縄文時代においてすでに知られていたかと想像すると興味深い。

　しかし，近代化が進むなかで，モノが豊かになり，社会の仕組みが変わり，

図1　平取町で開催されたアシリチェプノミ（新しい鮭を迎える儀式）。サケを
　　　迎え，神に感謝し，豊漁を祈る。

湿地と人の多様なつながりは急速に薄れていった。湿地は不毛の地として開
発されて姿を消し，湿地を持続的に利用する知恵の多くは忘れられてしまっ
た。残された湿地も価値を見出されず脅威にさらされている。そのようなな
かで，湿地と人，湿地と社会の関係性をどのようにとらえなおし，湿地を保
全していけばいいのだろうか。「湿地のワイズユース*」と「湿地の文化」
というキーワードをもとに考えていきたいと思う。

湿地のワイズユース

　1971年2月2日，イランのカスピ海沿岸リゾート地であるラムサールで
「特に水鳥の生息地として国際的に重要な湿地に関する条約」（ラムサール条約）
が採択された。ラムサール条約は，特定の生態系を扱う唯一の地球規模の環
境条約であり，近代的な多国間環境協定の草分けとなったが，なかでも，湿
地を自然資源の宝庫と位置づけ，湿地のワイズユースの概念を打ち立てたこ
とが革新的であったとされている。

　湿地のワイズユースとは，「持続可能な開発の理念に立って，生態系アプローチの実施を通じて，湿地の生態学的特徴の維持を達成すること」と定義されており，人と湿地の双方の利益のための，湿地と湿地が提供する生態系サービスの保全と持続可能な利用と言い換えることができる(図2)。ラムサール条約は条約の3つの柱として，湿地のワイズユースの他，「国際的に重要な湿地に係る登録簿」への該当湿地の登録と管理，国境にまたがって分布する湿地や生物種にかかわる国際協力をあげており，湿地のワイズユースは条約の中心概念となっている。ラムサール条約の締約国は，国家的な計画，政策や法律を通じて，領域内にあるすべての湿地と水資源のワイズユースを実践することが課せられているが，現実的には国や地域の力量に委ねられている側面が大きい。

　北海道内には，湿地のワイズユースに該当する事例が数多くある。野付湾では，白い三角帆を張った打瀬船によるホッカイシマエビ漁が伝統的に行われている。打瀬船による漁は，ホッカイシマエビが生息するアマモをスクリューで痛めないように行われているが，同時にアマモ場が支える生物多様性* やさまざまな機能を保全しており，水産資源と湿地生態系の保全を両立したひとつの事例といえるだろう。

　潟湖* であるサロマ湖や濤沸湖では，外海と湖をつなぐ湖口が土砂で塞がれるのを防ぐため，土砂を取り除く湖口掘削が行われている。湖口が塞がれ

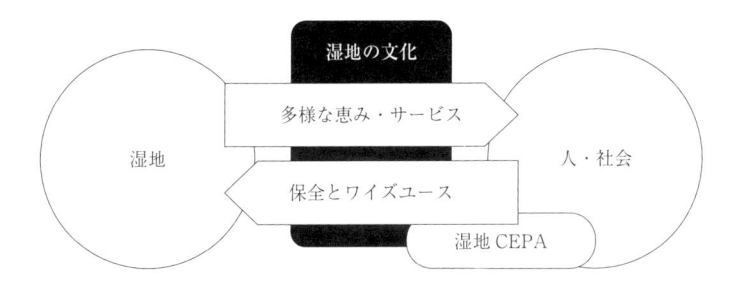

図2　湿地と人・社会の関連図。湿地の保全とワイズユースによって，
　　人は湿地から多様な恵みを持続的に享受することができる。湿地
　　CEPA* を通じて，湿地のワイズユースに向けた理解と参加を得ること
　　ができる。湿地の文化は，これら湿地と人・社会が関係する事例を広
　　く含む。

ると海水と淡水が入り混じる独特の汽水環境が損なわれるだけでなく，湖内の土砂堆積や富栄養化* が進行し，漁業資源に悪影響がもたらされる。また，かつては水位上昇による浸水や井戸水への海水の混入などの被害もあったようだ。湖口掘削は，サロマ湖では「汐きり」，濤沸湖では「濤切り」ともいわれ伝統的に行われてきたが，このことが潟湖の環境を維持し，生態系の保全にも貢献してきたといえる。

　湖口掘削の技術は，湖口が塞がれ，漁業や生物多様性に深刻な被害がもたらされていたインドのチリカ湖に紹介され，大事業の末，汽水環境の再生をなしとげた。激減した漁獲量や水鳥などの生物も回復し，事業を推進したチリカ開発公社は 2002 年のラムサール湿地保全賞を受賞，湖口掘削の技術移転の立役者となった辻井達一先生は 2012 年にラムサール科学賞を受賞している。チリカ開発公社の事業責任者であったアジット・パトナイク博士は受賞インタビューで「決断の背中を押してくれたのは，サロマ湖というお手本だった」と語り，チリカ湖畔にはホタテをデザインした碑がたてられているという。このように，北海道の優れたワイズユースの技術や知恵が他地域の参考となっていることも多い。

　湿地のワイズユースをなしとげるには，そのための知識と技術はもちろん，多くの市民や関係者の理解と協力が必要である。ラムサール条約は，CEPA (Communication, Capacity building, Education, Participation and Awareness：コミュニケーション，能力育成，教育，参加，啓発。30 章参照) プログラムを通じて，多くの人々の湿地に対する認識の向上をはかり，行動をうながすことで湿地の保全とワイズユースの実現を目指しているが，その中核施設として湿地教育センターの設立を締約国に呼びかけている。また，湿地教育センターの国際的なネットワークである Wetland Link International を立ち上げ，その機能強化をはかっている。

　北海道内には，ラムサール条約登録湿地を中心に多くの湿地教育センターに該当する施設があり，地域に密着したさまざまな活動を展開している。例えば，宮島沼水鳥・湿地センターでは地域の農家とともにマガンによる小麦食害対策を実践しており，北海道海鳥センターでは子供ボランティアであるジュニアレンジャーとともに観察マナーの普及に取り組んでいる。また，霧

図3　宮島沼水鳥・湿地センターの「ふゆみずたんぼ* 市民オーナー制度」。宮島沼の保全に貢献し，さまざまな生き物を育む農法を，農家と市民を結びつけることで実施している。

多布湿原センターでは漁業関係者とともに昆布の商品開発を行っており，濤沸湖水鳥・湿地センターでは，多くの関係者とともに「濤沸湖 保全と利用のルール」をつくり，濤沸湖の持続可能な利用を実践している。こうした道内の各湿地教育センターの活動は，多くの市民や利害関係者と湿地のワイズユースに向けた共通認識を確立し，連携や協働をなし得ている良好な事例といえる（図3）。

湿地の文化

　ラムサール条約はその序文において，湿地を経済，文化，科学，そしてレクリエーション上の大きな価値を有する資源であると位置づけている。湿地の文化的価値についてはラムサール条約の締結当初から認識されていたものの，湿地の保全とワイズユースにどのように組み込んでいくかについては

1990年代終わりに入ってから本格的に議論がされるようになった。

　「文化」は地域，時代，背景などによってその意味合いが異なる，ともすれば曖昧な概念である。ラムサール条約において文化とは，人や社会がアイデンティティー，共通する価値，考え，信仰，知識，創造性などを表現することと解釈され，人と人，人と環境の相互作用を条件づけるものとされている。この意味合いにおいては，湿地に寄り添った伝統的生活はもちろん，湿地を美しいと感じることも湿地がもつ文化的側面であり，湿地の文化には，湿地がもたらす有形無形の数多くの恩恵が含まれるといえる。これらについては，湿地の生態系サービスのうちの文化的サービスに該当する。ラムサール条約では湿地の文化的サービスをワイズユースの定義にある「湿地の生態学的特徴」に組み込んでいる。締約国は，湿地のワイズユースの実践のなかで，その維持に取り組むことが課せられている。

　しかし，湿地の文化的価値やその保全上の意味に関する理解と共通認識はまだ発展途上で，2016年からラムサール条約はラムサール文化ネットワークにおいて事例の集積と分析を行っている。国内においては，日本国際湿地

図4　北見出身の歌手，安藤まり子が歌った「マリモの唄」の歌碑。歌や文学，映画などを通じて湿地への認知が高まることも少なくない。

保全連合が国内と東アジアにおける湿地の文化事例を体系化する試みを先駆的に実施し，北海道においては，ラムサール湿地関係者の集まりである北海道ラムサールネットワーク*によって事例のとりまとめが行われた。このなかで，湿地の保全に直接的に貢献するものからそうでないもの，伝統的な生活様式から最新の技術まで，有形無形，多種多様な事例が集積され，いくつかの重要な示唆がもたらされた。

　例えば，北海道には打瀬船漁のように湿地のワイズユースに直結する湿地の文化事例が数多くあるが，これらについては広く湿地管理者が共有することで，各地の取組に対する重要なヒントやきっかけとすることができると考えられる。また，泥炭地の開拓や河川の直線化のように，湿地保全の観点からは必ずしも好ましくない事例や，湿地に関連する文学作品や歌謡曲など，一見して湿地保全とは無関係な事例も数多くあるが，これらについても，経験から学び，価値観を共有したり，湿地を楽しみ，身近な環境に感じたりするために活用することができると考えられる(図4)。このように，湿地の文化は，さまざまな事例を集積，体系化し，共有することで，湿地のワイズユースやCEPA活動を推進する重要なツールとして活用することができると考えられる。

今後の課題と方向性

　湿地は古くから現在に至るまで，さまざまな形で人々に恩恵をもたらしてきた。しかし，近代化のなかで人と湿地の多様な関係性は薄れ，湿地は開発の対象となり姿を消していった。そのようななかで，ラムサール条約は湿地がもたらす恩恵に改めて着目し，その持続的な利用を可能にする湿地のワイズユースを提唱し，推進してきた。近年では湿地の文化的サービスも湿地の重要な価値のひとつであるとの再認識が進んでいるが，今後は湿地の文化的側面と生態的側面の関係性への理解が進むことで，湿地のワイズユースの深化がもたらされることが期待される。

　一方，ラムサール条約が誕生し，湿地のワイズユースの概念が広く認知されるようになってからも，湿地と湿地に依存する生物の減少は続いている。

このことには主催者も危機感を抱いており，締約国に対する呼びかけを強めているが，最大の課題として，ラムサール条約が締約国に対して求めている「領域内のすべての湿地におけるワイズユース」が必ずしも効果的に実践されていない現状があるといえる。

　日本国内においては，湿地がもつ価値や人とのつながりは湿地ごとに異なるため，湿地のワイズユースに共通解はないとされ，その実践は地域の発意と力量に委ねられている現状にある。そのような状況において，湿地のワイズユースは水産資源やツーリズムなど経済と結びつきの強い湿地では実践されるが，人や経済との結び付きの弱い湿地では実践されないなどの傾向が存在すると考えられる。今後，ワイズユースの実践状況に関する整理と評価を進め，その課題を明らかにするとともに，ワイズユースが確実に実践されるように，ラムサール条約が求める国家レベルの施策に反映していく必要があるだろう。

　地域レベルでワイズユースを実践するためには，多くの市民や関係者の理解と協力のもとで，人と湿地の持続的な関係性を構築していく必要がある。

図5　北海道ラムサールネットワークが作成した「北海道しめっちカルタ」。絵札と取り札は道内の小中学生から公募してつくられた。

そのためには，人々が湿地に対して共通の価値認識をもつ必要があるが，湿地の文化からのアプローチは地域特有の湿地の価値の掘り起こしや創出に有効だろう。また，各地の実践例を参考とし，経験や知識を共有するためにも，関係者によるネットワーク形成が有効である。前述した北海道ラムサールネットワークでは，道内の湿地の文化事例のとりまとめのほか，シンポジウムや子供たちの交流会の開催，湿地教育ツールの開発などの協働取り組みも実践している（図5）。

　湿地と人の関係性を考える上で，新たな問題も生じている。近年，特に幼少期において，自然と触れ合い，自然の恵みや価値を認識する機会が減少しているといわれているが，それにともない，環境保全に対する社会的な意識が低下し，支持が失われるとの危機感が生まれている。このことで自然環境の劣化と消失は加速し，自然を体験する場もまた失われる負のスパイラルが生じることとなる。こうした観点からの自然との触れ合いの減少は「経験の消失」といわれ，現在その環境保全上の影響が盛んに議論されているが，湿地においても深刻な影響が考えられる。しかし，そうしたなかでも，例えば，湿地教育センターは経験を積極的に提供する役割を果たせるだろうし，湿地の文化的アプローチは失われた経験を掘り起こし，つなぐ役割を果たせるだろう。

　以上，現代における湿地と人・社会の関係性について，湿地のワイズユースと文化という観点から概説した。湿地の宝庫といわれる北海道においてもその劣化と消失は止まらない。湿地を不毛な土地とせず，地域の宝として守り育まれるよう，湿地と人・社会の関係性を再構築していく必要がある。

［参考文献］

Gardner, R. C., Barchiesi, S., Beltrame, C., Finlayson, C. M., Galewski, T., Harrison, I., Paganini, M., Perennou, C., Pritchard, D. E., Rosenqvist, A., and Walpole, M. 2015. State of the World's Wetlands and their Services to People: A compilation of recent analyses. Ramsar Briefing Note no. 7. Gland, Switzerland: Ramsar Convention Secretariat.

猪熊樹人. 2008. 北海道根室市のオオノガイ漁—縄文時代—近世のオオノガイ利用を考えるための漁業調査. 動物考古学. 25：45-55

北の生活文庫企画編集会議（編）. 1997. 北海道の自然と暮らし. 240pp. 北海道新聞社.

小林和夫. 1988. コタンとその立地. 北海道地理, 62：7-17.

Papayannis, T. and Pritchard, D. E. 2008. 'Culture and wetlands: a Ramsar guidance document', Ramsar Convention, Gland, Switzerland.

Ramsar Convention. 2005. A Conceptual Framework for the wise use of wetlands and the maintenance of their ecological character. Resolution IX.1 Annex A, Kampala, Uganda, November 2005.

Ramsar Convention Secretariat. 2010. Wise use of wetlands: Concepts and approaches for the wise use of wetlands. Ramsar handbooks for the wise use of wetlands, 4th ed., vol. 1. Ramsar Convention Secretariat, Gland, Switzerland.

Ramsar Convention Secretariat. 2010. Wetland CEPA: The Convention's Programme on communication, education, participation and awareness (CEPA) 2009-2015. Ramsar handbooks for the wise use of wetlands, 4th ed., vol. 6. Ramsar Convention Secretariat, Gland, Switzerland.

Ramsar Secretariat. 2014. Handbook on the Best Practices for Planning, Design and Operation of Wetland Education Centres. Gland, Switzerland: Ramsar Convention Secretariat. Available at http://www.ramsar.org

笹川孝一・名執芳博・朱杞載・陳克林・サンサニーチョーウ・佐々木美貴（編）. 2015. 湿地の文化と技術 東アジア編—受け継がれた地域の技と知識と智慧. 128pp. 日本国際湿地保全連合.

曽我昌史・今井葉子・土屋一彬. 2016. 「経験の消失」時代における自然環境保全 人と自然との関係を問い直す. Wildlife Forum, 20(2)：24-27.

高田雅之. 2012. 湿地の文化を考える—湿地をめぐる人々の営み. 法政大学人間環境学会 人間環境論集, 14(3)：151-170.

辻井達一・岡田操・高田雅之（編）. 2007. 北海道の湿原. 213pp. 北海道新聞社.

北海道ラムサールネットワーク（編）. 2014. 湿地への招待—ウエットランド北海道. 271pp. 北海道新聞社.

辻井達一・笹川孝一（編）. 2012. 湿地の文化と技術 33 選. 72pp. 日本国際湿地保全連合.

牛山克巳. 2015. 北海道のラムサール条約登録湿地の現状と課題. 北海道の自然, 53：11-18.

湿地への社会的な認知向上のためには湿地と日常的に触れ合う機会をつくることも重要

26
湿地景観の重要性

松島　肇

　湿地の保全を進める上で，人々に好まれる湿地景観を提示することは重要な動機づけとなる．では，人々に好まれる湿地景観とはどのような景観であろうか？　その印象評価に作用する要因を紹介し，景観面からみた湿地の保全について提言する．

景観とは

　ここでは，北海道を代表する景観のひとつである湿地景観に対する印象評価から，これからの保全上の課題について検討するが，湿地景観の印象評価について議論する前に，ここでの「景観」の定義をしなければならない．風景学者である中村良夫は「景観とは人間をとりまく環境のながめにほかならない」とし，景観はある一定範囲の環境が視覚的に立ち現れている空間的単位としてだけではなく，それを外部から眺め，理解し，かかわり方を模索する人間の内的システムとの連携によりなりたつものとした．つまり，生態学などの分野では「景観」は空間そのものを指す用語であるが，ここでは空間単位としての「景」を人が「観る」ことにより成立するものを「景観」としている．同じ「景観(空間)」を見ていても，そこから得られる情報は「観る」人の有する知識や経験に大きく依存する．例えば，都市に残された湿地を見たとき，ある人は国内では希少な湿生自然草原を含む湿地が身近に残存していることに感動するかもしれないが，別のある人はヤブ蚊の原因となる雑草地に眉をひそめるかもしれない(図1)．このような景観(空間)と人との間の関係性を，認知心理学者であるギブソン(James J. Gibson)は「アフォーダンス(affordance)」と名づけ，同じ景観(空間)を見ていてもそこから受け取る情報は「観る」人が有する知識・経験により異なることを指摘した．ここで用いる「湿地景観」は，このような湿地と人との関係性，すなわち湿地景観に対する人の評価を含んでいるものと理解いただきたい．

図1 「景観」の認識イメージ。知識の有無により同じものを見ていても得る印象が異なる。苫小牧市勇払原野

　一般に景観の印象評価に影響する要因としては，人間という生物種が生得的に有している部分と後天的に獲得する部分からなると考えられている。前者は，例えば動物が営巣する場所を思い浮かべるとイメージしやすい。すなわち，敵からはこちらの姿が見えず，しかしこちらからは見通しがきく空間の構造に身をおくとき，人は安心感を得るということである。これをイギリスの地理学者アプルトン（Jay Appleton）は「眺望―隠れ場理論（prospect-refuge theory）」と名づけた。一方，後者はさまざまな国や地域の比較研究から，その土地々々の地形や気候への適応や文化の影響，すなわち哲学者である和辻哲郎が指摘した「風土」により景観に対する印象が形成されるということである。例えば，日本とロシアのさまざまな自然景観の印象評価や認識に関する実験をそれぞれの国の大学生を対象に行なったところ，日本とロシアの大学生には文化的影響による評価や認識の違いが確認されたが，同じロシア国内であってもヨーロッパの平地に位置するモスクワと太平洋に面した極東に位置するカムチャッカのように大きく環境の異なる地域間では，評価や認識に差が見られた。日本に近いカムチャッカの大学生は，むしろ北海道の大学生と近い評価をしていたことも興味深い。

　このような景観の印象評価に関するこれまでの研究から，景観の好ましさ
を形成する要因として対象とする景観への理解（知識）と探索への意欲が重要
とされている。ここでは，対象である景観に対する愛着や知識，経験の有無
が重要となってくる。

湿地の現状と景観

　日本の湿地環境は減少の一途を辿っており，国土地理院の調査では 20 世
紀初めに見られた湿地面積のおよそ 6 割が，人間活動の影響により消失した
（22 章参照）。このような湿地の消失は，景観としての価値観の変化も要因と
してあげられる。前述の景観の定義をもとに湿地景観を考えると，湿地の景
観は平面的な構造であるため，景観の構図が単調となりがちであり，探索へ
の意欲は生まれにくい。歴史的に湿地は不毛の地と考えられてきたため，そ
の景観は保全すべきものとして評価されず，多くが失われてしまったのも，
好ましい景観としての評価を得られなかった点が一因として考えられよう。
しかし，その後の科学的知見の蓄積にともない，1980 年に釧路湿原が日本
で初めてラムサール条約（25 章参照）登録湿地となり，さらに 1987 年に湿地景
観を中心とした最初の国立公園に指定され，湿地に対する風景観が変化して
きた。景観への理解が探索への意欲を生み出し，結果として景観への関心を
高める結果となった。

　このように，それまで価値を見出されなかった景観が外部の視線にさらさ
れることで新たな価値を見出されることがある。例えば，現在は国立公園に
指定されている瀬戸内海では，幕末から明治にかけてこの地を訪問した海外
の人々が，静かな海に浮かぶ大小さまざまな島々の風景を賞賛したことで，
日本人がその風景美を認識する契機となった。また，今では観光地として定
着した北海道美瑛町の農村景観が，前田真三という写真家により見出された
景観であったことも同様である。

　一方，まだ価値を見出されていない景観として，砂浜とその背後に広がる
海岸砂丘（海岸砂丘系）の景観も指摘しておきたい（図 2）。海岸域における湿地
としては，干潟や塩湿地 * があげられるが，海岸砂丘系も湿地と深い関連を

図2 典型的な海岸砂丘系を有する北海道石狩海岸。石狩市

有する景観である。砂丘というと砂漠のイメージをもたれるが，温暖で湿潤な日本の気候では，草本を主体とした植物に覆われるのが普通である。さらに，風の営力により砂丘列と呼ばれる地形の起伏が見られ，低い地点では水がたまり，湿地が成立することもある。意外かもしれないが，海岸砂丘系では海水層の上に淡水層が形成され，これが淡水の湿地を形成したり，井戸水として利用されることもある。余談ではあるが，千葉県では海岸砂丘下の地下水が仕込み水に適しているとされ，沿岸部に日本酒を醸造する酒蔵が多いことが指摘されている。したがって，海岸砂丘系は沿岸域の湿地景観に深くかかわる景観といえる。湿地と同様に，海岸砂丘系も長らく開発の対象とされ，減少の一途を辿ってきた。特に，海岸砂丘系に成立する砂丘植生は，国内では国土の1％にも満たない希少な自然草原であるにもかかわらず，沿岸人口密度の低い北海道や離島の一部を除けば自然状態で保全されている海岸はほとんど見られない。近年は2011年の津波災害を契機に，希少な自然草原であるだけでなく，その防災・減災に果たす役割に注目が集まり，グリーンインフラストラクチャー(従来のコンクリートを主体とした道路や橋梁といった社会基盤に対して，自然生態系を活用したものを対比的に指す)として新たな価値観が

付与されつつあるが，東北地方太平洋沿岸における防潮堤を主体とした復旧の現状を見ると，まだまだ道のりは長い。

湿地景観の印象評価について

　湿地の景観構造については先に述べた通り，平面的で単調な構図となりやすい。海外でのこれまでの湿地景観の評価では，第一に重要種等の存在によるその湿地の固有性や象徴性，および周辺河川や湖沼との連続性を確保しているなどの特筆すべき価値について評価し，第二にレクリエーションや環境教育の場としての重要性，および景観の印象について評価することとしていた。湿地景観の印象評価については，さまざまな景観との比較研究において高い評価を得ており，特に自然度の高い開けた湿地を眺望するような景観が高い評価を受けていた(図3)。また，湿地はその開けた景観特性から視覚的にも隣接する土地利用の影響が大きく，景観的に好まれる隣接地の土地利用としては河川や湖沼，森林，農地であった。人工物の存在は湿地景観の印象評価を低くするものの，レクリエーションのための小規模な施設や限定的な

図3　眺望地点からの湿地の俯瞰景。コッタロ湿原，標茶町

住居利用は許容される傾向が見られた(図4)。

　日本国内では湿地景観の印象評価について扱った研究は少なく，北海道では釧路湿原で行った研究や勇払原野周辺で行った研究などに絞られる。釧路湿原での研究では，「固有性・象徴性」，「環境保全」，「環境教育性」，「レクリエーション性」の4つの評価軸を用いて湿地景観を評価し，海外での成果同様，自然性の高い蛇行河川の眺望景が好まれ，堤防道路や電線のような人為的影響の見られる景観が好まれなかった。また，レクリエーション性以外の評価軸では訪問経験の有無が影響することがわかったが，レクリエーション性については，そもそも日本における湿地でのレクリエーションが未成熟であることが指摘されていた。レクリエーション体験は環境教育の視点からも，湿地景観を実際に経験するきっかけとして重要であるとしていた。

　勇払原野周辺にて行われた湿地景観の印象評価に関する研究でも，自然性の高さが景観の印象評価において重要な要因であった。また，「自然の豊かさ」が湿地の魅力として多くあげられていた。一方，湿地自体が高い自然度を有していても，周辺に鉄塔などの人工物が隣接して存在する場合，湿地の

図4　住宅地と隣接する湿地。霧多布湿原，浜中町

図5　多くの学生がイメージした海岸風景の典型

平坦な景観構造からこれらの人工物が視認され，景観の印象評価を低下させることが指摘されていた。これまでの研究同様，人工施設であっても木道のような小規模でレクリエーション利用のための施設は許容される傾向が確認された。

　学生を対象に，海岸のイメージを聞いた調査では，そもそも海岸砂丘系の存在を認識していないことが明らかとなった。ほとんどの学生が，海岸のイメージを構成する要素として，海と砂浜くらいしか認識しておらず，背後に広がる海岸砂丘や植生帯については存在することすら認識されていなかった（図5）。海岸砂丘系の希少性を考えると，そもそも目にする機会（体験）がほとんどないため，存在を認知することが困難である現状が浮き彫りとなった。

湿地景観の保全に向けて

　湿地景観の印象評価と影響要因について紹介してきたが，では湿地景観の保全のために何ができるのであろうか。

　第一に，湿地景観の印象には自然度が大きくかかわっていた。つまり，自然度の高い景観が好まれる傾向にあり，人工物の存在は木道などの小規模かつ利用上必要な施設を除けば，著しく湿地景観の印象を低下させる要因となっていた。同じ湿地でも，背景に人工物見える場合，その湿地景観の景観価値は低下することになる。極力，人工施設の設置は湿地内およびその周辺においては避けるべきであり，やむを得ない場合は遮蔽植栽などでその影響を緩和する工夫が必要であろう。

　第二に，広がりを認識できる眺望景が高い評価を受けていた。釧路湿原のように広範囲を俯瞰できる眺望点の存在は重要であり，特に，平坦で単調な構造をした湿地景観においては景観構造に変化を与える蛇行河川の存在が重要であった。ここでも問題となるのが，人工施設の存在である。湿地は平坦な構造から視線を遮るものが少なく，特に俯瞰するような眺望点の場合，周辺の町並みや工場といった人工施設が視界に入ってしまう(図6)。隣接地域の土地利用の制限は実際には多くの困難をともなう。しかし，釧路湿原やサロベツ湿原のような自然公園区域*については，隣接する人工施設の存在が

図6　国立公園隣接地に立ち並ぶ風車群。サロベツ湿原，幌延町

保全すべき雄大な湿地景観の景観価値を低下させる要因となりうる。このような場合，たとえ公園区域外であっても景観法*などによる隣接地における開発制限の検討も必要であろう。

　第三に，湿地の自然度を理解するためには体験することが重要であった。前述の通り，体験がなければ認知もない。また，同じ景観を見ていても，そこから読み取れる情報はその人の経験や知識に依存する。つまり，同じ景観を見ていても，そこに存在する植物やその空間の自然度の高さは，経験や知識を有する人でないと「見えない」ということである。したがって，湿地はその自然環境の保全を第一としながらも，環境教育やレクリエーション活動で利用することがその湿地の大切さを理解する上で重要といえるであろう（図7）。

　以上，湿地景観を保全する上で考慮すべきことを列挙してきたが，湿地の保全に向けた景観計画で重要なことは，自然度の高さを保全しつつ，その希少性や多様性を理解してもらう取り組みといえる。特に北海道のように大規模な湿地が残された地域においては，雄大な景観の眺望を確保するとともに

図7　湿地における環境教育。錦大沼公園，苫小牧市

周辺の土地利用も考慮した広域的な景観保全計画が求められる。

　湿地景観は北海道を代表する自然景観であるとともに，国内においては（そして北海道においてさえ）消失の懸念がある希少な景観でもある。また，砂浜海岸とその背後に広がる海岸砂丘も，土地利用上は「荒地」とされ長らく開発の対象とされてきたため，現在では目にする機会のほとんどない希少な自然草原のつくる景観となっている。その背景には，保全すべき自然景観としての湿地に対する，体験や理解の不足による認識の欠如が大きい。今，残された湿地を保全することは，将来世代に対する私たちの責任である。繰り返しになるが，湿地景観の保全をはかる上で湿地環境そのものの保全は当然重要であるが，環境教育やレクリエーション活動を通して湿地の自然環境を多くの市民に知ってもらい，体験してもらうことで理解を深め，保全に向けた動機を醸成することが，遠回りのようではあるがもっとも確実な道であろう。

［参考文献］
西田正憲. 1999. 瀬戸内海の発見　意味の風景から視覚の風景へ. 263 pp. 中央公論新社.
Smardon, R. C. 1983. The Future of Wetlands, assessing visual-cultural values. 226 pp. Allanheld Osmun, Totowa, NJ.
斎藤潮. 1998. 景観とは. 景観用語事典（篠原修編）, pp. 209–221. 彰国社.
松島肇・及川昌樹・上田裕文. 2012. 大学生の海岸に対する心象風景の形象について. ランドスケープ研究, 75：537–540.
Petrova, E. G., Mironov, Y. V., Aoki, Y., Matsushima, H., Ebine, S., Furuya, K., Petrova, A., Takayama, N., and Ueda, H. 2015. Comparing the visual perception and aesthetic evaluation of natural landscapes in Russia and Japan: cultural and environmental factors. Progress in Earth and Planetary Science, 2: 1–12.

27

海洋基礎生産にとっての湿地
アムール川と親潮・オホーツク海の事例

白岩孝行

海洋生態系に与える陸域の影響

　陸域と海洋のつながりを考えるにあたり，わが国にある魚附林（うおつきりん）と呼ばれる森林から話を始めたい。狭義の意味では森林法に定められる「魚つき保安林」を指し，全国に約3.1万 ha の面積をもち，主として海岸線に沿って制定されている。その期待される機能としては，河川および海域生態系に対する①栄養塩類*供給，②有機物*供給，③直射光からの遮蔽と④飛砂防止があげられる。一方，広義の魚附林は，海域の生態系に対し，そこに流入する河川流域全体の森林や湿地といった陸域環境を指す。この場合の魚附林の機能には，上記の4点に加え，⑤微量元素供給，⑥水量の安定化，⑦土砂流出安定化，⑧水温安定化などが期待されている。

　沿岸上流域の陸域に由来をもつ物質が，河川を通じて沿岸域にもたらされ，そこに存在する生態系に影響を及ぼすという考えは，実はまだ完全に立証されたわけではない。もちろん，この物質が沿岸域に負の影響を与えるような，肥料起源の過剰な栄養塩類や生物にとって有害な汚染物質の場合は，さまざまな事例が知られている。しかし，魚附林に見られるような，上流が下流に好ましい影響を及ぼすような場合についての実証的研究は，数が限られている。その背景には，研究においても行政においても，海岸線を境に陸域と海域の研究と管理が明瞭に区画されているためではないかと筆者は推測している。

　その一方で，日々の糧を沿岸海域から得て，変化が直接生活に密着している漁業者は，魚附林という考えを，長い間にわたり経験的な知識として理解していたようにみえる。室蘭工業大学の若菜博博士によれば，魚附林という考え方の起源は古く，江戸時代の始まりまで遡る。1623（元和9）年には，魚

肥として重要であったイワシを保護するため，佐伯藩(大分県)では山焼きや湾内の小島の草木の伐採を禁じていたという。また，江戸時代の中期には，サケの保護を目的に，岩手県や新潟県において山林の保護が藩の政策として実施されたらしい。

　高度経済成長期になると，種々の原因により沿岸の荒廃が進み，これを魚附林の劣化のためと考えた漁業者は，内陸森林の保全に目を向け始めた。現在，各地で盛んに行われている漁師が主導する植樹活動の起源をたどれば，北海道において柳沼武彦氏が指導した 1988 年に始まる「お魚殖やす植樹運動」と，気仙沼の畠山重篤氏による「海は森の恋人」と名づけられた 1989 年から始まる牡蠣再生のための植樹運動という，ふたつの原点に行き当たる（図 1）。

　1980 年代になると，研究者の側から漁業者の植林活動を積極的に支持する学説が登場した。北海道大学の松永勝彦博士は，河川が供給するフルボ酸

図1　2011 年 6 月 5 日に開催された第 23 回森は海の恋人植樹祭で挨拶する畠山重篤氏。3月に起こったばかりの震災にもかかわらず開催され，全国から多くのボランティアが参加した。

鉄が沿岸のコンブを育む重要な要因であり，上流の森林の荒廃がフルボ酸の供給を減少させ，これが沿岸に鉄不足をもたらし，磯焼け*(沿岸の沙漠化)を引き起こしていると主張した。また，最近では，田中克博士ら京都大学の研究者が，従来の魚附林思想に代表される森と川と海の関係を，人々の居住圏としての里に拡充して，分野横断的な視点から陸と海の連環を考える「森里海連環学」を提唱し始めた。彼らは京都府と高知県の流域を対象に，分野横断・学際的な流域研究を展開している。一方，人の手が加わることにより，生産性と生物多様性*が高くなった沿岸海域を表す言葉として，「里海」という言葉も提案されるようになった。

　これらの考えは，いずれも海洋生態系に正の影響を与える森林と河川を中心とする陸域の役割を強調する。しかし，流域を構成する要素はさまざまであり，異なる土地被覆・土地利用状態がどのようなプロセスを経て河川に影響を与え，これが海に到達するかについてはまだ十分な研究が成されているとはいえない。筆者らは，2005〜2009 年にかけて，総合地球環境学研究所(京都)の研究プロジェクトとして，親潮とオホーツク海に及ぼすアムール川の影響を検討し，大陸スケールの陸域状態と，外洋スケールで生じる基礎生産の間に，つながりが存在することを見出した(図2)。これは魚附林と同様，陸地が海洋生態系に果たす生態系サービスのひとつといえよう。そして，ここでは湿地の役割がとりわけ重要であることが浮かび上がってきた。

「巨大」魚附林としてのアムール川流域

　海洋の生産性を測る指標として，基礎生産という概念がある。基礎生産とは植物プランクトンが種々の栄養塩類と太陽エネルギーを利用して有機物を生産(光合成)することを指す。海洋生態系は，マクロに見れば，植物プランクトンを底辺とする巨大な生態系ネットワークを形づくっているので，基礎生産が大きな海域は，上位の生物を養う能力が高く，豊かな海であるといえる。そして，わが国の北方に広がるオホーツク海と親潮域は，世界的にみて，基礎生産が豊かな海である。

　植物プランクトンが利用する栄養塩類としての窒素，リンとケイ素は，海

図2　アムール川中流域の景観。右側の市街地は，ハバロフスクの一部。河川沿いに広大な氾濫源としての湿地が広がる。

洋が鉛直に混合される親潮やオホーツク海のような高緯度寒冷海域には豊富に存在している。このため，従来の考えでは，沿岸域のように陸域と近接した海洋生態系はさておき，オホーツク海や親潮のような外洋の基礎生産は，陸域とは無関係になりたっていると考えられてきた。しかし，筆者らは，オホーツク海や親潮域の豊かな基礎生産には，アムール川が供給する溶存鉄が重要な役割を果たしていると考えている。

　なぜ植物プランクトンの生産に鉄が必要なのだろうか。先に松永勝彦博士の先駆的な研究について触れたが，この問題に最初に取り組んだのは米国，モスランディング研究所の海洋学者ジョン・マーチン博士であった。世界の海洋には，栄養塩類と光が十分にあっても，季節の途中で植物プランクトンの生育が止まってしまう海域がある。微量金属測定技術を駆使してこの問題に取り組んだマーチン博士は，その原因が鉄不足にあることを突き止めた。そして，マーチン博士の意志を継いだ研究者たちは，このような鉄不足の海

域に鉄を人工的に散布する実験を行い，確かに植物プランクトンの生成が加速されることを突き止めた。

　陸上ではありふれた元素である鉄は，極めて水に溶けにくい元素である。鉄が水に溶けるには，酸素が少ないことが条件であり，酸素の豊富な海域では，鉄は水酸化鉄となって水に溶けず，海水中の濃度が極めて微量となる。一方，陸地には湿地のように常時酸素の不足する環境が存在し，このような場所では鉄が水に溶けている。そして，湿地を取り巻く森林や湿地そのものから供給される腐植*物質は，松永勝彦博士が明らかにしたように，鉄と結びついて，酸素の豊富な河川においても鉄が水に溶けずに粒子化するのを防いでいる。つまり，森林や湿地の多い陸域環境は，河川を通じて豊富な溶存鉄を海に供給できる能力をもつ。

　とはいえ，いくら河川中に濃度の高い鉄が溶けていたとしても，これらの鉄は汽水域で塩分濃度の高い海水と接したとたん，海水中に溶けている塩と反応して粒子化し，大部分は海底に沈殿してしまう。だから，一般的には河川を通じて運ばれる溶存鉄は，沿岸部に影響を与えることはあっても外洋には運ばれないだろうと考えられてきた。

　ところが，オホーツク海では海氷が発達することによって駆動される海洋の鉛直循環*が存在する。また，オホーツク海を半時計回りに流れる西岸境界流としての東カラフト海流は強力な海流である。アムール川が運び，大陸棚に堆積した鉄は，この鉛直循環と東カラフト海流のふたつによって，オホーツク海の中層を通り，千島列島付近で生じる潮汐作用によって広く親潮域の表層へと輸送されていることがわかってきた(図3)。つまり，アムール川流域は，オホーツク海や親潮にとっての巨大な魚附林となっていたのである。

鉄を生み出すアムール川流域の湿地

　溶存鉄はアムール川流域のどこに起源をもっているのであろうか。1枚の図が鉄の起源を明瞭に物語る。図4は，ロシア連邦水文気象・環境監視局が2002年にアムール川水系の各所において測定した溶存鉄濃度の平均値を示

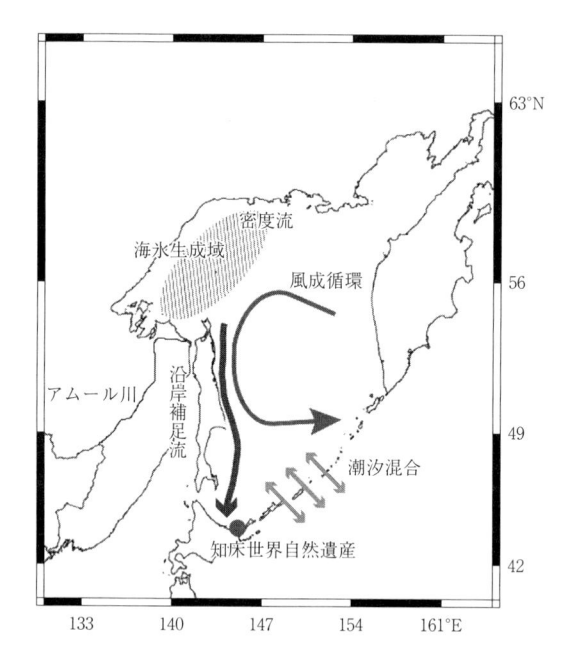

図3　オホーツク海の海洋循環。アムール川からオホー
ツク海・親潮へと溶存鉄を輸送する物理機構

した図である。丸の大きさが濃度を示している。濃度の数値を見る限り，ア
ムール川流域の鉄濃度はどこでも高く，日本の平均的な河川に比べると一桁
以上高い鉄濃度を有している。ところが，なかでもとりわけ大きな丸が，ア
ムール川の中流，ちょうど大支流である松花江やウスリー川の合流点付近に
集中していた。ここには，三江平原と呼ばれる中国最大の湿地が存在する。

　湿地で鉄濃度が高くなる原因は，腐植物質の量もさることながら，鉄自体
の挙動に注目すると理解できる。地球上において鉄は4番目に多い元素であ
り，陸上であればどこにでもある物質である。ところが，酸素と結びつきや
すい性質をもっているために，酸素が豊富な環境では，ほとんどの鉄は酸素
と結合した水酸化鉄という不溶性の状態で安定する。一方，酸素がない状態
においては，鉄は一部の電子を切り離し，二価あるいは三価の陽イオンとし
て水に溶けることが可能である。

　湿地という場所は，常時，地下水位が高く，地表付近に水が存在する。こ

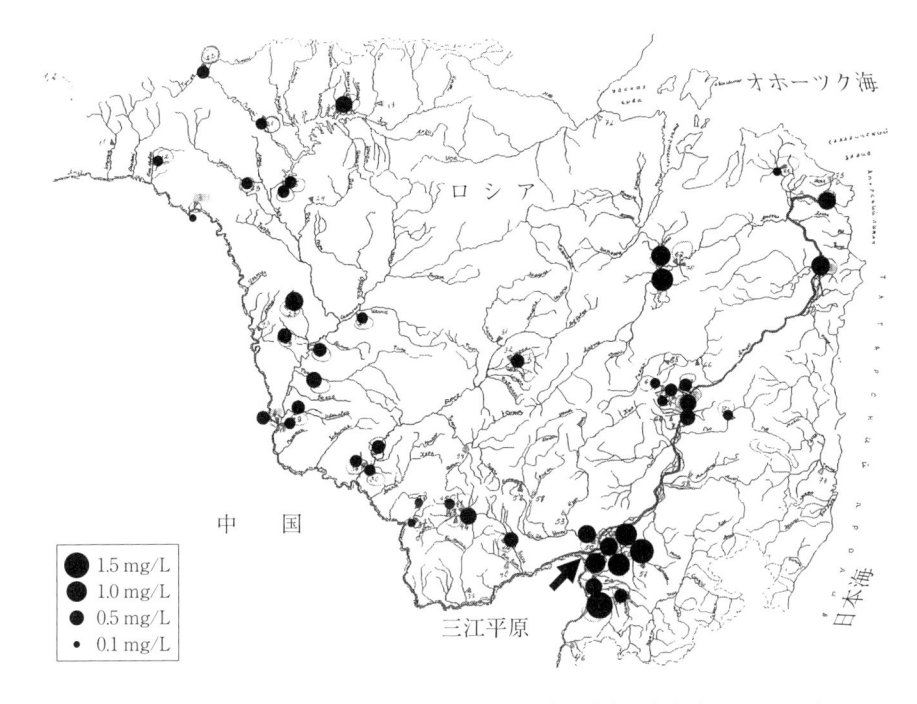

図4　アムール川流域(ロシア領)の河川水中の溶存鉄濃度分布(中塚ほか，2008)

のような場所には，湿地特有の植物が繁茂する。植物は季節の移り変わりとともに枯死して，やがてはバクテリアによって分解される。北方湿地は気温の低さもあってか，分解は遅く，そして分解の過程で酸素が消費されるため，常時酸素の少ない還元的* な環境が維持される。このような状態は，鉄の水中への溶出にとって都合がよく，それゆえ，湿地の水域には多量の鉄が溶け出すことになる。溶け出した二価や三価の溶存鉄は，豊富に存在する腐植物質と錯体* を形成し，腐植鉄錯体として溶存状態を保ったまま湿地から河川，そして海洋へと輸送されるのである。

　もちろん，従来いわれていたように，腐植鉄錯体の形成は森林においても起こっている。我々のアムール川流域の様々な陸域環境における溶存鉄濃度の観測によれば，湿地＞＞水田＞＞自然森林＞火災を受けた森林＞畑という順で溶存鉄濃度は低下していくことがわかった。つまり，湿地がどれだけ存在するかが，河川を通じて海洋にどれだけの溶存鉄あるいは腐植鉄錯体が運

ばれるかの目安となるのである。

顕在化する人為的影響

　近年，アムール川流域では急速な土地利用変化が起こっている。現存する過去の地理情報と衛星画像を利用して，1930 年代と 2000 年時点のアムール川全流域の土地被覆・土地利用状態を復元し，その変化の様子をみたところ，アムール川流域においては，草地と湿地の大幅な減少と，それに代わる畑や水田の増加が認められた(図5)。そして，これに呼応するように，湿地の減少がもっとも顕著に起こっている三江平原を流れるナオリ川においては，20世紀の半ば以降，河川水中の鉄濃度が急激に減少している(図6)。

　オホーツク海に面する我が国の知床は，オホーツク海という季節海氷域における海と陸の相互作用を背景に，多様な生物種からなりたつユニークな生態系の存在が評価され，2005 年に世界自然遺産に登録された。このオホーツク海と隣接する親潮の生態系を底辺で支える植物プランクトンが，遠い大陸の湿地に源をもつ溶存鉄の存在によって支えられているという事実は，生

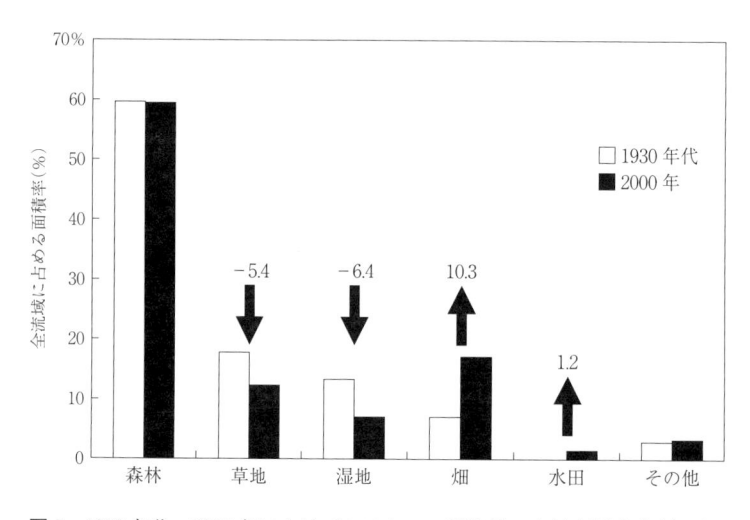

図5　1930 年代〜2000 年にかけてのアムール川流域の土地利用変化(大西・楊，2009)

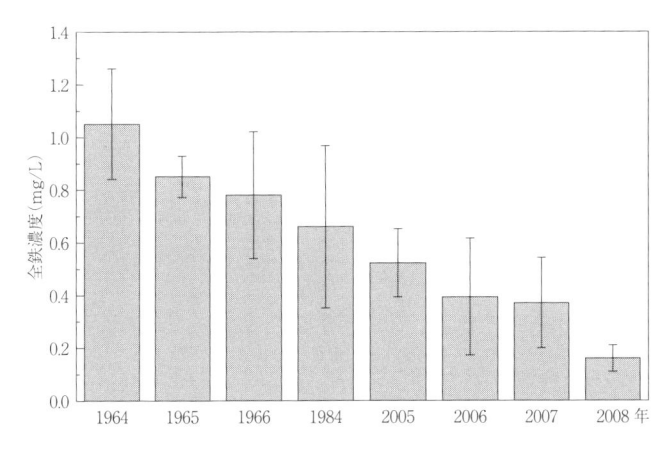

図6　三江平原ナオリ川の全鉄濃度の時系列変化(Yan *et al.*, 2010)

図7　越境河川アムール川の共同調査(アムール・オホーツクコンソーシアム提供)。2012年，ロシア，中国，モンゴル，日本の研究者がひとつのロシア船を用いてアムール川の水質調査を実施し，アムール川とその流域で生じる環境問題を討議した。

物多様性の保全に対し，その背景にある森里海連環の重要性をつきつけている。海岸線という陸海境界，アムール川とオホーツク海をとりまく多国間の国境，巨大魚附林という環境システムの上に暮らす人々の政治・経済・言語・文化・生業という境界を乗り越え，この豊穣な自然をいかにして次世代に引き渡すのか。極東地域に住む我々の協力と知恵が試されている（図7）。

［参考文献］

大西健夫・楊宗興. 2009. 土地利用の変化が溶存鉄フラックスに及ぼす影響. 地理, 54(12)：52-58.

白岩孝行. 2010. 魚附林. 地球環境学事典（総合地球環境学研究所編）, pp. 84-85. 弘文堂.

白岩孝行. 2011. 魚附林の地球環境学―親潮・オホーツク海を育むアムール川. 231pp. 昭和堂.

田中克. 2007. 「森・里・海」の発想とは何か. 森里海連環学（山下洋監修）, pp. 307-333. 京都大学出版会.

中塚武・西岡純・白岩孝行. 2008. 内陸と外洋の生態系の河川・陸棚・中層を介した物質輸送による結びつき. 月刊海洋, 号外, 50：68-76.

畠山重篤. 1994. 森は海の恋人. 192pp. 北斗出版.

Martin, J. H. and Fitzwater, S. E. 1988. Iron deficiency limits phytoplankton growth in the north-east Pacific subarctic. Nature, 331: 341-343.

松永勝彦. 1993. 森が消えれば海も死ぬ. 190pp. 講談社.

柳沼武彦. 1999. 森はすべて魚つき林. 246pp. 北斗出版.

柳　哲雄. 2006. 里海論. 102pp. 恒星社厚生閣.

若菜博. 2004. 近世日本における魚附林と物質循環. 水資源・環境研究, 17：53-62.

Yan, B., Zhang, B., Pan, X., and Yoh, M. 2010. Concentration and species of dissolved iron in waters in Sanjiang plain, China. Report on Amur-Okhotsk Project No. 6 (Shiraiwa, T. ed.), pp. 183-194, Research Institute for Humanity and Nature.

28
釧路湿原の土砂堆積と流域の変化

水垣　滋

　多くの泥炭地は流域の末端で，いろいろなものが堆積しやすい場所に形成される。そのような場は流域から生産される土砂が堆積しやすい環境でもある。ここでは流域の変化とそれにともなう土砂流出，湿原（ここでは，湿地林を含むフェンやボッグなどの湿生自然草原を指す）での堆積という過程とその評価方法を解説し，主に釧路湿原でどのような変化が起こっているのかを紹介する。

釧路湿原の変化

　北海道の多くの泥炭地は河川流域の末端に分布しており，その場の植物の遺体が蓄積するだけでなく，土砂や河畔林*の落葉落枝や種子など，さまざまな物質が河川を通じて流入し堆積する。そのため，流域末端に位置する湿地（湖沼，湿原，湿地林など）は，過去からの流域の影響を累積的に受ける環境にある。したがって，この堆積した土砂や含まれる物質の年代や履歴がわかれば，湿地植生の立地環境の変遷がわかるだけでなく，流域でどのような変化が生じてきたかを知ることができる。

　日本最大の湿地面積を有する釧路湿原は，釧路川水系の下流域に位置しており，かつては土地利用開発の対象として 1950 年代から国策で大規模な農地開発が進められ，湿原周辺部から湿地を農地へと転換してきた。一方，すでに 24 章で述べられている通り，湿地の生態系サービスが公に認められるようになり，土地利用を免れた湿地内でも植生の急激な変化がフェンの面積の減少をもたらすとして問題視された。その主要因のひとつとして着目されたのが，流域からの釧路湿原内への土砂流入・堆積であった（図 1 左）。釧路湿原に流入するいくつもの河川のなかでも，特に久著呂川の湿原流入部では，この湿原の代表的な景観をなすハンノキの低木萌芽林（地表から複数の幹が株立ちした，樹高の低い林）やフェンから，ヤナギ林やケヤマハンノキ，また一本立

図1 久著呂川の湿原流入部と湿原内の様子。左：明渠排水路末端の湿原流入部付近では，ヤナギ林が見られる(2009年4月23日)。出水時には排水路いっぱいに濁水が湿原へと流れこみ(奥)，河岸にあふれて泥のような土砂が堆積する(手前)。右：湿原内に広がるヨシ・スゲ群落(手前)と一本立ちハンノキの樹林(奥)(2003年11月13日)

ちのハンノキ林などによる樹林化が進行していることが指摘されてきた(図1右)。しかし，1990年代初頭までは，フェンや湿地林の立地環境，特に土壌環境がいつから，どこで，どのように変化してきたのか，その実態は十分に明らかにされていなかった。

　では，釧路湿原に堆積する土砂は，どのように変遷してきたのであろうか？　ここでは，釧路湿原の土砂堆積履歴と流域の変化について，もっとも土砂堆積が顕著な釧路川水系久著呂川を対象とした研究事例を中心に紹介する。

堆積履歴を調べる

　湿地内の土砂堆積年代を知るいくつかの方法のひとつに，1963年の年代指標となるセシウム-137*(^{137}Cs，以下，セシウム)がある。これは，大気核実験や原子力発電所の事故によって大気中に放出されたセシウムが，世界中の地表面に降雨や浮遊塵とともに降下し，地表面の微細な土壌粒子，特に粘土鉱物に強く吸着する性質を利用したものである。人手の入っていない尾根部などの平坦な森林の土壌などでは，セシウムが表土に高い濃度で蓄積される一方，崩壊地や川沿いの崖といった裸地斜面は雨や表面流によって侵食され

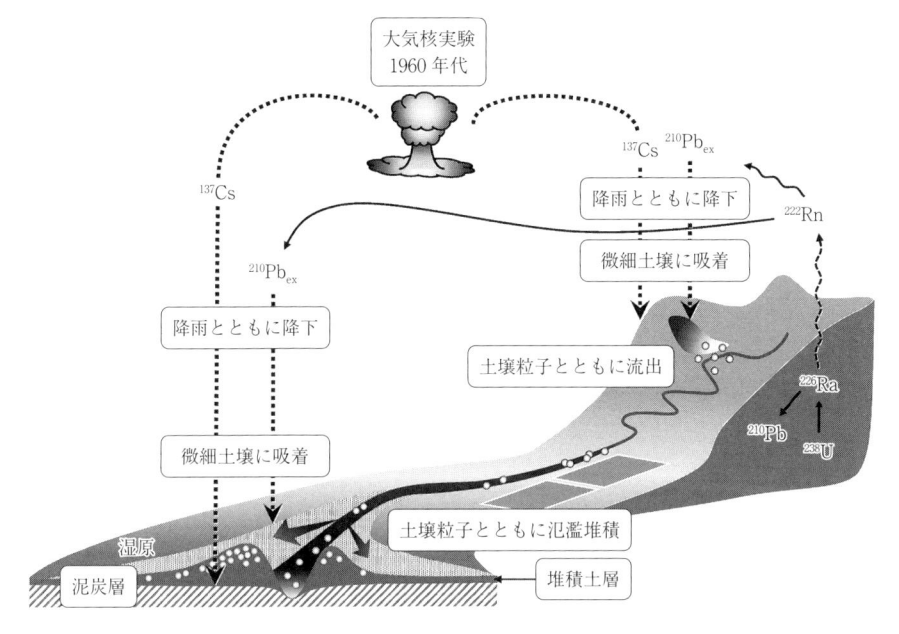

図2　流域から湿原へのセシウムと過剰鉛の移動経路

やすく，セシウムを吸着した土壌粒子が流出してしまうため，表土にセシウ
ムが残らない(図2)。日本におけるセシウムの年間降下量は，1957年の観測
開始以降，1963年に最大値を記録し，その後激減するため，流域からの土
砂が累積的に堆積する釧路湿原では，1963年の堆積土砂もしくは表土で
あったところにもっとも高いセシウム濃度が検出される。このことから，堆
積土層のなかに1963年という年代を入れることができ，それ以降の土砂の
堆積厚や平均的な堆積速度を知ることができる。

　より長期的な堆積速度の変化を知る方法として，天然の放射性同位体*で
ある鉛-210*(^{210}Pb)が過去100年程度の平均堆積速度の推定に用いられる。
鉛-210は，岩石由来の放射性核種ウラン系列*(^{238}U)の娘核種のひとつで，
ラジウム-226*(^{226}Ra)から壊変したガス態のラドン-222*(^{222}Rn)が大気に逃散
し，さらに大気中で鉛-210に壊変すると，エアロゾル*となって降水に取
り込まれてふたたび地表に戻ってくる(図2)。この大気から地表に降下する

鉛-210 は，地中で壊変した鉛-210 と区別して，過剰鉛-210（$^{210}Pb_{ex}$，以下，過剰鉛*）と呼ばれ，微細な土壌粒子や有機物* に強く吸着することが知られている。また，過剰鉛の降下量は，降水量に依存するため年々変動があるものの，100 年程度の長期間ではほぼ一定と見なすことができ，大気から海や湖沼にもたらされた過剰鉛は水中の懸濁物質に強く吸着した形で，ほぼ一定の濃度で底質として堆積すると考えられる。したがって，表層では濃度が高く，より深くに埋没した古い堆積物ほど放射壊変* によって過剰鉛の濃度は低くなっていく。堆積速度が一定ならば，過剰鉛濃度は深度方向にある傾きをもった減少曲線で近似でき，この傾きから平均的な堆積速度を推定することができる。

久著呂川の湿原流入部での堆積履歴

　久著呂川の中・下流域では，1960 年代より蛇行流路のショートカットや直線化，明渠排水路（地上に露出した排水路）* の整備によって排水能力を高め，河川沿いの湿地が農地に転換されてきた。1980 年に完成・通水した明渠排水路の末端より下流はフェンやハンノキ湿地林となっており，蛇行河川，網状河川が発達している（図3）。明渠排水路末端から下流数百 m の釧路湿原流入部では，明渠排水路完成以降，急激なフェンの湿地林化が確認されており，「湿原の乾燥化」が指摘される地域のひとつである。

　久著呂川の湿原流入部（図3の A 地点，B 地点）での土砂堆積履歴について，セシウム濃度，過剰鉛，有機物含量および中央粒径の深度分布を調べた結果を図4 に示した。A 地点のセシウム濃度は，深さ 75〜80 cm に明瞭なピークを示しており，この深さに 1963 年当時の地表面があったことがわかる（図4A）。過剰鉛（表層土壌との相対濃度）の深度分布は，最表層から 3 つの異なる傾きをもった減少曲線で近似でき，平均的な堆積速度が変化していることがわかる。それぞれの堆積速度と年代は，1939〜1975 年は年間 1.4 mm，1975〜1981 年は 89 mm，1981〜2000 年は 20 mm と推定された。セシウムで推定した 1963 年の地表面の深さは，過剰鉛で推定した 1963 年の層とおおよそ一致しており，両者の手法で推定した年代が確からしいことをお互いに裏づけ

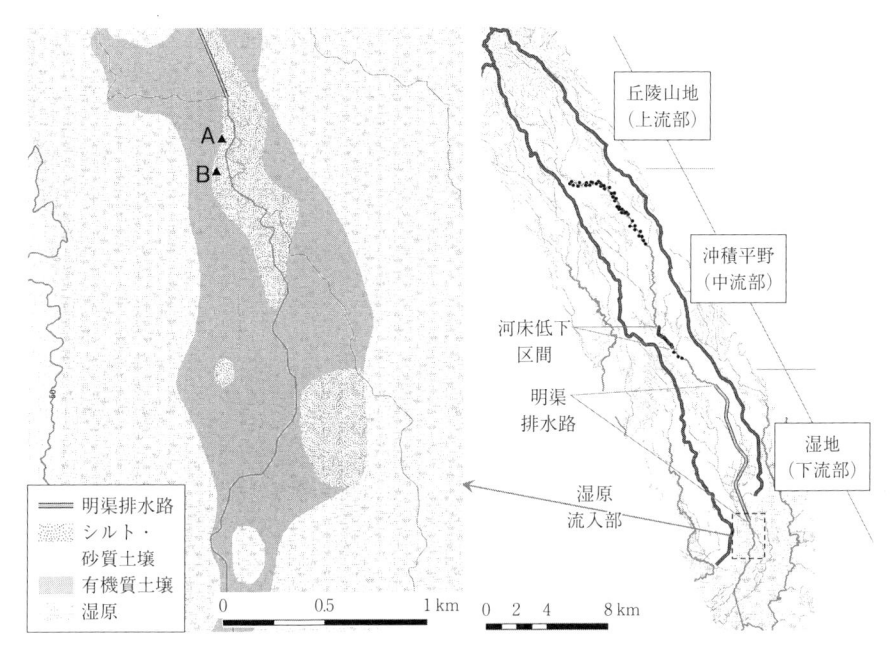

図3　久著呂川流域の土砂堆積域。左：湿原流入部における土砂堆積範囲（住友ほか，2007 を基に作成），右：久著呂川の河川地形と天然生同齢一斉林の位置（●：小島ほか，2004 を基に作成）

ている。

　セシウムと過剰鉛で推定した年代を基に，堆積した土砂の特性がどのように変遷してきたかを見てみよう（図4A）。A 地点の堆積土砂の有機物含量は，1939 年の層で 53% と極めて高いが，1963 年の層にかけて急激に有機物含量が低下し，1975 年の層（深さ 75 cm）より上部は 10〜20% で推移している。中央粒径は 1939〜1975 年（深さ 82.5〜75 cm）の層にかけて 10〜30 μm に増加し，1975〜1981 年（深さ 75〜37.5 cm）の層では 30 μm 以上の土層が厚く堆積している。深さ 50 cm より上部の堆積土砂は徐々に細粒化していることがわかる。1939〜1975 年の堆積速度は年 1.4 mm と，一般的な泥炭の堆積速度（年 1 mm）よりやや大きい程度であり，この時期から土砂が泥炭に混入し始めたものと考えられる。1975〜1981 年は，ちょうど明渠排水路が完成した時期と一致していること，1981 年には比較的大規模な降雨出水があったことか

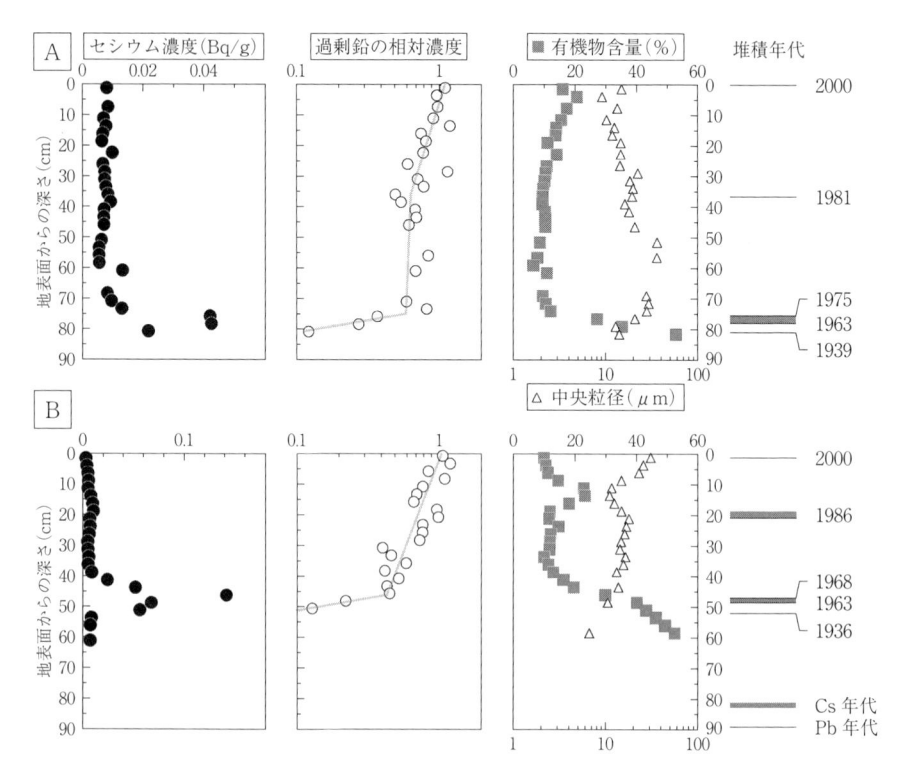

図4　湿原流入部のセシウム，過剰鉛，土壌の物理特性の深度分布（Mizugaki *et al.*, 2006 を基に作成）。A，B 地点の位置は図3左に示した。

ら，流域から大量の土砂が一気に流入し，氾濫堆積したものと考えられる。1981 年以降も，明渠排水路の造成以前に比べて 14 倍の速度で土砂が堆積していることになる。

　さらに下流の B 地点においても同様で，過剰鉛の深度分布から 1968 年（深さ 45〜47.5 cm）を境に堆積速度が明瞭に変化しており，1963 年の地表面はセシウム濃度ピークから推定した深さとほぼ一致していた（図4B）。1936〜1968 年の堆積物（深さ 45〜52.5 cm）は有機物に富む泥炭で構成されており，堆積速度は年 1.2 mm であったが，それ以降の堆積物は鉱物分の割合が高く，中央粒径も増加傾向を示しており，堆積速度は年 14 mm と 10 倍以上に増大している。

　地点 A および B の結果から，湿原内でも場所によって堆積履歴が異なるが，堆積速度が激増する 1960 年代前後の堆積物は，おおよそ泥炭と鉱物土壌の境界に一致することがわかる。このような大量の土砂堆積がどの程度の範囲に広がっているかを調べるために，久著呂川の明渠排水路末端の下流約 2.5 km まで，流路の両岸方向 200〜400 m の広域にわたり，100 地点にも及ぶ精力的なボーリング調査が行われた。その結果，鉱物分が主体であるシルト・砂質土の堆積域は，主に明渠排水路末端から約 1 km 下流までの流路から 100〜200 m 程度の範囲に分布しており，下流 1.5〜1.8 km の左岸にもパッチ状に広がっていることがわかった(図 3 左)。一方，泥炭中に鉱物粒子が少量混入した有機質土は，明渠排水路末端より下流約 2 km 程度まで左右岸に 200〜400 m 程の幅をもって広がっていることがわかった。十数地点においてセシウム分析や火山灰分析(1694 年の駒ヶ岳 c2, 1739 年の樽前 a)を行ったところ，土砂と泥炭の境界付近にセシウム濃度のピークが認められ，鉱物質の土砂が主に 1963 年以降に堆積したこと，その堆積速度は 1963 年以前に比べて約 2.7 倍大きいことがわかった。これらのことから，明渠排水路が完成して以降，湿原流入部にはシルト・砂質の土砂が集中的に堆積してきた一方，微細な土砂は濁水となってさらに広範囲に拡散し堆積していると考えられる(図 3)。

流域の土砂堆積履歴

　このように大量に湿原に土砂が堆積し始めたのは，流域のどのような変化を反映したのであろうか？　流域の沖積平野* には，流路沿いに土砂が氾濫堆積することで上流から運搬された土砂の一部が貯留される。このときに生じた裸地には，ヤナギ類やケヤマハンノキなどの先駆樹種* が一斉に侵入し，同じような高さと太さの森林(天然生一斉同齢林。以下，一斉林)を形成することがある。さらなる洪水氾濫で土砂が厚く堆積(かぶり堆積)すると，埋積した幹からあらたな地表面近くに二次的な根(不定根*)を盛んに発生する(図 5 左)。その幹や根の年輪情報から，一斉林の形成年代や不定根を発生させた土砂流出イベントの年代を推定できる(図 5 右)。樹木(または年輪)地形学的手法と呼

図5　土砂で埋積したケヤマハンノキの不定根の発生状況。左：土砂で埋積した幹から発生した不定根，右：不定根をひとつひとつ切断し，年輪数と地表からの深さを測る。

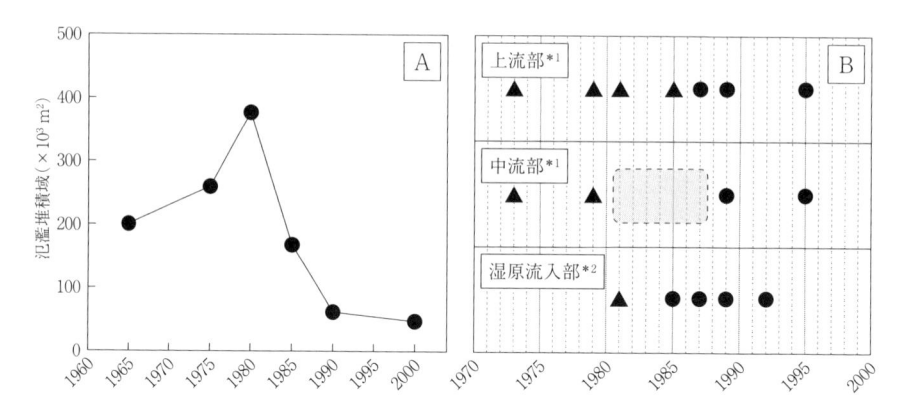

図6　久著呂川流域における氾濫堆積域の面積変化と堆積履歴。A：空中写真から判読した氾濫堆積域（小島ほか，2004 を基に作成）。B：樹木地形学的手法による氾濫堆積履歴（*1 は小島ほか，2004，*2 は水垣・中村，1999 および Mizugaki *et al.*, 2006 による）。▲：一斉同齢林の形成年代，●：不定根によるかぶり堆積年代，点線枠：中流部の堆積履歴の空白期間

ばれるこのような手法を用いて，流域の土砂流出履歴のみならず，流域の土砂貯留機能を評価することができる。

　久著呂川沿いに見られる裸地を洪水時に土砂が氾濫堆積する空間（氾濫堆積域）と見なし，その面積の変遷を空中写真から調べたところ，1980 年をピークに増加傾向から減少傾向に転じており，上流部では木本の侵入，中流部では牧草地への変換により減少していることがわかった（図 6A）。2003 年の現

図7　河床低下した久著呂川中流部の河道。左：軟岩が掘り込まれて低下した河床と段丘
化した旧河道(2002 年 11 月 13 日)，右：段丘上に氾濫することなく流下する出水時(こ
の年の最大流量)の濁水(2002 年 10 月 2 日)

地調査では，上流部に 48 の一斉林が認められ(図 3 右の●印)，1973〜1985 年
に形成されたこと，また不定根年輪から 1985〜1995 年にかぶり堆積が断続
的に発生したことがわかった(図 6B)。一方，中流部では，一斉林が 3 か所の
み狭い範囲に残されており(図 3 右の●印)，1973 年と 1979 年に形成されたと
推定された。さらに 1989 年，1995 年のかぶり堆積が認められたが，
1980〜1988 年の土砂堆積痕跡は認められなかった(図 6B)。下流の湿原流入
部では，1981 年に形成されたヤナギ類の一斉林と，1983 年，1985 年，1989
年および 1992 年のかぶり堆積が認められている(図 6B)。1980 年代に中流部
でのみ土砂堆積のない空白期間があったことがわかる。

　この中流部では，1980 年代後半以降に部分的な蛇行流路の直線化が行わ
れたが，軟岩で構成された地盤は侵食されやすく，河道は急速に低下した
(図 3 右，図 7 左)。その結果，流路沿いの氾濫堆積域は段丘化* し，上流から
の濁水が氾濫できなくなったことが，氾濫堆積履歴の空白期間が生じた原因
であると考えられる(図 7 右)。また，軟岩の侵食による河床低下区間はフェ
ンや湿地林への新たな土砂供給源になっており，フェンや湿地林での土砂堆
積を促進したものと思われる。

　このように，蛇行流路の直線化，ショートカットや排水路造成により河川

沿いの湿地の排水機能を高め，農地を確保して集約的な農業を展開してきた一方，河川の土砂生産・輸送・堆積機能は急激に変化し，流域末端に位置する湿地に累積的な土砂堆積をもたらしてきた。その結果，フェンや湿地林などの植生にも急激な変化をもたらすこととなったと考えられる。現在，釧路湿原自然再生協議会＊では，1980 年の釧路湿原の姿を復元することを目標に，地域住民や関係機関，研究者が連携してさまざまな対策を行っている。久著呂川は釧路湿原への土砂流入対策のモデル流域に位置づけられ，湿原への土砂流入量を 4 割減少させることを目標に，中流域の河床低下対策や湿原流入部手前での沈砂地（河川の濁水に含まれる土砂を沈殿・堆積させるための土地）を造成するなど，釧路湿原への負荷を低減させるための総合的な対策が実施されている。流域の開発が湿原に及ぼした影響が，流域での対策によってどのように軽減されるか，今後の流域と湿原の変化をモニタリングしながら，保全方策を継続して検討していくことが重要となる。

［参考文献］

小島洋介・水垣滋・吉田究・新谷融. 2004. 釧路湿原・久著呂川流域における氾濫堆積域の時系列変化. 平成 16 年度砂防学会研究発表会概要集：320-321.

釧路湿原自然再生協議会. 2015. 釧路湿原自然再生全体構想―未来の子どもたちのために. 77pp. 釧路湿原自然再生協議会

水垣滋・中村太士. 1999. 放射性降下物（Cs-137）を用いた釧路湿原河川流入部における土砂堆積厚の推定. 地形, 20（2）：97-112.

Mizugaki, S., Nakamura, F., and Araya, T. 2006. Using dendrogeomorphology and ^{137}Cs and ^{210}Pb radiochronology to estimate recent changes in sedimentation rates in Kushiro Mire, Northern Japan, resulting from land use change and river channelization, Catena. 68(1): 25-40.

住友慶三・新庄興・水垣滋・中村太士・吉村俊彦・吉田浩. 2007. 釧路湿原に堆積している土砂の堆積年代推定事例. 土木学会北海道支部論文報告集, 63：G-2.

29

流域環境モデルを用いた流域の
河川水温推定と気候変動による影響評価

亀山 哲

流域生態系に与える河川水温の影響

流域生態系を支える水生生物の多くは変温動物であり，彼らの生理活性は個体体温の変動に大きく依存している。そのため魚類や水生昆虫，また水生植物* などには彼らの生息に適した「水温域」があり，各生物は彼らの生存により有利な気候帯や標高帯に棲み分けている。例えばサケやマスの主な生息域は東日本や高標高地帯であり，コイ科魚類が主に本州以南に生息するのはそのためである。

次に，河川の水温に注意を払うことがなぜ重要なのか？　少し簡単に説明したい。もし読者が流域生態系の豊かさ(健全性)を容易に実感したいなら，その川に行き「釣り」をするのが良い方法である。その釣果によって，河川生態系の上位捕食者である魚類の資源量を感覚的に知ることができる。例えば，成魚放流が行われていない場所で，大きな魚が飽きるほど釣れたとする。とすれば考えられるのは，その生態系が非常に健全であるか，貴方が素晴らしい釣り人であるかのどちらかであろう。ただこの場合，より本質的なことは「どの時期にどこで釣りをするか？」なのである。魚の活性の高い状況(河川水温が適正となる場所と時間帯)をいかに見極めるか？　が優秀な釣り人には必要となる。

ここで読者に考えて頂きたい。図1上の写真は冬の釧路川本流(二本松地点)の写真である。当日の外気温が−22℃であったので河川水温は概ね0℃であろう。一方下は，夏季(8月30日)の釧路川本流(茅沼地区)である。このときの河川水の温度は何度であろうか？　ちなみに当日の外気温は22℃である。実のところ，このときの水温を正確に答えられる読者は少ないと思われる。このように河川水温とは非常に身近な値であるが，実際に測定しなけれ

水温は約 0℃

外気温 − 22.6℃

水温は約何℃？？

外気温 22℃

図1 上：釧路川(二本松地区)右岸より上流を望む(2010 年 1 月 25 日)。下：釧路川(茅沼地区)左岸より上流を望む(2010 年 8 月 30 日)。

1.河川水温モニタリングの意義：
　水生生物の生活史全体おいてもっとも支配的な物理量であり，生態系相互作用を支える変温動物の生理活性に直接的に影響する。
　→　流域全体規模，かつ 1 年以上わたる河川水温の長期観測が必要
2.将来的な流域構造変化・気候変動による影響予測：
　→　水温変動予測モデルによるシミュレーションが必要
3.生物生息地評価における現状と課題：
　→　将来的な生物多様性* 保全，自然再生事業* の戦略な実施計画に有益

ば推測すら難しい環境データなのである。実際，ある場所の河川水温の年最大値は何度なのか？　いつ河川水は最高水温になるのか？　また，一日の水温変化はどの程度なのか？　そもそも，流域全体の水温の分布は如何なるものか？　といった課題を扱った研究は非常に少ない。

　このような背景のなか，我々は流域内における河川水温の年間変動の推定に関する研究を進めている。本章では，その過程で開発された流域環境モデルとその解析結果について解説したい。

　また現在，既にこれまでの章で解説されているように，将来の地球温暖化* にともなう気候変動(年平均気温の上昇や降雨量の増加など)が懸念されている。では，この気候の変化によって河川水温はどの程度上昇するのだろうか？　以下，先のモデルを用いて将来的な気候変動が河川水温に与える影響について解析した事例を紹介する。

地球温暖化と釧路川流域の水温変化

　2013 年版の地球温暖化予測によると，将来の道東地方における年平均気温は，1980〜1999 年と比較して 2076〜2095 年に約 3.0〜4.5℃程度上昇することが見込まれている。ここで再度読者に訊ねてみたい。「西暦 2100 年，平均気温が現在より 4℃上昇した釧路湿原において，広里地区(釧路川本流と雪裡川の合流地点)の水温はどの程度上昇するのであろうか？」勿論，正確な値を予測出来る人は殆どいないと思われる。そもそも釧路川の河川水温を連続観測している場所は未だなく，当然流域全体をカバーするデータセットすら存在していないのが実情なのである。

　次に，今回対象とした釧路川流域の概要について説明する。流域内の土地利用は，主に森林と酪農を主体とする農地(実際の土地利用の割合は，森林 68% 農地 21% 湿原 8% 市街地 3%)である。中下流域では農地の比率が次第に増加し，さらに釧路湿原周辺では河畔林 * は減少し，川と牧草地が隣接する景観となっている。摩周，雄阿寒，雌阿寒に起因する火山灰が地質構造に影響しているため，流域中央部における透水係数(14 章参照)は比較的高い。このため中上流部に降った雨は地表面付近の水が河川に直接流入するほか，一部は地

下に浸透して，湿原周辺域で湧出している状況である。年平均気温，年積算日射量はともに流域下流部で大きく，中流部～上流域(標茶町～弟子屈町方面)にかけて小さくなる傾向がある。

流域環境モデルの概要

先に述べた通り，道東地域の平均気温は今世紀末に約4℃上昇すると予測されている。では釧路地方の年平均気温が4℃上昇した場合，釧路川全体の水温も同様に4℃程度上昇するのであろうか？　もちろん結果はそれほど単純ではない。一般的に大気と陸域との熱容量*や比熱(17章参照)の違いによって，気温上昇と比較して水域の温度上昇は小さく抑えられる。この漠然とした物理的概念を具体的な演算式として示す道具が数値モデルなのである。

我々が用いた流域環境モデルには，水文モデル*と水温解析モデル*が統合されている。本モデルでは最初に降雨量と土地利用条件などを利用して年間流況*を再現し，次の段階で流量や気象条件を基に熱収支モデル*を利用して河川水温を推定するというステップを踏んでいる(詳しくは，亀山，2016参照)。

初めに水文モデルについて説明する。我々はDHI社のMIKE_SHE(水文モデルを構築して流量等を解析するソフトウェア)を用い，主に3つのサブモデルを統合して降雨に対する流量の解析を行った(図2)。

降雨が地表面を流れる部分については二次元的な解析を行い，降雨データを基に河川に流入する水の量を推定した。次の河川を流れる水の解析では一次元の微分方程式を解くことにより流量推定を行った。このふたつのモデルを組み合わせる事により，降雨が集まった河川水が，流下するにつれて次第にどの程度増加するのかを計算した。最後の地下水の解析では地下に浸透した水の流れをふたつの成分(中間流出*と基底流出*)に分け解析を行った。本来の地下水流解析*では土壌分布のデータと地下水量の実測データを用いて地下水流の動態を再現する。しかし，本解析の目的は河川の流量再現であるため，地下水流動の再現についてはパラメータ値(各係数等)の推定に留め，それらを使用して最終的な河川流量を予測した。

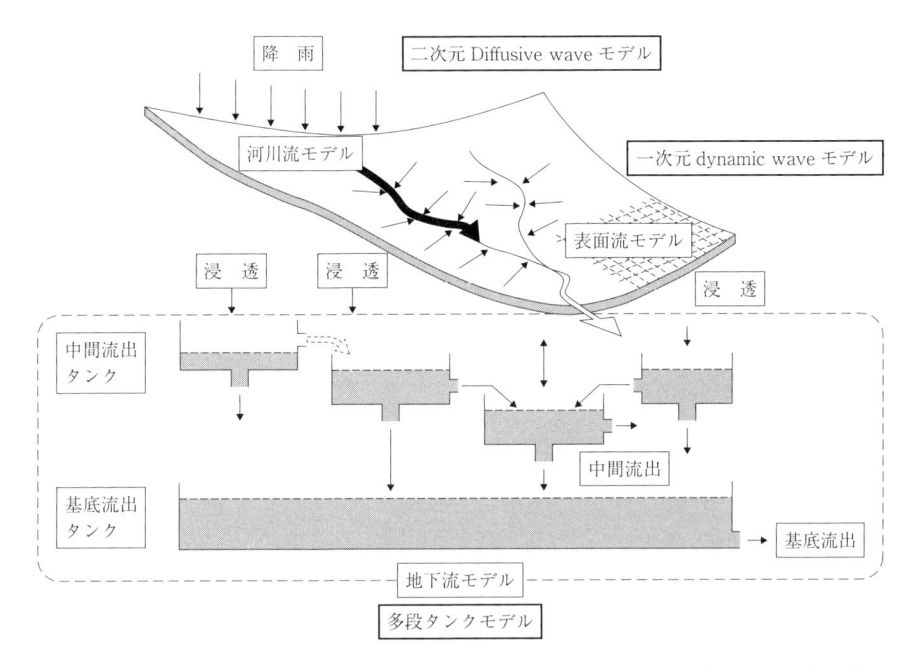

図2 3つのモデル(表面流モデル，河川流モデル，地下水流モデル)を統合した分布型降雨流出モデルの概念図(平成26年度アルファ水工コンサルタンツ業務報告書の図を修正)

　水文モデルによって河川流量の再現を行った後に，次の段階で水温解析モデルを用いて気温や日射といった外部の環境要因によって水温がどのように変化するのかを予測した。図3に熱交換に関する概念図と実際に使用した微分方程式を示す。今回用いた河川水温解析モデルでは，河川流解析モデルの計算結果(流量および通水断面積)を入力値とし，水温に関する微分方程式を解くことによって，流路上に設定された推定地点における1時間毎の水温を計算した。本解析では流域内の河川は一定の河川区間毎に分割されている。そしてその区間毎にこの熱収支モデルの結果を与えることにより順次下流方向に水温変化の結果が伝搬し，結果的に流域全体での水温が推定されている。

　最初に，降雨流出モデルにおいては2012〜2013年の2年間の観測データを利用して最適定数(予測結果と実データがもっとも適合する定数)を求めた。流域全体での計算は計算時間が膨大となるため，最初に各支流(幌呂川・雪裡川・

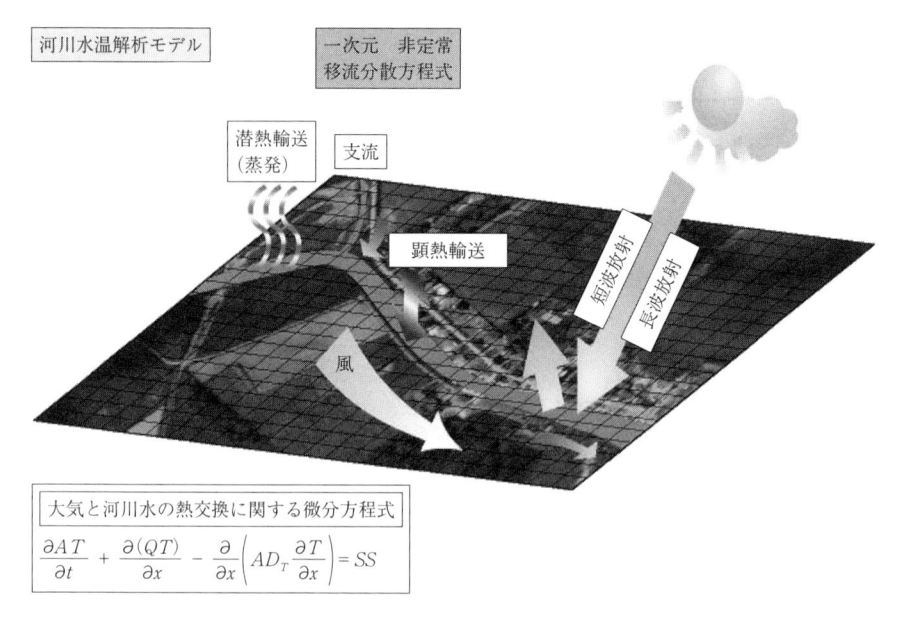

図3 河川水温解析モデルの概念図。A：通水断面積，Q：流量，T：河川水温，D_T：熱分散係数，SS：ソース項(熱交換)。熱交換部分における大気と河川水との熱交換は 4 つの物理過程(顕熱輸送，潜熱輸送，短波放射，長波放射*)により計算されている。河川水温 T は全てのパラメータの最適値を決定し，ソース項を求めることによって計算する。

久著呂川・オソツベツ川・鐺別川)を対象として解析を行った。次にこれらの支流毎の流量を流域全体モデルに流入流量として与え，最終的に釧路川流域全体を計算した。年間を通しての解析対象年は 2012 年とした。

使用データと気候変動シナリオ

今回の流域環境モデル解析に使用した現地観測データと流域基盤情報を表 1 に示す。このほか解析を実施するにあたり，地表面を流れる水の抵抗(地表面流摩擦係数*。今回はマニング粗度係数(14 章参照)を使用)，さらに土地利用関連の項目として LAI(Leaf Area Index：地表の単位面積に対する，その上部のすべての葉の片側の総面積の比率)と RD(Root Depth：根の深さ)が必要となる。本解析では，実際の現地計測が難しい係数もあったため文献値を利用した。降水量に関しては，雨量観測地点を基に空間的に分割(ティーセン分割*)し，降雨の空間的

表 1　水環境モデルのために使用した現地観測データおよび流域基盤情報

項目		データ名	機関名	期間	備考
数値標高		数値地図 50 m メッシュ標高	国土地理院	1997	200 m メッシュデータに変換
流域界		国土数値情報 流域界・非集水域	国土交通省	−	本川モデル：釧路川（下記，支川流域部分を除く） 支川モデル：幌呂川，雪裡川，久著呂川，オソベツ川，鐺別川 http://mlftp.mlti.go.jp/ksj/old/cgi-bin/_kategori_view.cgi
河川	河川流路	釧路川流域管内図，Google Earth	釧路開発建設部 google	−	NIES による流路のトレースデータ ※基盤地図情報（国土地理院）の水涯線データは使用しない。
	河川縦横断形	数値地図，河川流路	−	−	数値標高と河川流路から設定 断面間隔：500 m
	河川流量	水位観測データ 流量観測データ	国土交通省	2009〜2013	【観測所名】 釧路川：弟子屈，熊牛原野，標茶，五十石，岩保木，広里 鐺別川：鐺別，オソベツ川：下オソベツ，久著呂川：下久著呂 雪裡川：雪裡，幌呂川：幌呂 （釧路開発建設部）
	水温	観測データ	NIES	2010〜2013	NIES 提供資料
潮位		潮汐観測資料	気象庁	2010〜2013	釧路港 http://www.data.kishou.go.jp/db/tide/genbo/index.php
気象	降水量，気温，相対湿度，日射時間，風	気象官署・AMeDAS 時別データベース	気象庁	2010〜2013	気象庁ホームページ 【観測所】 美幌，津別，上標津，川湯，弟子屈，阿寒湖畔，標茶，鶴居，中徹別，塘路，阿寒，太田，釧路，知方学

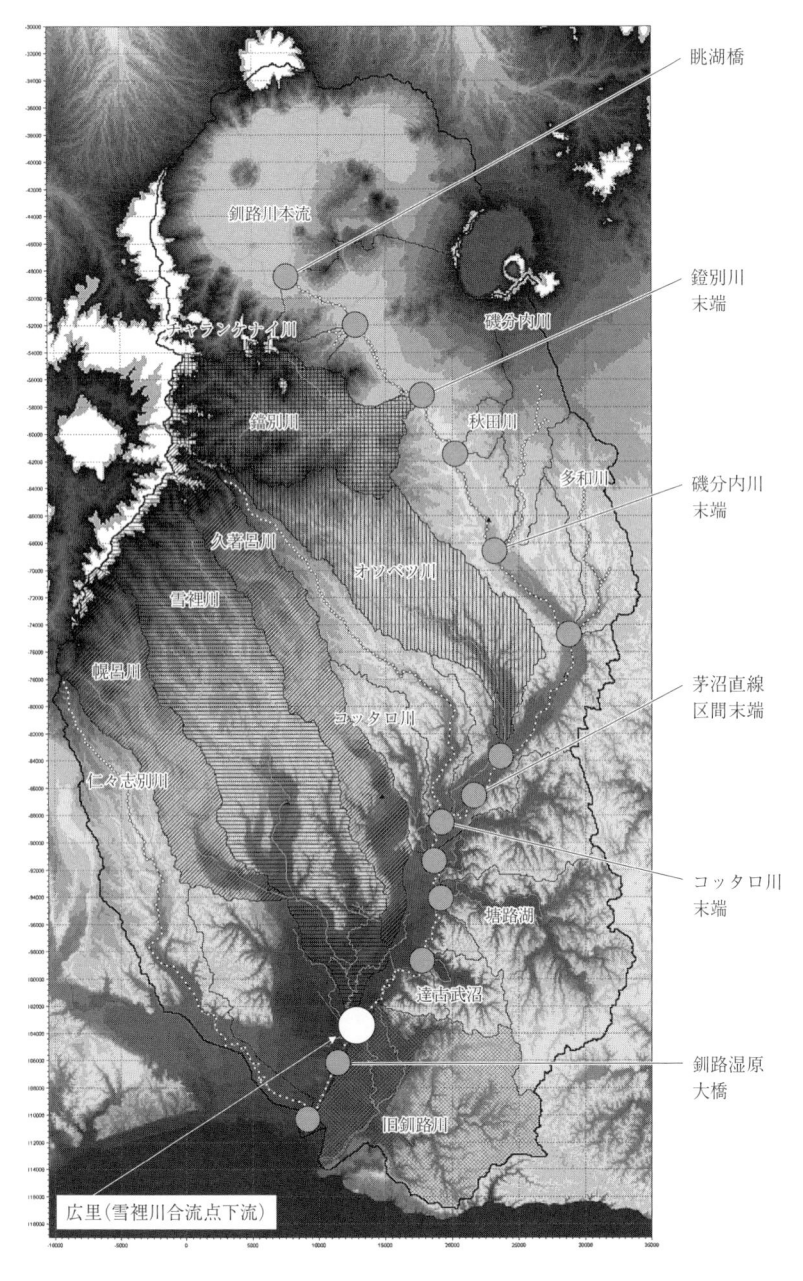

釧路川本流

眺湖橋

チャランケナイ川

鐙別川末端

磯分内川

鐙別川

秋田川

多和川

磯分内川
末端

久著呂川

オッペツ川

雪裡川

幌呂川

コッタロ川

茅沼直線
区間末端

仁々志別川

コッタロ川
末端

塘路湖

達古武沼

釧路湿原
大橋

旧釧路川

広里（雪裡川合流点下流）

図4 流域に設けられた河川水温モニタリングサイト（左）と実際に観測された1年間

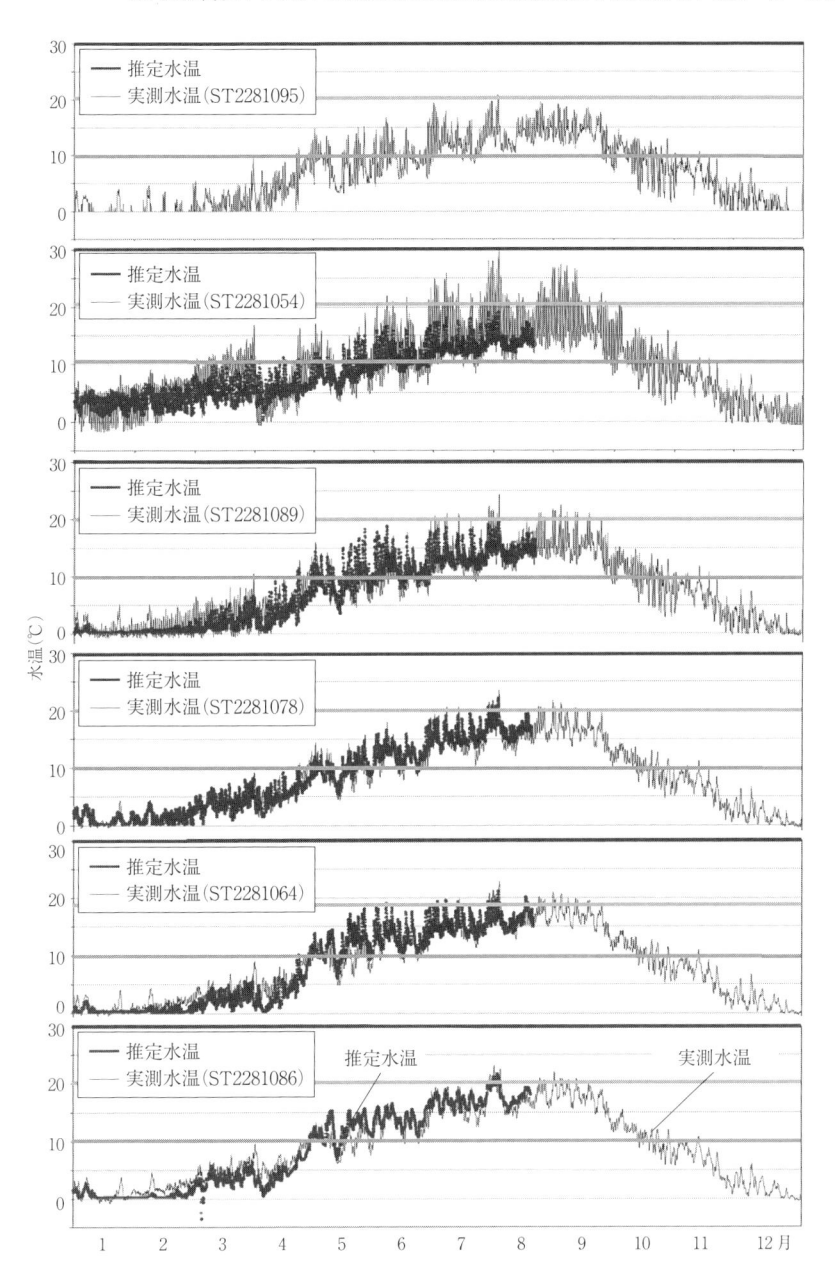

（2012 年）の水温変動（右）。濃い線はモデル解析によって計算された推定水温の結果

な分布を考慮した。また気温データについても同様に，気温観測点を基準とする空間的な分割を行い，流域内の二次元的な気温情報とした。

　高精度の水温解析モデルを開発するためにもっとも重要なデータは，河川水温の実測値である。さらに水温の推定精度(モデルの再現結果)を高めるためには，より正確な水温データを流域のより多くの地点で，かつ長期間にわたって細かな時間間隔で取得する必要がある。我々は河川水温を連続的に観測するために水温計測ロガー(HOBO, CO-UA-001-64)を用いた。具体的には，釧路川の本流を中心に40地点の水温モニタリング地点を設け，すべての地点において同一条件で約2年半連続観測を行った。図4左に示した流域図のなかで，本流に沿って示された丸印が水温モニタリングサイトである。各サイトは支流の合流地点にあり，個々のサイト毎に3か所(合流点の上流・支流末端・合流点下流)の水温データを取得した。

　気候変動後の将来的な時代設定(再現計算* における流域の将来シナリオ)は2100年とした。2013年版「地球温暖化予測情報」第8巻の将来予測値を基に，気温上昇に関しては2012年と比較して＋2℃，＋3℃，＋4℃の条件を設定し，再現計算を行った。また降雨量の増加に関しては2012年の実際の降雨観測データを100％として，105％，110％，115％の増加を仮定し，インプットデータとした。土地利用変化については，今回は現状と同じ条件を与えた。

釧路川水温の時空間変動

　図4右のグラフは推定水温モニタリングサイトより6つを選び，実測水温と再現計算結果の推定水温を重ねて表示したものである。横軸は2012年1～12月を示しており，縦軸は水温を表している。各データは一番上の眺湖橋以外，各流入支流の末端部の水温データを示している。グラフより各支流から釧路川本流に流入する河川水温は概ね20℃以下であり最大水温は7月後半と8月後半～9月前半に記録されている。河川水温が10℃を超える時期を高水温期間とすれば，その期間日数は上流部から下流部に向うにつれて長期化する(つまり暖かい河川水の流れる日数がより長くなる)傾向がある。

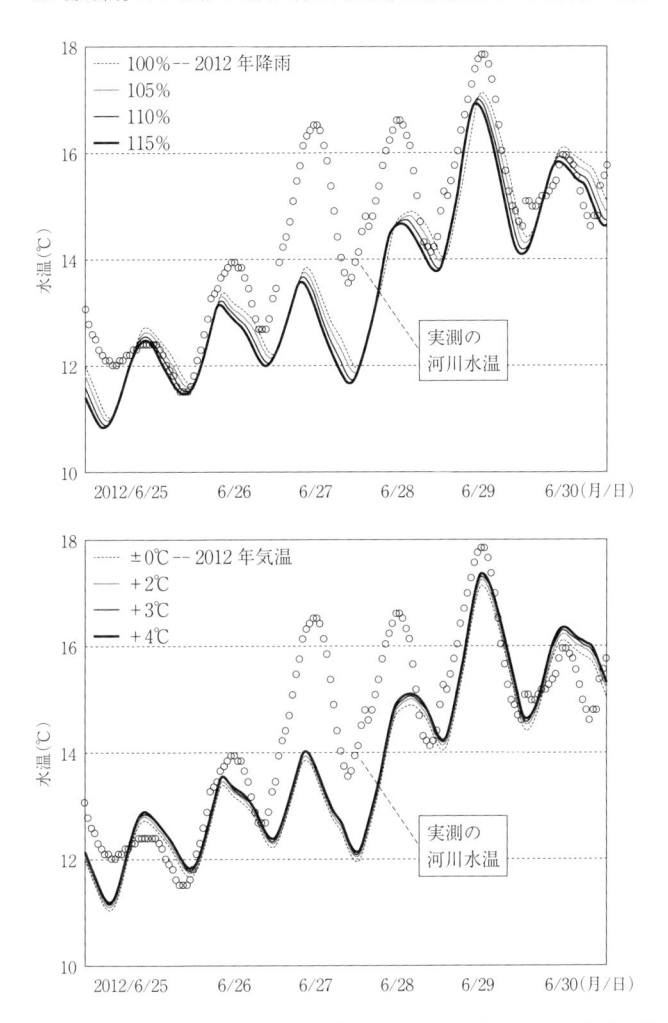

図5　広里(雪裡川合流点下流)における河川水温再現結果。左：年間降水量が増加した条件による計算結果。2012年の降雨量を100%とした場合の105%，110%，115%の増加をそれぞれ再現した。右：同じく年平均気温が上昇した条件による計算結果。2012年の年間気温に対して，＋2℃，＋3℃，＋4℃の気温上昇をそれぞれ再現した。

　図5のグラフは釧路湿原の広里(雪裡川と新釧路川の合流点から下流部)における再現計算結果の部分拡大である。横軸は2012年の6月25〜30日を示し，縦軸は河川水温を示している。白い点は実際に記録された水温データ，実線は流域環境モデルによる推定水温を示している。上のグラフは年間降雨量が

増加した条件での計算結果，下のグラフは年間平均気温の上昇を想定した場合の計算結果である。

　最終的な流域全体でのシミュレーションの結果，降水量増加の影響としては流量の増加は見込まれるものの，水温上昇に関しては抑制の効果があることが確認できた（図5上）。つまり現状と同じ気象条件であれば，年間降水量が115％になった場合，わずかではあるが河川水温は若干低く保たれる結果となった。一方，年間を通じて+4℃の気温上昇を想定した場合，特に6月後半の時期に河川水温は平均して最大で0.3℃程度の上昇が見込まれた（図5下）。

　年間降雨量の増加が河川水温の上昇を緩和した理由は，降雨量の増加により，中間流・基底流を含めた地下水の流入量が増加し，低温の地下水がより多く河川に流入した影響であると考えられる。また同時に，流量の増加は河川水の滞留時間を短くし，その結果河川水が温められる前に下流に移動するという状況を発生させている。気温上昇による河川水温の変化はほぼ予想通りであったが，年平均気温の増加幅と比較した場合，河川水温の上昇はやや小さな結果となった。また今回のモデルでは河畔林の展葉による日射量の減衰効果は反映されていない。しかし北海道大学の中村太士教授らの推定によると河畔林による日射量の低減は約1/7程度とされている。このため特に今後，夏季の水温上昇の推定精度を高めるためには，河畔林の遮蔽率のデータが必要であると考えられる。

釧路湿原の保全と河川水温モニタリングの重要性

　最後に，本モデル解析より導かれた河川水温に影響を与えるふたつの要因「人為的な流域の構造的変化」と「気候変動」について解説する。

　釧路湿原周辺部では，特に1970年代以降の圃場整備事業にともない明渠排水路*化が進み，各支流の多くは直線化された。この河川改修と同時に行われた河畔林の伐採によって，水面に入射する日射量の積算値は増加したと考えられる。では，この圃場整備は単純に水温を上昇させる要因であったのか？という疑問に答えるのは実は簡単ではない。河川改修は一方で河道の

ショートカット化(直線的な川とすることで水路自体が短くなること)をもたらしている。つまり水文学的に考えれば，「圃場整備事業は川の縦断方向の長さを短くしたため，河川水の滞留時間を短くし，より早く水を流出させる要因になった」とも考えられる(土砂堆積による河道閉塞や湿原内部への河川の氾濫は今回別問題とする)。つまり，川の水が温まる間もなく下流に移動する状況を人為的に作った，ととらえられるのである。

　もうひとつの要因，気候変動に関する大きな懸念は年間降雨量の時空間的な変化である。特に温帯域において脅威とされている現象は，単純な年間降雨量の増加のみならず，1回の雨で降る総降雨量の激増と空間的な集中である(2016年8月に北海道が見舞われた様ないわゆるゲリラ豪雨)。

　このような集中豪雨の増加は河川水温の上昇に対してどのような影響を与えるのであろうか？　今回の再現結果では，降雨量の増加は，流域下流域において若干ではあるが夏季の日最大水温を緩和させる結果となった。理由は先に述べた通り，「地面に浸透した多量の降雨が冷たい地下水の増加をもたらし，河川水を冷ました」と考えられる。逆の見方をすれば，降雨量の少ない夏(日照り続きの夏)は直接的に河川流量の減少をまねき，日射量の増加や気温上昇との相乗的効果によって，日最高水温や日平均水温を上昇させることが推測される。

　このように河川水の変化に与える要因は複雑であり，多くの要素が複合的に作用して水温が上昇あるいは低下するのである。今回紹介した様な再現計算がより精度を高め，多様なシナリオに対応できるようになるためにも，地道な現地データの蓄積と長期的な水温モニタリングが望まれている。

　現在，湿原生態系の保全や再生，また気候変動といった一般的な環境問題に比べ，河川水温の上昇やその変動にはそれほど大きな注意が払われていない。流域管理の分野でも，これまで重要とされてきたのは主に河川水質の保全や洪水に対する減災対策(地域的なレジリアンス* の向上)である。しかし今回示したように河川水温は，気温の上昇だけではなく流域土地利用と河川形状の変化，また降雨パターンなど地域の気象条件によって明らかに影響を受けている。北方圏の湿原研究者や生態学にかかわる人々は，「河川水の温暖化」によって北海道の水生生物が深刻なダメージを将来的に受けることを忘れて

はならない。釧路川に生息する貴重なサケ科魚類，特にオショロコマやイトウは低水温性の回遊魚であり，水温上昇の影響は避けられないであろう。北のウェットランドがその景観だけではなく健全な生態系も含め維持し続けるために，河川水の温度変化にも不断の注意を持ち続けていくことが今後非常に重要である。

[参考文献]

新井正. 2004. 地域分析のための熱・水収支水文学. 309pp. 古今書院

亀山哲. 2016. 科学研究費最終報告書 基盤研究C「河川水温変動シミュレーションを用いた全国の淡水魚類に関する自然再生支援システム」(代表亀山哲).

Kameyama, S., Fukushima, M., Han M., and Kaneko, M. 2007. Spatio-temporal changes in habitat potential of endangered freshwater fish in Japan. Ecological Informatics, 2(4): 318-327.

福島路生・亀山哲. 2006. サクラマスとイトウの生息適地モデルに基づいたダムの影響評価と保全地域評価. 応用生態工学会誌, 8：233-244.

亀山哲・福島路生・島崎彦人・高田雅之・金子正美. 2004. 流域圏環境管理のためのGISの活用―河川構造物による流域の分断化と河川生態への影響. 資源環境対策, 40：41-49.

Kameyama, S., Yamagata, Y., Nohara S., and Sato, M. 2013. Flow and water temperature simulation with future scenario for nature restoration in the Kushiro watershed, Japan. The 3rd Biennial Symposium of the International Society for River Science, August 5-9, 2013 Beijing, China, Abstract: 63.

川那部浩哉・水野信彦(監修). 中村太士(編). 2013. 河川生態学. 356pp. 講談社.

中村太士. 1999. 流域一貫―森と川と人のつながりを求めて. 138pp. 築地書館.

中村太士・百海琢司. 1989. 河畔林の河川水温への影響に関する熱収支的考察. 日本林学会誌, 71(10)：387-394.

中野繁著. 川と森の生態学 中野繁論文集. 380pp. 北海道大学図書刊行会.

釧路川本流の塘路川合流点付近における水温測定ロガーの交換風景(作業者は筆者)(2012年10月25日，NPO法人環境把握推進ネットワーク照井滋晴氏撮影)。各ロガーは流亡を防ぐために，アルミポールとステンレスワイヤーを使用して河床に固定されている。約半年に一度ロガーを交換し，その期間中の水温データを回収する。332頁参照

30

「持続可能な発展のための教育」と保全活動

鈴木敏正

　湿地保全を目的としたラムサール条約(1971年)(25章参照)では，当初から，湿地を持続可能なかたちで保全しながら利用する「ワイズユース*」が基本理念とされ，その推進のために交流(Communication)・教育(Education)・参加(Participation)・啓発(Awareness)を略したCEPAという広い意味での教育活動が重視されてきた。もっとも，ラムサール条約締約国会議の重点も時代とともに変化し，当初は普及啓発(Public Awareness)が重視されたPAは，2008年には，より積極的なかかわりを求めて参加と気づき(Participation and Awareness)となり，2015年には，先のCommunicationのCについて，具体的な課題解決のための力量形成(Capacity Building)が強調されている。

　教育の領域では今日，それらは「持続可能な発展(ないし開発)のための教育(Education for Sustainable Development：ESD)」の一環として理解されている。それでは，ESDとは何で，その視点から見ると今後の湿地保全にはどのような活動が求められるのであろうか。

「持続可能な発展のための教育(ESD)」とは？

　「持続可能な発展(Sustainable Development：SD)」が初めて提起されたのは，国際自然保護連合(IUCN)・世界自然保護基金(WWF)・国連環境計画(UNEP)の共同報告『地球環境の危機』(1980年)だとされている。よく知られるようになったのは，日本の提案で国連に設置された「環境と開発に関する世界委員会」(ブルントラント委員会)の報告『我々の共通の未来』(1987年)によってである。そこでSDは「将来世代のニーズを満たす能力を損なうことなく，現世代のニーズを満たすような発展」と定義され，「世代間および世代内の公正」を実現するものだとされた。それが広く国際的課題とされたのは，1992年の「環境と開発に関する国連会議」(地球サミット)からである。そこで同時に採択されたのが，気候変動枠組条約(地球温暖化*防止条約)*と生物多様性条

約*であった。特に後者(後に前者も)において，ラムサール条約に基づくそれまでの湿地保全の活動が位置づけられることになった。

地球サミットで採択された行動計画「アジェンダ21」の第36章「教育と研修」では「持続可能な発展に向けた教育」への方向づけがなされ，これを受けた1997年の「環境と社会に関する国際会議」(テサロニキ会議)では，環境教育は「環境と持続可能性のための教育(Education for Environment and Sustainability)」とも表現されるとされた。そして，2002年の国連「持続可能な開発に関する世界首脳会議」(ヨハネスブルク・サミット)における日本の政府とNGOの提案によって，「国連・持続可能な発展のための教育の10年(DESD, 2005〜14)」が始まったのである。

この4半世紀に深刻化した地球的問題群のなかでも，人間—自然関係にかかわる地球的環境問題と人間—人間関係にかかわる貧困・社会的排除問題が「双子の基本問題」である。今日，この両者を同時的に解決して「持続可能で包容的な(他者を排除しない)社会」を構築することが基本課題となっている。前者に取り組んできたのが環境教育，後者に取り組んできたのが開発教育(人権・ジェンダー*・多文化・国際理解等の教育を含む)であり，それゆえ最近では，ESDを通した環境教育と開発教育の実践的統一が求められている。

「持続可能で包容的な社会」構築のためには，国際的な議論や政策的位置づけだけでなく，各地域での内発的な「持続可能で包容的な地域づくり」のネットワーク的発展が必要であり，それらに不可欠な学習活動を援助し組織化する教育実践が求められている。それはESDの中核となるもので，「持続可能で包容的な地域づくり教育(Education for Sustainable and Inclusive Communities：ESIC)」と呼ぶことができる。

持続可能な発展(SD)に向けては，環境・経済・社会あるいは文化や政策の総合的な取り組みが必要だとされてきた。その基本要素を表1に示した。持続可能な発展に向けた教育(ESD)は表であげたどの要素にもかかわるが，これらの全体的関連を見失うと一面的にならざるを得ない。例えば，「湿地保全」が単なる観光開発のためであったり，地域住民(子供から高齢者まで)とその生活を無視して進められたりするような場合である。

表1に見るように，持続可能性(sustainability)は，物理学的・化学的・エネ

表1　持続可能な発展(SD)と持続可能な発展のための教育(ESD)
　　の位置づけ

	自　然	人　間	社　会
循環性	再生可能性	生命・生活再生産	循環型社会
多様性	生物多様性	文化的多様性	共生型社会
持続性	生態系保全	持続可能な発展の ための教育(ESD)	世代間・世代内公 正(SD)

ルギー論的な再生(循環)可能性と，生物学的・生態学的・進化論的な多様性の理解の上に求められる，人間学的・社会科学的そして教育学的な領域として位置づけられる。湿地については特に「生物多様性」が重要な意味をもつが，最近ではそれが「文化的多様性」を保全し，そのことによって「共生型社会」の形成に寄与することが理解されてきている。もちろん，生物多様性は自然の「再生可能性」を高めるし，「生態系保全」に重要な関連をもっている。ESD はこの表全体を含む全体的(ホリスティック)な学びを進めるものとされている。湿地に関しても，その遍在性と多面的価値が理解されていくにつれて，この表全体に広がる視点が求められてきている。

ESD と湿地保全・湿地学習

　現在，2014 年に日本で開催された「国連・持続可能な発展のための教育の 10 年(DESD)」の総括会議を踏まえて，その後継として「ESD に関するグローバル・アクション・プログラム(GAP，2015〜19 年)」が推進されつつある。GAP では目標や優先行動分野(政策的支援，機関包括型アプローチ，教育者，若者，地域コミュニティ)も提起されているが，その原則は次の 7 つである。すなわち，①持続可能な発展に関する知識・技能・態度の万人の獲得，②批判的思考，複雑なシステム理解，未来を想像する力，参加・協働型意思決定などの向上，③権利に基づく教育アプローチ，④教育・学習の中核としての変革的教育，⑤環境・経済・社会そして文化などの包括的で全体的な方法，⑥フォーマル，ノンフォーマル，インフォーマルな教育，幼児から高齢者までの生涯学習，⑦名称にかかわらず，上記原則に相当するものすべてを含む，

である。

　ここでフォーマル教育とは教育の専門的実践者によって推進される教育で，インフォーマル教育とは学習者自らが進める教育，ノンフォーマル教育は学習者と教育実践者が協同して推進する教育である。ESDをふまえた「環境教育等促進法」(2011年)では「協働取組」が強調されているが，その展開においてはノンフォーマル教育(日本では社会教育・生涯学習によって推進されてきた)が特に重要な役割をもっている。その際，ノンフォーマル教育はインフォーマル教育とフォーマル教育をつなぎ，それぞれを活性化するという機能をもっていることに注目する必要がある。

　湿地保全にかかわる交流・教育・参加・啓発(CEPA)も，最近重視されてきた「参加」や「力量形成」に加えて，これら全体に対応した展開が求められている。基本となるのは湿地を場とし内容とする学習のネットワークである。たとえば北海道では，北海道ラムサールネットワーク*を中心としながらも，ラムサール条約に登録されていない大小・極小の湿地保全活動に広がるネットワークによる「学び合い」が必要である。その上で，各地域の湿地をコモンズ(共有資産)として活かしていくような「湿地のある地域づくり」を推進するESDを展開することが求められているのである。それに対応する新しいCEPAでは，対話と協働(Communication and Collaboration)，教育と主体的力量形成(Education and Empowerment)，参画と連携(Participation and Partnership)，行動と協同化(Action and Association)といった活動をより組織的・計画的に進めていくような「持続可能で包容的な地域づくり教育(ESIC)」が必要となる。

　湿地を舞台とし内容とする教育は，北海道では多くの場合，環境教育として理解されてきた。そこで，環境教育の発展という視点からESDやESICはどのように位置づけられるのかを考えてみよう。

　湿地に関する環境教育を大きく領域区分してみれば，図1のようになる。すなわち，まず①自然教育である。自然を五感でとらえること(湿地の生物にふれ，湿地のなかで，湿地を通して体感的・体験的に学ぶこと)と，湿地環境にかかわる生物学や生態学あるいはサステナビリティ学(人間活動と自然環境が調和した持続型社会の構築を目指すための学問)などの科学の成果から学ぶことからなる。

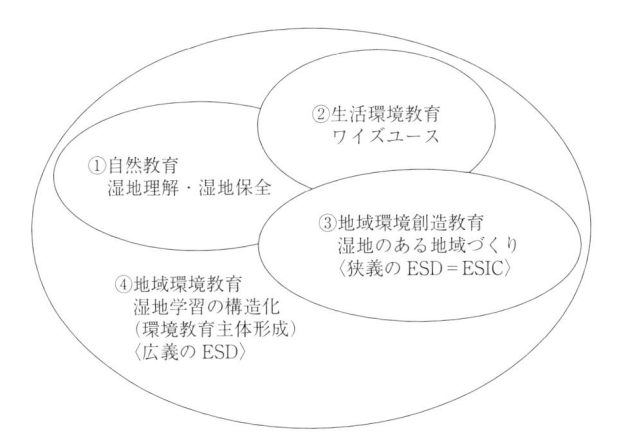

図1　環境教育の4つの領域と ESD・湿地学習

　次いで②生活環境教育，あるいは開発教育であり，湿地が提供する生態系サービスを生活や余暇・遊びなどに活かすこと，湿地のワイズユースについて学ぶことが含まれる。③地域環境創造(ないし再生)教育であり，①および②を統一して「湿地のある地域づくり」を進めるために必要なことを，地域づくりを進めつつ学ぶことである。④以上によって展開されている環境学習と環境教育の全体を繋げ関連づけていく地域環境教育である。湿地に関する学習全体を関連づけ，湿地学習を進める主体が生まれていくことでもある(環境教育一般では「環境教育主体形成」という)。

　ESD は地域で展開されているすべての教育活動に SD の視点を浸透させることを求めている。それはここでいう地域環境教育を ESD として組織化しようとするものであり，「広義の ESD」ということができる。今日焦点となっているのは，それぞれの地域の現実に即して，持続可能な地域づくりを進めて行く上記③の地域環境創造教育であり，これを「狭義の ESD」ということができる。当面する焦点は，それぞれの地域の湿地を基盤とした「持続可能で包容的な地域づくり(ESIC)」をどのように実践するかということにある。

湿地のある地域づくりへ

　ラムサール条約登録湿地数が全国最大である北海道は，湿地の宝庫とみられている。しかし，現在に至る歴史をみれば，湿地面積は縮減の一途にある。「過去に損なわれた生態系その他の自然環境を取り戻す」(自然再生法，2003 年施行)ために，自然再生事業(河川，湿原，干潟，藻場，里山，里地，森林その他の自然環境を保全し，再生し，もしくは創出し，またはその状態を維持管理すること)＊ を必要とする実態にある。自然再生法では再生すべき地域の多様な当事者が参加する「自然再生協議会」を設置し，地域の多様な主体が自主的かつ積極的に取り組むことを求めている。生態系の順応的管理や当事者間調整が必要な自然再生事業の推進においては，持続的な学習活動が不可欠である。同法は自然再生事業を「自然環境学習の場」とするよう配慮しなければならないとしており，環境教育推進法を改正した環境教育等促進法(2011 年)では，環境教育を促進する上での関係者の「協働取組」の重要性を強調している。

　例えば，「過去に損なわれた生態系」＝湿地の代表例として石狩低地帯の北端に広がる石狩湿原がある。生物多様性保全にとって重要な湿地のなかでも石狩湿原は最大のものであり，戦後直後には米国のテネシー川流域開発公社に学んだ「自然と共生する総合的開発」の構想もあったが，経済成長時代における泥炭地の水田化と大都市・札幌圏の形成などによってほとんどが失われてしまった。今，残存湿原が散在する石狩平野の全域でボッグなどの湿原再生を含む自然再生事業が展開されている。湿原再生に向けては，篠津泥炭地資料館などで泥炭地の水田化の歴史を学ぶことができるが，湿原を再生する事業が環境教育に多くの契機を与えている。なかでも再発見された湿原資源を活用する小規模な保全活動とそれらのネットワーク化に，自然と共生し，持続可能な生活・地域づくりを進める大きな可能性を学ぶことができる。

　具体的に岩見沢市にある幌向(ほろむい)地区では，在来草木・昆虫などの保全を含む自然再生や教育活動だけでなく，園芸土などの泥炭再利用，「ほろむい七草」の再生と地域の食材・食文化開発など，地域づくりへの方向を確認できる。こうした活動は，篠路福移(しのろふくい)湿原で活動をする NPO 法人「カラカネイトトン

ボを守る会」が希少植物・生き物の保全・保護活動やビオトープづくり，自然体験学習を進めるために，ナショナルトラスト運動や開発行政・事業者に対する裁判活動まで進めざるを得なかったように，しばしば社会運動として展開することが必要となる。

　もちろん，すでに存在する公共施設を利用する実践も重要である。例えば札幌市の平岡公園は梅林で知られているが，市民参加の公園づくりを進めている。そこではドングリから育てる「みんなの森づくり」とともに，自然観察・環境教育の場となる人工湿地・池づくりに取り組んでいる。そのプロセス自体が参加者やかかわる専門家にとっても試行錯誤の学びの場であり，まさに地域環境創造教育の展開である。

　北海道では，湿地を舞台にした ESD 実践が事実上，多様に展開されている。その中核となるべき ESIC には次のような活動が必要である。すなわち，学習ネットワークと地域づくり基礎集団に支えられた①地域課題討議の場，②地域調査学習・地域研究，③具体的な地域行動・社会行動，④地域づくり協同実践，⑤地域 SD 計画づくり，⑥地域 ESD 計画づくり，である（鈴木, 2013）。ここでは，環境保全運動から地域づくり（ESIC）へと展開した典型例として，ラムサール条約に登録された霧多布湿原をもつ浜中町の実践例をあげておく（図 2）。

　霧多布湿原を舞台とした実践の特徴は，①ボッグを中心とした湿原の草花

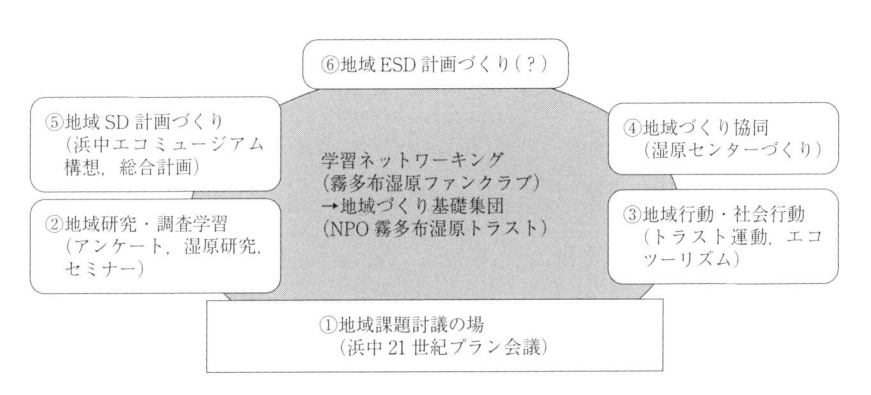

図 2　ESIC の展開構造。浜中町・霧多布湿原の場合

や野生動物の価値を高く評価し，脱サラリーマンをして来住し保全活動をする家族があったこと，②保全運動を支援する全国的なネットワーク(ファンクラブ)が展開されたこと，③地域で湿原保全運動をするNPO法人「霧多布湿原トラスト」が形成され，運動の中心となっていったこと，④単に湿原の保全をするというだけでなく，環境教育・ツーリズム，漁業者や酪農家との連携による地域づくりに結びつけようとしてきたこと，⑤専門家や地域住民，さらに行政も含めて，地域で湿原とどのようにかかわっていくかを議論する多様な場が設けられたこと，⑥浜中町の長期計画に湿原の保全が位置づけられ，湿原センター(後にNPOが指定管理者団体となる)をはじめ，環境保全＝地域づくりのための公的・社会的な条件整備がなされたということ，⑦以上を通して，「楽しみながら学び，実践する」という文化が形成され，湿原センターを中心にした環境教育が展開されて，学校教育などにも位置づけられていったこと，である。

地域における「持続可能な発展に向けた教育(ESD)」計画策定は今後の課題であるが，図2で示した諸実践領域はいずれもESDの中核である「持続可能で包容的な地域づくり(ESIC)」の展開に不可欠なものである。これらの実践を総合的に推進するような「湿地のある地域づくり」を目指して，道内各地域での個性的・創造的な実践のネットワーク的展開が求められている。

[参考文献]

小島廣光・平本健太(編). 2011. 戦略的協働の本質—NPO, 政府, 企業の価値創造, pp. 117-148. 有斐閣.

佐藤真久・阿部治(編). 2012. 持続可能な開発のための教育 ESD 入門. 255pp. 筑波書房.

北海道ラムサールネットワーク(編). 2014. 湿地への招待—ウェットランド北海道. 271pp. 北海道新聞社.

日本社会教育学会(編). 2015. 社会教育としての ESD—持続可能な地域をつくる. 265pp. 東洋館出版社.

鈴木敏正・伊東俊和(編). 2001. 環境保全から地域創造へ—霧多布湿原の町で. 191pp. 北樹出版.

鈴木敏正. 2013. 持続可能な発展の教育学—ともに世界をつくる学び. 238pp. 東洋館出版社.

鈴木敏正. 2016. 将来社会への学び—3.11 後社会教育と ESD と「実践の学」. 231pp. 筑波書房.

コラム⑨
ウェットランドにおける環境学習

鈴木　玲

　ウェットランドの大切さを理解してもらい保全につなげるために環境学習は重要だ。湿原や海浜などの生物たちに触れてもらい，ウェットランドの成り立ちや仕組み，生物たちのかかわり合い，その恵みと育まれた文化など，さまざまな角度から知ってもらうことでその大切さが理解される。さらに保全活動などにかかわってもらうことで保全が進むとともにファンが増え，口コミでだんだん広がっていく。

　ウェットランドでの環境学習のプログラムには，次のようなものがある。

(1)観察会・学習会

　ウェットランドには特有の生態系があり，多様な生物が暮らしている。季節ごとに美しい花が咲き実を結び，これらを利用するために訪れるさまざまな生物たちを観察し，その美しさに絶妙さに希少さに感激する。厳しい環境を選んだ生物たちは競争を得意とせず，がまん強く凛としている姿は感傷的な心に響き，生態系の微妙さや環境への適応の妙は好奇心を刺激してやまない。

(2)保全活動

　ウェットランド保全のため，清掃や車両侵入防止対策，外来植物や中生植物*の除去などが行われる。汚れ疲れる活動であるが，仲間とともに汗をかいて環境に直接働きかける行いは大きな達成感を得られ，愛情も深まる。多くの人手を必要とす

図1　湿生植物の育成(NPO法人カラカネイトトンボを守る会)(木村浩二氏撮影)。篠路福移湿地にて市民参加の取り組み

るこれらの活動に多くの人を巻き込んでいくことは保全の成功に不可欠である。

(3)再生活動

　環境破壊が進んで，ウェットランドそのものが失われることも稀ではない。実際石狩平野に広がっていた湿原は，ごく一部を残してほとんどが失われた。間近に危機が迫っている場合は早急に安全な場所へのレスキューが必要であり，このような仕組みづくりは喫緊の課題である。一方すでに希少となった植物を殖やし植栽する活動も始められている。NPO 法人カラカネイトトンボを守る会による篠路福移湿地の湿生植物* の再生活動や，NPO 法人ふらっと南幌による幌向湿原のミズゴケ増殖活動とホロムイイチゴ特産化の取り組みは注目に値する。

(4)植物の活用・文化の継承

　人々は昔からウェットランドを活用して暮らしてきた。スゲ類で菅笠や蓑や注連縄（しめなわ）をつくり，アイヌはガマで断熱性の高いゴザをつくっていた。食用としてはツルコケモモの実がクランベリーとして有名である。これらを利用することは一般の人々にウェットランドの大切さを再認識してもらう大切な機会となり，文化の継承という意味も大きい。体験型観光や特産品づくりという地域の経済活性化にもつながる。多くの人に大切さを感じてもらい，活動にも参加してもらうことが，地域や地球の宝でありながら減少の一途をたどるウェットランドを保全・再生する大きな原動力となる。

図2　海浜植生の再生（北の里浜花のかけはしネットワーク）。北海道の石狩中学校と宮城県の閖上中学校による名取閖上海岸での取り組み

酪農からの副産物を考える──「厩肥？」「ふん尿？」それとも「エネルギー？」

亀山　哲

　湿原周辺の農地から河川を通じて湿原に流入する汚濁負荷の削減は，学生時代に釧路湿原の研究を始める以前から大きな課題でした。「湿原の富栄養化* 問題をどう解決すべきか？」といった議論です。では，そもそも北海道において酪農からの副産物はどのような歴史を辿ってきたのでしょうか？

　先日帰省した折，北海道の酪農に関する古い新聞記事を見つけ読み返してみました。当時デンマークより招聘されていた酪農経営の専門家二人の寄稿文(図1)です。

　「牛乳生産に就いて／丁抹(デンマーク)国農学士・エミール・フェンガー)」

　道内視察者からの質問『1. 本道に於いて牛乳生産は適当して居るでせうか？』『2. 如何様に乳牛を飼育して居らるるか？』に対して。

　『猶更らに，私は牛乳生産が本道に適当しているというよりは寧ろ，本道では牛乳生産を必ずしなければならない，といふ一理由を答える事が出来ます。それは家畜なしに農業経営を営むことは，肥料を生産する事がない為に，地方を維持する事が甚だ困難となるからであります。』

　「本道を去るに臨み／丁抹農家・モーテン・ラーセン」

　『彼等(家畜を飼育している畑作農家)は大変好い牛を飼育して居りましたが，しかし畑や牛からの副産物に対しては余り注意を払っていない様であります。即ち牛からの副産物である厩肥* を放置して何等の注意を払わないが為に，貴重なる植物栄養分は大気中或いは地中に徒に流亡し去り，畑は年々荒れ行き，作物は年々不出来となっているのであります。従ってこれ等の農家は家畜の価格や乳製品の価格の下落と同時に減落していくのでありましょう。』

　つまり開化期の北海道酪農業では，乳製品だけではなく副産物としての厩肥にも大きな価値を求められていたことがわかります。その後「糞尿」と呼ばれ，少し厄介者扱いされていた副産物は，近年新しい資源として位置づけが変わりつつあります。現在，北海道の酪農地域の幾つかではバイオガスプラントと呼ばれる発電施設の建設が計画されています。牛の糞尿が，単なる肥料から道を支えるエネルギー資源へと形を変える可能性があります。ただし，バイオガスプラントからは消化液* が残されるため，その処理までも含めた合理性を検討することが必須となりますが。

　実はこの新聞，昭和2年(両氏が帰国された年)のものです(当時北大農学部生だった祖父のスクラップブックのなかで見つけました)。さて，最後に私が問いたいのは，『如何なる副産物の利用方法がもっとも適切であり，持続的な利用方法であろうか？』ということです。鶴居村には，牛の糞尿とおが粉をリサイクルし発酵床とし

て有効活用している先進的酪農法人もあります(図2)。北海道と湿原の未来のために，今我々は何に取り組むべきか，本コラムがその一歩となれば幸いです。

牛乳生産に就て（一）

丁抹國農學士　ミエール・フェンガー

私は本道に於て丁抹の農業經營法を實際に行つて皆樣の參考に供せんが爲に渡道しました者であります昨年も一昨年も夏期には多くの方々が私の畑に觀察に御出で下さいましたそして之等の方々が只單に觀察したのみでは物足りなく思はれるためか種々の質問を發せられて居ります然し私が之等の方々の御滿足の行く樣に一々御答へをして居りましたなら一日二十四時間御答へして居りましても足りないと思はれるので常に答へが失禮がちになつて居ります、それで私はこの紙上を通じて皆樣に御答へしたいと思つて筆を取つた次第であります、御出になつた方々の通例の質問は私は次の二つであると思ひます

1 本道に於て牛乳生産は適當して居るでせうか？

2 如何樣に乳牛を飼育して居らるゝか？

之等の質問に對して私は一部分は私自身の意見により他部分は丁抹に於ける試驗成績に依つて御答へしたいと思ひます

牛乳

生産に利ありや否やは先第一に生産費第二に市場價格第三に運送費等に依つて定まりませう、そして市場價格は内國市場及外國市場の價格によつて定まりますが然し日本北米合衆國の樣に關税制度によつて内國市場が保護されて居る場合には市場價格は比較的高價となるでありませう、又丁抹やニュージーランド及濠洲の樣に生産量が多くて國内消費が少い場合には市場の價格は世界市場の價格によつて左右せられます更に牛乳の生産價格は氣候、乳牛の價格及性質或は土地價格勞働賃銀濃厚飼料の價格等によつても定められるものであります

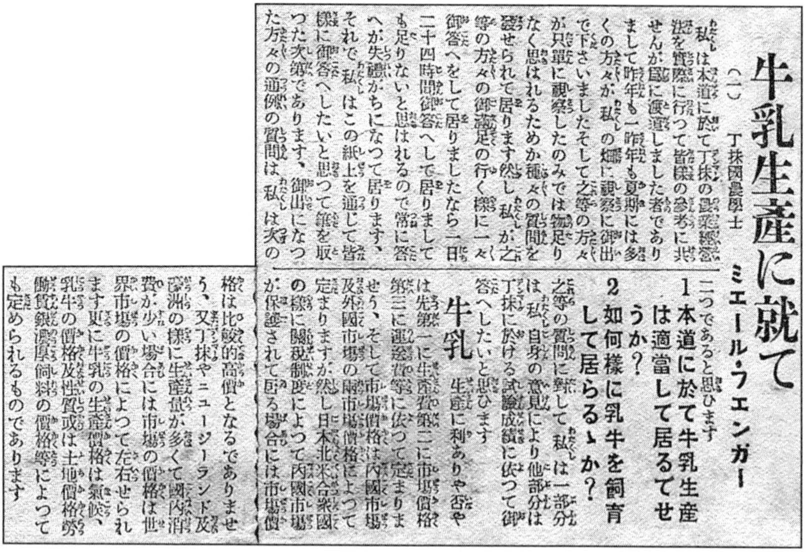

図1　デンマーク農学士ミエール・フェンガー氏の寄稿文(昭和2年新聞記事)。

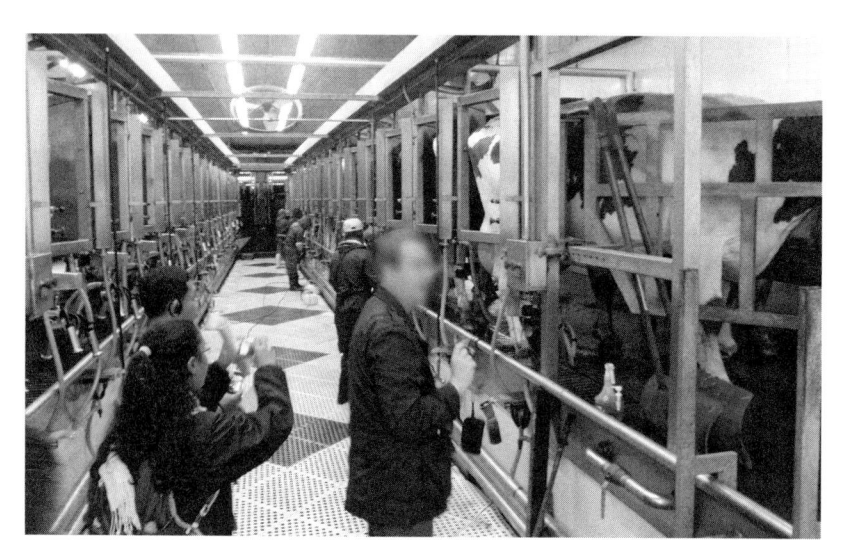

図2　近代化された酪農システム。2013年10月鶴居村清和農場

私とウェットランドセミナー
——20年のセミナーの変容——

　ウェットランドセミナー(当時は湿原セミナー)は，1996年頃，年に数回程度，湿原研究者の来訪などに合わせて行われていた。このとき私は研究職に転職して湿原研究を再開したことを機会に，本セミナー活動を中心的に進めておられた高橋英紀先生にお願いしてセミナーの幹事を引き継いだ。そして，2代目のセミナー幹事として数年間，毎月セミナーを開催していた。その後のセミナーの幹事は，この本の編集委員の皆さんを中心に引き継いでいった。

　私が最初の幹事を始めて間もなく，湿原セミナーはウェットランドセミナーに改名した。時代が湿原だけではなく，もっと幅広く湿地全体を研究対象にしなければならなくなってきたことへの対応であった。それまでの湿地を守る活動は，そのままの状態を保護するという姿勢であったが，この頃から湿地をもっとも脆弱な生態系のひとつとしてとらえ，湿地に積極的に介入して保全していこうという姿勢に大きくシフトしていった。同時に湿地の研究は生態学，土壌学や水文学などの自然科学的研究から，自然科学系と人文・社会科学系の研究の協働で行われる保全科学研究へと変貌していった。当時のセミナーの改名はこのような重要な意味をもっていた。

　ウェットランドセミナーの歴史のなかで，歴代の幹事の方たちの努力によってセミナー発表が積み重ねられていき，2013年11月に100回を迎えた。このときは高橋先生に湿原の水文気象研究の発表をしていただいた。その後もセミナーは続けられ，2017年3月末現在129回に達している。

　2016年度のセミナーの開催地は苫小牧市勇払でのハスカップ観察会，平取町のアイヌ伝統的儀礼・儀式(アシリチェプノミ)見学，そして七飯町での大沼研究会を協賛するなど各地でも行われるようになっており，セミナー企画も湿地と生活や文化をテーマにしたものにも広がっている。

　こうした数々の取り組みによって，このたびのセミナー100回記念出版の刊行を迎えることとなった。本出版の動機は，思い起こせば2011年3月の

生態学会で本書の監修者のひとりである牛山克巳さんが中心になって企画した「湿地をめぐる生態学と人文・社会科学の接点」という自由集会にある。この集会には辻井達一先生をはじめ湿地の保全にかかわっている多くの人が集合した。この後の懇親会で初めてお会いした鈴木敏正先生(30章執筆)にこのセミナーのお話をしたところ，せっかくいい企画を運営しているのだから，もっと積極的に外部に発信すべきであるというアドバイスをいただいた。このときセミナーは84回を終えていた。その後，100回目のセミナーを迎えるに当たり，当時の幹事である私，牛山さんと山田浩之さんの3人で，100回記念本を出版するということを決断した。この構想はその後大勢の方の協力を得て具体化していき，今回この本の完成に至った。

　本書のなかで，用語解説で説明した項目は，各章の初出箇所に＊マークの印を付けた。表紙は札幌市立大学デザイン研究科片桐由貴さんによって描かれたものである。オオミズゴケと矮性低木であるツルコケモモが，お互いに相手の生活環境を維持しながら共生している様子を表現している(16章参照)。このデザインへ至る発想や構想は，美や芸術の観点からだけでは生まれなかった。デザインの本質に力を与えているのは，共生のしくみを明らかにした生態学であった。この表紙に表現されているものは，本書のテーマである湿地の科学と暮らしをつなぐ具体事例のひとつである。

　最後に，本書は，現在のウェットランドセミナーの幹事である私，山田浩之さんと牛山克巳さんの3人の監修者と歴代の幹事による編集委員会を中心に編集されたものである。これまでのセミナー活動支援とともに原稿をご寄稿いただいた筆者の皆様，ご多忙にもかかわらず編集委員を引き受けていただいた歴代の幹事の皆様，そして出版に当たって忍耐強く支援いただいた北海道大学出版会の成田和男氏に感謝の意を捧げたい。

　2017年3月　春を待つ常盤の森の我が家で，砥石山を眺望しつつ　矢部和夫

用語解説(五十音順)

【あ行】

アーパ

周囲から涵養水が流入する立地に形成された，高緯度地域に見られるフェンの一種。筋状の盛り上がりの微地形(ストリング)が同心円状に発達するのが特徴である。

アルカリ度(酸消費量)

水の酸中和(緩衝)能を示す水質因子で，主に炭酸水素イオン，炭酸イオン，水酸化物イオンなどに起因する。アルカリ度は，酸消費量(試水を薄い塩酸や硫酸で pH が 4.3 または 4.8 に下がるまで滴定すること)によって測定される。炭酸水素イオンや炭酸イオンは，土壌中で生物の呼吸によって生成され，カルシウムイオンやマグネシウムイオンなどとともに溶け出すため，アルカリ度は石灰岩($CaCO_3$)地域などで高い。一般に地下水は雨水よりカルシウムイオンが多くアルカリ度が高いため，雨水よりも酸性化しにくい。

磯焼け

浅海域に生えているコンブやワカメ，そのほか多くの種類の海藻が著しく減少し，サンゴモと呼ばれるうすいピンク色をした藻類が，海底の岩の表面を長期間にわたって覆いつくした状態をいう。

インドネシア海路

海水面が上昇することで海路として隣接する海域へとつながる海洋上の通路のひとつ。マラッカ海峡，スンダ海峡などインドネシア周辺の海域を示す。

エアロゾル(エーロゾル，煙霧質)

気体(分散媒)のなかに，固体または液体の微粒子(分散相)が多数分散して浮かんだ状態の物質。

栄養塩類

植物が正常な生活を営むために必要な無機塩類。栄養塩類のなかで欠乏しやすく最小作用物質として生物生産を制限する栄養塩を制限栄養塩という。制限栄養塩になりやすい栄養塩類は陸上植物では窒素，リン，およびカリウムがつくる化合物であり，水界では窒素，リンのほかにケイ素の化合物が含まれる。

腋芽 → 頂芽を参照。

塩湿地(塩性湿地)

海岸や潟などに形成される湿地で，海水や汽水の影響を受け，耐塩性の高い植物群落が見られる。

鉛直循環

海水が冬季に冷やされたり，凍結し，密度が大きくなって沈降することによって駆動される上下の海洋循環。

【か行】

河岸段丘 (段丘)
河川の流路に沿って形成された階段状地形で，氾濫原より高い位置にあるもの。

撹乱
台風，洪水，火山噴火などの自然災害，人為的な環境改変，侵入した外来種による捕食や競争の影響などにより，個体群や群集の安定状態が短期間に崩れることをいう。撹乱によって個体群は急速に減少したり，増加したりする。

過剰鉛
土壌・堆積物中の鉛-210 のうち，大気から降雨によって地表に供給されたもの。年代推定などに用いられる。

河畔林
河川の下流域に広がる氾濫原(洪水時に氾濫する平野部)の河道に沿って発達した森林のこと。

還元的
嫌気呼吸によって生成された還元体の物質が蓄積して，酸化還元電位が低い状態。

気候変動に関する政府間パネル → IPCC を参照。

寛骨
大腿骨と関節し，四肢を支える体幹部の背骨(仙椎)と関節する腰の骨。

気候変動枠組条約 (地球温暖化防止条約)
大気中の温室効果ガスの濃度を安定化させることを目標とし，1992 年に国連の下，採択された国際的な条約のこと。

基底流出
河川を流れる全流出量のうち，降雨と関係なく長い時間をかけて流出する成分。

厩肥
家畜の糞尿と藁や落葉などを混合し，牛馬に踏ませることで腐熟させた有機質肥料。元々は厩から出る大量の糞尿を利用してつくられたことに由来する。

釧路湿原自然再生協議会
釧路湿原の自然の保全・再生(復元)を目標として，自然再生推進法の枠組みのもと，関係省庁，都道府県，市町村，専門家，市民団体，流域住民などで組織された協議会。2003 年 11 月に発足。

景観法
都市，農山漁村などにおける良好な景観の形成を促進するため，景観行政団体が景観に関する計画や条例を作る際に基準とする法律。

ケラチン質 (角質)
タンパク質のひとつで，硬い角，爪，蹄などの主成分。

嫌気的
酸素分子が少ないか無い状態で，生物の酸素を必要としない呼吸(嫌気呼吸)が卓越する状態。

好気的
酸素分子が豊富にあり，酸素を必要とする好気呼吸(酸素呼吸)が卓越する状態。

酵素活性

酵素の触媒作用の強さを表す。至適条件下における単位時間当たりの反応生成物量や基質消費量などで表現される。

古海水

地層が形成される際に，地殻の沈み込みや海水面の上昇にともなって海水が地層のなか（ここでは泥炭層とその下の鉱物層との間）に取り込まれ，たまったもの。

【さ行】

再現計算

物理則などを用いて作成した解析対象のモデルが，解析対象と同じ振る舞いをするか確かめる計算。

錯体

金属または金属類似元素の原子・イオンの周囲に，配位子（はいいし）と呼ばれる原子・イオンまたは原子団が方向性をもって立体的に結合し，ひとつの原子集団をつくっているもの。

札幌面

氷期の明けたおよそ 1 万年前以降に，およそ 4 万年前以降に形成された古い扇状地（平岸面）を削りながら形成された新しい扇状地。

酸消費量 → アルカリ度を参照。

ジェンダー

社会的性別。男らしさ，女らしさのように，社会的・文化的につくられら男女の特徴。

自然公園区域

自然公園法に基づいて指定された国立公園，国定公園，都道府県立自然公園の区域。

自然再生事業

過去に損なわれた自然環境を取り戻すことを目的として，実施される事業のこと。2003 年 1 月の自然再生推進法の施行を契機に始まった。

自然堤防

洪水時などに河川上流から運搬されてきた土砂が流路に沿って堆積してできる微高地。

湿地 CEPA

湿地の保全とワイズユースのための人や社会に対する働きかけ。対話，人材育成，教育，参加促進，普及啓発に関わる活動。

捷水路

河川の蛇行部を人工的にショートカットした直線的な水路。

消化液

生ふん尿をメタン発酵処理してメタンガス（バイオガス）を採取した後に残った液肥のこと。

植生自然度

現在の植生が生態遷移の上でどれだけその場所の潜在的な自然植生に近いかを示すものであり，自然植生が人間の影響で置き換えられた程度（代償植生度）とみなすこともできる。植生自然度は 10 段階に分けられ，自然植生は 9（自然林）と 10（自然草原）が割り当てられている。

水温解析モデル

水文モデルと熱収支モデルを組み合わせて河川の水温やその変動を予測する物理モデル。

水生植物(狭義)

8 章での生態的な定義は生嶋(1972)にならい「植物の発芽は，水中か水が主な生活基盤となっている場所で起こり，一生のうち少なくとも一定期間は完全に水中か抽水の状態で過ごすもの」とし，湿生植物は含めない。

水生植物，湿生植物，中生植物，湿原植物

水生植物，湿生植物，および中生植物は水にどれだけ依存して生活しているかによって分けた生育形(生活形)である。水生植物は沈水植物，浮葉植物，浮遊植物，抽水植物を含み，水中に生活する。陸生植物は湿地に生える湿生植物，乾燥地に生える乾生植物，および湿地でも乾燥地でもない中間的なところに生える中生植物に分けられる。我々の身の回りで見かける植物のほとんどは中生植物である。湿原植物はボッグ，フェンやイネ科湿原(1章参照)に特徴的に生える植物群を示す。ボッグ(植物)種はツルコケモモやオオミズゴケなどを指し，フェン種はイワノガリヤスやツルスゲなど指す。湿原植物のほとんどは湿生植物である。

水文モデル

水文学における地球上の水循環を物理的に再現するためのモデル。特に，地上に達した水が流域の末端に達するまでの流域内の流出過程を扱ったモデルを指すことが多い。

生育形

主な生育環境に対応した形態や状態。図鑑などの解説では，実際に観察される形状のほか，形態形成の能力も含めて書かれている。水生植物の生育形は，抽水植物，浮葉植物，沈水植物，浮遊(浮漂)植物に区分される。生活形という用語を用いる場合もあるが，水生植物の場合，同一個体でも環境により形態を大きく変化させるため，生活形の意味を内包する生育形を用いた。

生物多様性

遺伝子，種，生態系などさまざまなレベルにおける生物の多様性を示す包括的な概念。生物多様性条約では「すべての生物(陸上生態系，海洋そのほかの水界生態系，これらが複合した生態系その他生息または生育の場のいかんを問わない)の間の変異性をいうものとし，種内の多様性，種間の多様性及び生態系の多様性を含む。」と定義されている。

生物多様性条約

生物多様性の保全，生物多様性の構成要素の持続可能な利用，遺伝資源の利用から生ずる利益の公正かつ衡平な配分を目的として，世界規模で生物多様性を考え，それらの目的の達成を目指そうとする条約のこと。1992 年 6 月の国連環境開発会議(地球サミット，ブラジル)で，条約に加盟するための署名が開始され，1993 年 12 月 29 日に発効された。

潟湖

浅海の一部が砂嘴や砂州によって外海と隔たれ，浅い湖沼となったもの。

セシウム-137

セシウムの放射性同位体で質量数が 137 のもの(半減期 30.1 年)。核実験などにより人為的に生成される。

先駆樹種

裸地から森林が形成される過程で，最初に裸地に現れる樹木のこと。

【た行】

大腿骨

四肢動物の後肢でもっとも体幹に近い長骨。

托葉

葉柄またはその基部付近に発生する葉身以外の葉的器官。ハンノキの場合，開く前の葉身を托葉が包んでいる。

段丘 → 河岸段丘を参照。

段丘化

河川の侵食作用によって流路沿いに階段状地形が形成されること。

炭素固定機能

大気中の二酸化炭素(CO_2)などに含まれる炭素(C)を固体として生物体内などに取り込み，蓄積する機能。

炭素含有率

物質中に含まれる炭素の重量%割合。土壌や植物体の炭素含有率分析にはCNコーダなどが用いられる。

地域レジリアンス

災害分野で使われる場合は，自然災害等の想定外の事態によって社会システムの一部の機能が停止しても，全体としての機能を速やかに回復できるしなやかな強靭さを表す。

地下水流解析

河川や海域に流出する地下水の流れに関する解析。物理則を適用した数値解析が用いられる。

地球温暖化

温室効果ガス(二酸化炭素やメタン，一酸化二窒素，フロンガスなど)によって大気の気温や海洋の水温が上昇すること。

地球温暖化防止条約 → 気候変動枠組条約を参照。

築堤

堤防を築くこと，または築いた堤防。本書籍では堤防を築くことを意味している。

窒素安定同位体比 $\delta^{15}N$

自然界に存在する窒素の安定同位体の比率($^{15}N/^{14}N$)は，小数点以下の桁数が多くてわかりにくい(大気で0.00367)。そこで，測定する試料の同位体比が標準物質(大気)の同位体比とどの程度ずれるのかを，わかりやすい数値で表したものが下記の$\delta^{15}N$である。単位は千分率(‰)であり，^{15}Nが標準物質より多ければプラスの数値になる。

試料の$\delta^{15}N = |(試料の^{15}N/^{14}N \div 標準物質の^{15}N/^{14}N) - 1| \times 1,000 (‰)$

窒素循環の解析に応用され，アンモニア揮発や脱硝作用を受けた系では重い窒素^{15}Nが取り残されるために$\delta^{15}N$が特異的に高くなり，食物連鎖に沿って3~5‰ずつ高くなることなどが知られている。

池溏 (池塘)

主にボッグにできた小規模な池。落とし穴のように岸から垂直に急に深くなっているものが多い。全体の形状は円形や三日月状(河跡湖)，シュレンケと呼ばれる浅く複雑な形になるものなどさまざまで，サイズは径1mほどから長径数十m，水深もさまざまである。

中間流出

降雨が，浸透性の良い表層土壌内を地下水面に達することなく移動し，最寄りの河道付近で復帰して表面流出に寄与する流れ。

中新世

地球の歴史を岩石や化石などの特徴や記録を基に地層を区分した呼び名のひとつ。中新世は2,303万年～533万年前までの地層をいう。さらに中新世は3期6階に分けられている。鮮新世，更新世ともに20章図1参照。

抽水葉

葉が開いて枯れるまでの間，水面の上に突き出ている葉。形態的には，沈水葉に比べて厚みがある。

中生植物 → 水生植物を参照。

沖積平野

河川の堆積作用によって形成された平野。扇状地，氾濫原，三角州を含む。

頂芽，腋芽

芽のつく位置により頂芽と側芽に区分され，茎・枝の先端にある芽が頂芽である。側芽は頂芽より下の位置にあり，主な茎・枝の側方につく。通常は側芽より頂芽のほうがサイズが大きい。腋芽は側芽のひとつの形で，葉のつけ根(葉柄の基部)につく側芽のことである。

長波放射 (大気放射)

地表面および大気から放射される波長4～100 μm付近の電磁波のこと。これに対して，太陽から放射される波長0.3～4 μm の短い電磁波は短波放射と呼ばれる。

低温湿層処理

種子の休眠を解除させて発芽を促すために，種子に低温を経験させるとともに吸水させる処理。

ティーセン分割

隣り合う母点間を結ぶ直線に垂直二等分線を引き，各母点の最近隣領域を分割する手法(ボロノイ分割ともいう)。

電解質

Na^+やCa^{2+}，Cl^-のように，水溶液中で陽イオンと陰イオンとに解離し，電気を導くようになる物質。

電気化学的勾配

膜内外のイオン濃度差とそれにともなう電位差によって生じる膜内外の自由エネルギー差。5章では，プラスに荷電している水素イオンの濃度が膜内外で異なることにより電気化学的勾配が生じることを意味する。通常，細胞内は負に帯電しているため，アンモニウムイオンなどの陽イオンは細胞内に取り込みやすく(受動的輸送)，硝酸イオンなどの陰イオンは取り込みにくい(能動的輸送)。

頭首工

川からの取水を目的として，川の水位をせき上げるために川を横断して造られる堰。

トラフ

細長い海底海盆で，6,000 m より浅いもの。6,000 m より深いものを海溝と呼ぶ。

【な行】

鉛-210

鉛の放射性同位体で質量数が 210 のもの(半減期 22.3 年)。ウラン系列に属する。

軟体動物化石

主に二枚貝，巻貝などの化石。軟体動物は無脊椎動物の一グループである。

熱収支モデル

地面や大気また水域などのある場所における熱の出入りの収支を物理式で表現したモデル。

熱容量

ある物体の温度を 1℃ 高めるのに必要な熱量。

【は行】

パルサ

亜寒帯の永久凍土上に形成された泥炭地で，中央部が著しく盛り上がった構造が特徴である。

標徴種

群落生態学の一分野である植物社会学での，群落分類の鍵になる種を指す。特定の群集(植物群落)に特有に出現する種であり，群集は標徴種によって識別される。

富栄養化

海，湖沼，河川などの水域でリンや窒素などの栄養塩類が増加し，生物生産が高くなること。

フィッション・トラック法

放射性元素が一定の割合で崩壊する原理を利用して，放射性元素が生成されてからの時間を測定する方法のうち，核分裂の際にジルコンなどの硬い物質内につけた傷跡を利用する方法。

腐植

土壌有機物は，微生物と未分解の生物遺体と，これらを除く土壌中の有機物である腐植から構成される。腐植のうち土壌中で分解や特定の化学変化によって生成された暗色不定形の高分子物質を腐植物質と呼ぶ。

不定根

主根と側根以外の根。単子葉植物のひげ根や根茎から伸びる根などで，節などから伸びる。

ふゆみずたんぼ

本来田んぼには晩春に水を張るが，冬や早春から水を張る農法の水田。冬期湛水もしくは早期湛水水田の呼称。

プレート

地球の表面を覆う十数枚の岩板。海洋では海嶺と呼ばれる海底山脈で生成され，海溝に沈

み込む。大陸の移動はプレートの運動によるもので，地震や火山の活動の原因にもなっている。

放射壊変(放射性崩壊，放射性壊変)
不安定な原子核が放射線を放出してほかの安定な原子核に変化する現象。

放射性核種ウラン系列
放射性同位元素・ウラン-238 に始まり安定同位元素・鉛-206 で終わる，天然の放射性同位元素の壊変系列。

放射性炭素(^{14}C)
大気中では上層で宇宙線によってごく少量の放射性炭素(^{14}C)が生成され続けており，^{14}C の崩壊速度(半減期 5730 年)と釣り合っているため，大気中の炭素量は基本的に一定である。光合成によって生物に取り込まれた後，大気と遺体の間で炭素の循環が起こらないので，遺体に含まれる ^{14}C は時間とともに減少していく。非放射性炭素と ^{14}C の含有比から生物が遺体になった時代を推定することができる。

放射性同位体
同じ元素でも中性子の数が異なり(同位体という)，時間とともに放射線を出しながら放射壊変するもの。

北海道ラムサールネットワーク
道内ラムサール湿地で保全やワイズユースに携わる施設や NGO によるネットワーク組織。

【ま行】
無機塩類
無機陽イオンと無機陰イオンの化合物。無機塩類の多くは，ほとんどの場合塩ではなくイオンとして存在している。

実生
発芽して間もない幼植物。広義には栄養繁殖由来ではなく，種子から発芽して発生した新しい植物体をも指す。

ミティゲーション
開発による自然環境への影響を緩和する措置。事前予測(アセスメント)や事後状況により影響の回避，最小化，修復，軽減，代償などが行われる。

明渠排水路
農地などの陸地の排水をうながすことを目的として設置される排水路のうち，地表に設置され水面が露出しているもの。素焼きの土管や孔を持つパイプなどを用いて地中に設置される排水路のことを暗渠排水路と呼ぶ。

毛管水
表面張力の働きにより，土壌の小空隙に保持される水。16 章では地下水面より高い位置に保持される水を指す。

【や行】
谷地坊主
湿地に生えるカブスゲやヒラギシスゲなどのスゲ類，イネ類，イグサ類などの草の株が，

成長にともない盛り上がったもの。スゲ類の谷地坊主は北海道東部の湿地に多い。

有機物

一般に生物が作る炭素原子を含む物質の総称。ただし，CO_2 も生物がつくる炭素原子を含む物質であるが，無機物に分類される。

【ら行】

ラインセンサス

鳥類を調べるためによく使われる調査手法で，一定のコースを歩き，確認できた種類や数を調査する方法。

ラジウム–226

ラジウムの放射性同位体で質量数が 226 のもの（半減期 1600 年）。ウラン系列に属する。

ラドン–222

ラドンの放射性同位体で質量数が 222 のもの（半減期 3.824 日）。ウラン系列に属する。

流況

河川の 1 年を通じた流量の特徴のこと。年間の日流量値を大きい順に概ね 4 分割して得られる豊水流量，平水流量，低水流量，渇水流量がその特徴を示す指標として用いられる。

両生植物

動物の両生類のように水中でも陸上でも生育できる植物で，水に浸っている場所では薄い葉をつけて浮葉～沈水植物となり，水がほとんどない場所では厚みと硬さのある葉をつけることができる植物。典型的な種として，エゾノミズタデがある。

【わ】

ワイズユース

人と自然双方のための，湿地と湿地が提供するサービスの保全と持続的な利用。ラムサール条約によって提唱された概念で，「持続可能な開発の考え方に立って，生態系アプローチの実施を通じて湿地の生態学的特徴を維持すること」と定義されている。

【数字】

^{14}C → 放射性炭素を参照。

【I】

IPCC（気候変動に関する政府間パネル）

気候変動（最近では変動・変化と示されることがある）に関する科学的評価を行う国際組織。気候変動とその影響，リスク，適応および緩和方策に関する科学的根拠の評価を政策立案者に提供するため，1988 年に国連環境計画（UNEP）と世界気象機関（WMO）によって設立された。

索　引

執筆者紹介(五十音順)
*ウェットランドセミナー 100 回記念出版編集委員会編集委員

牛山　克巳 (うしやま　かつみ)*
　宮島沼水鳥・湿地センター専門員　博士(農学)(東京大学)
　25 章執筆

大澤　剛士 (おおさわ　たけし)
　農研機構農業環境変動研究センター主任研究員
　博士(理学)(神戸大学)
　13 章執筆

片桐　浩司 (かたぎり　こうじ)
　土木研究所水環境研究グループ専門研究員　博士(農学)(北海道大学)
　コラム②執筆

釜野　靖子 (かまの　やすこ)
　北海道大学大学院環境科学院修士課程修了
　6 章執筆

亀山　哲 (かめやま　さとし)
　国立環境研究所生物・生態系環境研究センター主任研究員　博士(農学)(北海道大学)
　29 章・コラム⑩執筆

木塚　俊和 (きづか　としかず)*
　北海道立総合研究機構環境科学研究センター研究主任　博士(農学)(北海道大学)
　18 章執筆

桑原　禎知 (くわはら　ともあき)
　鯤 - Kon Photography & Research 代表，札幌市立大学・酪農学園大学非常勤講師
　11 章・コラム①・コラム③執筆

小玉　愛子 (こだま　あいこ)
　苫小牧市美術博物館主任学芸員
　コラム⑤執筆

小林　聡史 (こばやし　さとし)
　釧路公立大学経済学部教授　博士(学術)(北海道大学)
　コラム⑦執筆

島田　沢彦 (しまだ　さわひこ)*
　東京農業大学地域環境科学部教授　博士(地球環境科学)(北海道大学)
　4 章執筆

白岩　孝行 (しらいわ　たかゆき)
　北海道大学低温科学研究所准教授　博士(環境科学)(北海道大学)
　27 章執筆

鈴木　　玲 (すずき　あきら)
　　北の里浜花のかけはしネットワーク代表
　　コラム⑨執筆

鈴木　英一 (すずき　えいいち)
　　伊藤組土建株式会社代表取締役副社長　博士(工学)(北海道大学)
　　23 章執筆

鈴木　敏正 (すずき　としまさ)
　　北海道文教大学人間科学部教授・北海道大学名誉教授　農学博士(京都大学),
　　博士(教育学)(北海道大学)
　　30 章執筆

高井孝太郎 (たかい　こうたろう)
　　東海大学札幌キャンパス生物科学科非常勤講師　博士(環境科学)(北海道大学)
　　コラム④執筆

高木健太郎 (たかぎ　けんたろう)
　　北海道大学北方生物圏フィールド科学センター准教授　博士(地球環境科学)(北海道大学)
　　15 章執筆

高田　雅之 (たかだ　まさゆき)
　　法政大学人間環境学部教授　博士(農学)(北海道大学)
　　22 章執筆

高橋　英紀 (たかはし　ひでのり)
　　NPO 法人北海道水文気候研究所理事長　農学博士(北海道大学)
　　序文執筆

玉田　克巳 (たまだ　かつみ)
　　北海道立総合研究機構環境科学研究センター主査
　　12 章執筆

中村　隆俊 (なかむら　たかとし)
　　東京農業大学生物産業学部准教授　博士(農学)(北海道大学)
　　5 章執筆

中村　太士 (なかむら　ふとし)
　　北海道大学大学院農学研究院教授　農学博士(北海道大学)
　　24 章執筆

中山　恵介 (なかやま　けいすけ)
　　神戸大学大学院工学研究科教授　博士(工学)(北海道大学)
　　9 章執筆

根岸淳二郎 (ねぎし　じゅんじろう)
　　北海道大学大学院地球環境科学研究院准教授
　　Ph.D. (Geography) (National University of Singapore)
　　10 章執筆

橋部　佳紀 (はしべ　よしのり)
アレフ人事部労務厚生チーム
コラム⑧執筆

林　　正貴 (はやし　まさき)
Professor and Canada Research Chair in Physical Hydrology, Department of Geoscience, University of Calgary　Ph.D. University of Waterloo, Earth Sciences
コラム⑥執筆

原口　　昭 (はらぐち　あきら)
北九州市立大学国際環境工学部教授　博士(理学)(京都大学)
2章執筆

平野　高司 (ひらの　たかし)
北海道大学大学院農学研究院教授　博士(農学)(大阪府立大学)
3章執筆

藤村　善安 (ふじむら　よしやす)*
日本工営中央研究所　博士(農学)(北海道大学)
7章執筆

古沢　　仁 (ふるさわ　ひとし)
札幌市博物館活動センター学芸員　博士(理学)(鹿児島大学)
20章執筆

HOTES, Stefan (ホーテス　シュテファン)
Researcher, Department of Ecology, Philipps-Universität Marburg　Dr. rer. nat.
6章執筆

松島　　肇 (まつしま　はじめ)
北海道大学大学院農学研究院講師　博士(農学)(北海道大学)
26章執筆

三浦　一輝 (みうら　かずき)
北海道大学大学院環境科学院博士課程在学
10章執筆

水垣　　滋 (みずがき　しげる)
土木研究所寒地土木研究所主任研究員　博士(農学)(北海道大学)
28章執筆

矢崎　友嗣 (やざき　ともつぐ)*
明治大学農学部専任講師　博士(農学)(北海道大学)
16章執筆

矢部　和夫 (やべ　かずお)*
札幌市立大学デザイン学部教授　学術博士(北海道大学)
1章執筆

山崎　真実 (やまざき　まみ)
札幌市博物館活動センター学芸員
8章執筆

山田　浩之 (やまだ　ひろゆき)＊
　　北海道大学大学院農学研究院講師　博士(農学)(北海道大学)
　　14章執筆

山田　雅仁 (やまだ　まさひと)＊
　　銚子市教育委員会副主査および銚子ジオパーク推進協議会専門員
　　博士(地球環境科学)(北海道大学)
　　17章執筆

吉田　　磨 (よしだ　おさむ)
　　酪農学園大学農食環境学群准教授　博士(地球環境科学)(北海道大学)
　　19章執筆

吉原　秀喜 (よしはら　ひでき)
　　平取町役場アイヌ施策推進課アイヌ文化保全対策室長 / 学芸員
　　21章執筆

若菜　　勇 (わかな　いさむ)
　　釧路市教育委員会マリモ研究室室長　理学博士(北海道大学)
　　9章執筆

矢部　和夫（やべ　かずお）
1988年　北海道大学大学院環境科学研究科博士課程修了
現　在　札幌市立大学デザイン学部教授　学術博士（北海道大学）
専　門　植物生態学，湿原再生，ビオトープ管理

山田　浩之（やまだ　ひろゆき）
2002年　北海道大学大学院農学研究科博士課程修了
現　在　北海道大学大学院農学研究院講師
　　　　博士（農学）（北海道大学）
専　門　生態水文学，泥炭地水文学，生態系モニタリング，
　　　　湿地再生

牛山　克巳（うしやま　かつみ）
2003年　東京大学大学院農学生命科学研究科博士課程修了
現　在　宮島沼水鳥・湿地センター専門員
　　　　博士（農学）（東京大学）
専　門　生態学，鳥類（特に水鳥），湿地 CEPA

湿地の科学と暮らし——北のウェットランド大全
2017 年 4 月 25 日　第 1 刷発行

監　修　者　矢部和夫・山田浩之・牛山克巳
　　　編　　ウェットランドセミナー 100 回記念出版編集委員会
発　行　者　櫻井義秀

発行所　北海道大学出版会
札幌市北区北 9 条西 8 丁目 北海道大学構内（〒060-0809）
Tel. 011（747）2308・Fax. 011（736）8605・http://www.hup.gr.jp/

アイワード

ISBN978-4-8329-8228-4

湿 地 の 博 物 誌	高田雅之責任編集 辻井達一 岡田 操著 高田雅之	A5・352頁 価格3400円
風 蓮 湖 流 域 の 再 生 ―川がつなぐ里・海・人―	長坂晶子編著	A5・272頁 価格4500円
土 の 自 然 史 ―食料・生命・環境―	佐久間敏雄 梅田安治 編著	A5・256頁 価格3000円
稚 魚 の 自 然 史 ―千変万化の魚類学―	千田哲資 南 卓志編著 木下 泉	A5・318頁 価格3000円
雑 草 の 自 然 史 ―たくましさの生態学―	山口裕文編著	A5・248頁 価格3000円
帰 化 植 物 の 自 然 史 ―侵略と攪乱の生態学―	森田竜義編著	A5・304頁 価格3000円
攪 乱 と 遷 移 の 自 然 史 ―「空き地」の植物生態学―	重定南奈子 露崎 史朗 編著	A5・270頁 価格3000円
植 物 地 理 の 自 然 史 ―進化のダイナミクスにアプローチする―	植田邦彦編著	A5・216頁 価格2600円
植 物 の 自 然 史 ―多様性の進化学―	岡田 博 植田邦彦編著 角野康郎	A5・280頁 価格3000円
高 山 植 物 の 自 然 史 ―お花畑の生態学―	工藤 岳編著	A5・238頁 価格3000円
花 の 自 然 史 ―美しさの進化学―	大原 雅編著	A5・278頁 価格3000円
森 の 自 然 史 ―複雑系の生態学―	菊沢喜八郎 甲山 隆司 編	A5・250頁 価格3000円
森林のはたらきを評価する ―市民による森づくりに向けて―	中村太士 柿澤宏昭 編著	A4・172頁 価格4000円
日 本 産 花 粉 図 鑑 [増補・第2版]	藤木 利之 三好 教夫著 木村 裕子	B5・1016頁 価格18000円
植 物 生 活 史 図 鑑 I 春の植物 No.1	河野昭一監修	A4・122頁 価格3000円
植 物 生 活 史 図 鑑 II 春の植物 No.2	河野昭一監修	A4・120頁 価格3000円
植 物 生 活 史 図 鑑 III 夏の植物 No.1	河野昭一監修	A4・124頁 価格3000円

―――― 北海道大学出版会 ――――

価格は税別